One Kilometre City

Everyday Life, Crisis and the Production of Space

一公里城市

日常生活、危机与空间生产

One Kilometre City

Everyday Life, Crisis and the Production of Space

杨宇振　著
YANG Yuzhen

中国建筑工业出版社

如果我们不想就此停下……我们就必须努力探索可能的东西和不可能的东西。如何探索呢？从马克思开始。我们不妨循着这条指引性的思路：一种超越哲学、超越被视为分配匮乏资源的政治经济学，超过国家或政治的概念……当今量的增长和质的发展之间就存在着尖锐的矛盾……对外在自然的控制在增加，而人对自己本质的占有却停止了或者在倒退。

——亨利·列斐伏尔，《马克思的社会学》，P143

代前言 | Preface

TEAM XII小组的一次剧本游戏

A script game of the TEAM XII group

零

傍晚 7 点，有长桌的研讨室。

白色石膏板吊顶中嵌着长条日光灯。

吊顶中挂一个黑色投影仪，数据线长长地拖吊到桌面上。

桌子三边有 13 把椅子。

一

“Y 老师呢？”

“Y 老师在桌子上留了纸条，说他临时被领导叫去汇报工作。”

“那读书会怎么办？”

“老师的纸条上写了一个要求。”

“说啥？”

“让我们这个 TEAM 做关于日常生活批判的讨论。”

“有什么具体要求？”

“从日常生活的经验出发，扼要描述日常生活的差异现象。”

“什么是差异现象？这么古怪的名词。”

“老师在它后面给了个括号解释：在平常的生活中发现差异，发现问题，如同福尔摩斯对于寻常现象的观察，能够看出平凡中的各种差异和关联。”

“做日常生活中的‘福尔摩斯’。有趣。然后？”

“老师说，最好能剖析提出的现象，要有自己观点和批判意识。”

“每个人都来编排剧本，有点意思。”

“这个意识不是那个意思！”

“不要绕我。我知道什么意思。”

“不要那么严肃嘛，像 Y 老师一样。老师又不在。”

“好了。今天总共有多少人？”

“我数数。十一人，小 S 没来。”

“老师给了十二页纸，要求每人把现象观察和讨论写在上面。”

“用 Siri 替代小 S 就是，Siri 好像比小 S 要智能，哈哈。”

“可以，有点意思。那开始？”

“先每个人陈述，然后再自由讨论。”

二

T1：好，我先简单说。最近日常生活变化的最大影响是疫情防控对于空间的限定，对于身体移动的限定。比较有意思的是观察防控措施，这些措施起到了很积极、有效的作用，基本模式是按照行政单位等级逐层推开，是一个科层的、树状的结构。进一步的深入探讨，可以窥探特殊时期权力结构与空间结构之间的关系，也可以看不同权力在不同空间中的密度、强度与日常生活之间的关系。

T2：对！这两年多来疫情的防控是对日常生活最大的影响。除了谈到的权力结构和空间治理之间的关系，还有一点很有趣的经验是，网络技术在这次疫情防控中的作用。我想大家都有这方面的切身经验，到高铁站、航站楼、学校，甚至一些餐馆，都要出示各类健康码。健康码是通过信息数据、信息网络结合手机这一电子设备对于行程轨迹的“观看”和“记录”。如果你不“授权”它，基本就寸步难行。这是新时期的新现象和新问题：作为个体的人、身体的移动、点信息和“被观看和记录”间的关系很值得探讨。

T3：你们谈得太抽象！讲讲我日常生活中看到的防控的现象吧。我住的公寓的电梯厢大概有 1.5 米 ×1.5 米，里面贴着标语“请保持一米距离”。如果只有两个人还有点可能（这两个人还得瘦点！），但电梯里常常是挤满了人。出门坐公交车，车上还是贴着标语“请保持一米距离”——早上高峰的时候公交车上永远都是摩肩接踵。地铁里也是这样。航站楼里的地面画着一米线，但实际上没有人根据这些一米线排队。随带一说，航站楼的地面上常画着光脚板印，这真是奇葩——在最现代和先进的建筑里有着最原始的脚印，还是扁平足的脚印。Y 老师常常讲要能够提出问题，这里就有一个问题：标语、口号作为一种社会治理的愿望和目的，与具体的社会实际有什么矛盾和冲突，怎么才能够避免“口号式治理”？

T4：同意大家对疫情与日常生活之间关系的讨论。我想谈另外的一方面，就是线下生活与网络生活之间的关系。如果疫情隔离期间没有网络，会精神分裂、崩溃还是重新获得另外的一种精神生活？是否能够重新审视身边鲜活的世界？我记得《辛普森一家》里有一集讲的就是类似故事。社区断网了，原本以为会崩溃，没想到大家反倒有更多时间相处，有更多时间欣赏自然之美。疫情隔离期间事实上快速推动网络空间、虚拟空间对大家的强吸入，使得更多的活动发生在网络端而不是实体端。看看去年春节联欢晚会上那些网络教学培训机构的超强势广告！他们很懂得借势发财。今天网络课程、网络会议已经成为我们日常生活中的一部分了！几年前我们对网络端还有警惕，还有批判，经由疫情期间的特殊状况，几乎今天所有人都深陷网络端、沉迷网络端。我提不出什么问题，我只是提出一个需要质疑的现象。

T5：说到疫情期间的线上与线下生活，我很深的一个感触就是通过各种 APP，网络信息向日常生活渗透了。你身体可以不动，通过快递小哥把 1 公里、3 公里远热腾腾的牛肉面送上门；甚至可以送蔬菜、生牛肉、猪肉、鲜鱼等上门。我自己其实已经这么做了。这事实上就是网络技术的发展与日常生活之间的关系，是一种不知不觉的、逐渐习以为常的，却是十分深刻的变化。很可能因为这样的原因，我的小区周围的两家大型超市最近都倒闭了，原本热闹的超市，也是一种日常生活的中心之一，从外面看变得空荡荡和冷寂。逛超市原本不仅仅是一种购物行为，还是社会活动行为，现在在网络技术的冲击下，逐渐死亡。这是微观经济现象、微观社会现象的变化——我的脑子里常有一幅图像，就是科幻世界里被放在透明胶囊里、连接着各种管线的、被喂养的人体，似乎现在每个人有点类似这样的状况：信息喂食、手机远程点餐喂食等，同时只在自己的“胶囊”里，越来越缺少社会活动和交往。如果按照这种情形下去，在网络时代人类的未来，每个个体会是什么样子很值得想想。

T6：有点意思！大型超市的倒闭和菜鸟驿站前商品的四处堆积形成了很现实的、很鲜明的对比景观。菜鸟驿站这类网络店的实体终端替代了超市和百货公司，它是一种单向接口，处在虚拟的网络和具体的现实之间。除了这个明显的现象，我想谈最近学校门口这条街上的变化，那就是中小学教育培训机构的大量倒掉。门口这条街，从学前教育到小学、初中、高中教育培训以及考研培训等各类机构大量存在。看看街上两边挂着大大小小的各种培训机构标牌，说不定它是中国最密集的培训机构一条街。最近走在街道上，原来机构门口热热闹闹的学生们不见了，街道景观变化了，日常生活的体验变化了，不知道大家有没有体会？网络上报导有很多线上巨头培训机构的倒掉。这是政府“双减”政策的结果，我自己认为很有必要，让学生有更多自己掌握的时间和空间，只是还得进一步解决优质教育资源稀缺和空间分布的问题。是稀缺问题导致了超激烈的竞争。我看到有培训机构说“您来，我们培养您孩子；您不来，我们培养您孩子的竞争对手”，这是多么赤裸裸的、无耻的口号，却是一种残酷的、真实的现实。教育培训机构最近在短时间内的大量倒闭，可以用来研究权力管控与社会、空间之间的关系，比如通过空间属性的规定、时间端的限定、机构资质的重新认定等来约束、制约，有很值得探讨的地方。

T7：教育培训机构良莠不齐，它们的滋盛完全因为家长高度的“教育焦虑”。我去理发，25 元。我和理发师聊天，他的女儿读小学五年级，去某知名教育培训机构“补习”，两个多月要花三万来块钱，我在想要理多少个头才能填完他孩子补习的“坑”呢。嗯，我也说点在街头看到的现象，就是街道上“棒棒和快递小哥”的变化。重庆的“棒棒”很有名，事实上就是原来帮别人挑送东西的挑夫。几年前他们在街头巷尾、在菜市场一带还很多，常常聚集在一起，等着别人的召唤。最近几乎看不见，反倒是穿着黄色的、红色马甲的快递小哥四处出现了。这类日常生活中 Deliver man 的变化，体现了社会基层生活方式的变化。网络域变成生产递送市场的领地而不是现实的、物理的空间。街头巷尾招手而来的市场没了或者小了，棒棒也就日渐消亡了。或者说，我们获取信息的渠道首先不再来自现实的物理世界，这是一个根本性的变化，对于所有领域都将产生影响。

T8：可不可以说网络的世界支配了现实的世界？我们得到的行动信息的支配性来源不来自可以触摸、有温度有质感，可以交往、可以看到四周情景和丰富表情的世界，而是来自二进制构成的数字世界，它们转化为视觉图像、声音、动态影像、文字等，它们改变过去信息缓慢传输的状况，超级加速“信息输入——行动——新信息产生——新信息输入——新行动”的周转，改变了日常生活的速度（但不是节奏），改变了生产和消费的速度，改变了人的存在状态。所以从这一点上来说，我觉得很累，很困倦，一天有无数信息要看，要回复处理，又被吸入到各种信息推送或短视频里。绝大多数的信息是琐碎信息、无聊信息甚至是垃圾信息，但占用了我大量的时间精力，我怕掉了一条重要的信息。我对于手机真是又爱又恨，其实不是手机，而是它提供的一个世界，它把我吸进去，让我在这个虚拟世界里“自由”游逛，其实我很清楚这是一个被预设、被管控、被推送、被镜像的世界。它是一种幻觉，却联系着我的社会关系，或者更准确地说是社会关联。我既担心失去又在某种程度上厌恶它，想抛弃它。这算不算通过对我自己的剖析来谈手机和日常生活之间关系的一例？

T9：你有点消极，大家都有点消极和保守。既然我们已经生存在一个信息网络世界，为什么不能利用它？利用它是抵抗它的一种积极的方式。如果我们要改变行动，就需要改变信息的输入，占据信息生产的源头和信息传播的通道。我的意思不是说去制造“网红”、生产“奇观”，虽然它们的确是通过信息端的躁动和喧嚣来生产市场，吸引消费者。我的意思是说，不能只做被动的信息消费者，对信息和日常生活之间的关系有批判性认识，主动介入信息的生产和传播，在目前的状况下，才能够产生积极影响，推动行为的转变和有主体意图的实践。信息域不能任由瓜分和垄断性支配，它是一个需要摆脱控制和反控制的领域，尽管每一个人的力量都十分微小，但都应该加入到信息生产和传播的博弈中来。大家说得对，它和传统的传播方式不同，通过网络的放大，它很有可能产生巨大的社会效应。比如我的公众号，经过几年里不断对日常生活的观察和写作，发布这些文字的公众号有不少订阅者，这至少说明它产生了一点影响。它是我拒绝只做信息消费者立场的表现，是一种积极抵抗。

T10：这个事情要做两面看。信息网络作为一个系统，它需要生产者和消费者，同时鼓励信息生产和信息消费。生产和消费既“完成”人，也异化人。我相信当你在写文字的时候考虑要有更多的阅读者，要吸引更多的粉丝，和处于平常心，会有很大的不同。当然我也同意，两者间并不必然有着很清晰的分界线。在很多情况下，那些具有一定批判性意识的信息生产者自己以为是积极抵抗，其实已经成为它系统中的一部分。主动吸纳和挪用“先锋”“批判性”是资本积累存活和创造性的来源之一。当中我同意的一点是，你在成为它的一部分的同时，对于这种状况要有一定的认识，既要在其中又要超越只在其中，又要不在其中，能够像灵魂出壳一般来看自己在其中的肉身和行动。列斐伏尔讲，要在平庸的、日复一日的、琐碎的日常生活中发现差异和惊奇，发现戏剧化，在平凡中发现非凡。

T11：今天的讨论很有点像平常大家做的拼贴画，组合出日常生活批判的多样画面，比 Y 老师在的时候大家谈得更开更有趣。刚刚谈到“挪用”的问题，其实日常生活中到处充满着“挪用”“误用”“它用”的状况，在某些情况下“正用”反倒是偶然性。举个例子，门口这条街人行道上为残疾人轮椅用的小斜坡，很讽刺地成为摩托车、小三轮、平衡车的通道。由于缺乏系统的设计，用轮椅的残疾人不容易上街。千奇百怪的盲道，各种复杂转弯和把盲人引向危险，是对盲道作为一种人道主义设施的乱用。过街天桥扶梯不运行、地铁站停掉其中一部分扶梯，边上挂上“节能减排”“绿色”等字眼，是对这些字意义的挪用。还可以罗列很多，它们构成我们日常生活中的一部分。前面谈到“科层”问题，每个科层的理性、希望“正用”，但复杂的关联组合后，并不必然出现理性的、理想的结果。不同的人会在不同层面上根据自身的意图对它进行“挪用”或故意的“误用”。

T6：应该都讲完了吧，问问 Siri？

T9：我来问。Siri，Siri，what is everyday life?（Siri，Siri，什么是日常生活？）

T12（Siri）：Wake up, play video games and browse the internet, go to bed.（醒来，玩电子游戏，上网，睡觉。）

众人哄堂大笑。

T9：How to live a meaningful life?（怎么过一种有意义的生活呢？）

T12（Siri）：Stop trying to find meaning and just live it and enjoy the new experiences.（别去找意义！就是活着和享受新的各种经验。）

众人再次哄堂大笑。

……

三

Y 老师略带疲惫地回到工作室，打开灯，看到桌上整齐地放着十二页的讨论记录。

他仔细阅读了每一页上的文字，有点欣慰。他一直认为，激发学生的思考、热情、好奇，是作为一位老师的根本，而不在于他宽阔的知识面或者什么别的。

他放下手中最后一页纸，站起来在星巴克杯里冲泡了铁观音，端坐到长桌子前，静静地停留了一会，提笔在白色的稿纸上写下“TEAM XII 小组的一次剧本游戏”。

（注：此文字中场景纯属虚构）

第二部分　危机与空间生产

外三篇　日常生活中的空间实践

目录

……相互联系的日常活动组成了一个整体。这就意味着，日常生活不能归结为吃饭、喝水、穿衣、睡觉等独立活动的简单相加，不能归结为消费活动的总和……这些独立活动不足以全部概括日常生活，我们必须考虑这些独立活动的背景：社会关系，这些独立活动正是在社会关系中发生的……独立活动系列是在一个与生产紧密联系起来的社会空间与时间展开的……像语言一样，日常生活包括了表现形式和深层结构，深层结构蕴含在日常生活的活动中，贯穿在日常生活之中，隐藏了起来。

——亨利·列斐伏尔，

《日常生活批判》（第三卷），P544

导言 | Introduction

超级变变变：危机、空间与日常生活

Great changes: crisis, space and everyday life

一公里城市里的一景
（图片来源：作者拍摄）

历史是这样创造的：最终的结果总是从许多单个意志的相互冲突中产生出来的，而其中每一个意志，又是由于许多特殊的生活条件，才成为它所成为的那样。……各个人的意志……虽然都达不到自己的愿望，而是融合为一个总的平均数，一个总的合力，然而从这些事实中绝不应作出结论说，这些意志等于零。相反地，每个意志都对合力有所贡献，因而是包括在这个合力里面的。

——恩格斯，《马克思恩格斯全集》第三卷，人民出版社，1960年，P30

试图从小说或者电影中找出描述或者表现日常生活的片段多是徒然——它们既难以捕捉，也难以表现。小说或电影中的情节、故事中的矛盾冲突，是日常的变奏，是寻常中的非常。日常生活如平淡底色，看上去不显眼，也容易被忽视，是一种灰度状态。容易看到的是那些不变中的变、灰色中的亮色、常事中的节事。小说或电影中，往往高浓度、快速度展现从一种变到另外的一种变，把各种变串联成完整叙事或者运动影像，就可以给予读者即时的快感，视觉关联的愉悦和意义的理解。[①] 日常生活对于每个人而言却是真实存在。日常生活是每一个人在被规定时间、被规定空间范围内的运动和做事。它看起来是很个人的事情，它的确也是很个人的

① 台湾导演杨德昌的《一一》，试图展现台北都市生活中不同年龄阶段的人——儿童、青少年、中年人和老年人，他（她）们的日常状态和生命中的困境，但它仍然是一种高度概括和艺术化的叙事。余华的《活着》也大致如是——尽管他们已经尽可能把日常生活纳入影像或文字的叙述中。

事情。[①] 不管是哪里的哪个规定，对于生活在城市中的大多数人而言，早上起床、早餐，出门或公共交通，或私人汽车到工作地点（曾经普遍的步行、骑自行车已经成为一种“奢侈”、一种稀缺品，这意味着日常生活行动模式的改变）——对于有小孩上学的人，还得提前匆忙把孩子送到学校，才能转去工作地点；傍晚时分再逆行归家，是基本轨迹。一部分人会少于或者超出规定的工作时间，但这只是少数或偶然状况——如果成为多数，又成日常状态，但轨迹大致不会溢出太远。

在这个日复一日的生活中，孩子的身体与智识在成长，孩子的父母在各种社会化的环境中做事，老人则垂垂老去。黑夜降临，在城市里密密麻麻的高层建筑上每一个亮着白色或黄色灯的窗户里，都有着一个家庭的故事。家庭生活、学习和工作情况构成了日常生活的状态，身份的认同、生命的意义存在于日常生活的情形和变化之中。每一个阶段都有人生的喜悦和苦恼。人的努力总在于让日常生活更丰富和美满、生命更圆满。现实中的日常生活状态受各种力量左右，它最终体现在人与资源之间的时空关系、人与人之间的社会关系共同构成的交织的整体状态中。在一个经济全球化和民族国家竞争构成的世界里，社会关系在很大程度上体现为生产关系和权力关系的共构状态。这并不是说，性关系、族群关系、家庭成员间的关系、习惯、历史与文化等不重要，但它们的状态受到资本与权力运动方向、速度、强度、密度和分布的规定性和支配性影响。日常生活是总体状况在个体上的体现，是复杂关联的结果与状态，但最主要受到资源的空间分布、劳动力定价、居住、公共空间以及认同共同构成的基本要素关联矩阵的影响。任何一个基本要素变化都将影响日常生活的质量和状态。

① 周一到周五去上班，国家规定上午 8 点上班，中午短休，下午 6 点下班，每周工作 40 个小时。最近国内热议话题“996”，也就是早上 9 点上班，晚上 9 点下班，一周工作 6 天。然而也有西欧、北欧国家提出每周工作 4 天或者 4 天半，每周 35 个小时或者更少。

1. 生活时空轨迹与资源空间分布

优质资源是稀缺资源，稀缺资源的形成和感受是社会和历史的过程。曾经普遍享有的资源在社会过程中成为稀缺资源，曾经的稀缺资源也会转为普遍享有之物。清新空气曾经是免费的、最普遍的公共品，但在持续工业化对环境污染的过程中，清新洁净的空气成为稀缺资源。有好空气的地方成为稀缺地，成为吸引资本和人流动之地；或者清晰空气罐装成商品销售，运送到高度污染的地方。人去或商品来就是一种时空关系的变化，一种人与资源之间的时空关系变化。空气是一例，优质的教育资源、医疗资源等也是如此。未结婚的年轻人需要在工作收入、房租和交通成本（也意味着时间成本）之间的关系中寻找居住地。理想的模式是高收入（对于不同的人而言高收入是差异概念）、低房租和低交通成本。这样的模式是稀缺品，短缺引起激烈追逐，模式转变为高收入、高房租和低交通成本，或者高收入、低房租、高交通成本。也就是说，与优质资源（此处为具有高度不确定性的高收入）间的时空关系变化带来各种成本，引发经济收入变化、人日常时空轨迹变化，进而形成日常生活状态的改变。孩子的教育、老人的康养逐渐成为家庭生活中的大事，也就需要综合考虑居住地与工作地、优质学校、康养地或医院之间的时空距离——调整的能力主要取决于家庭的收入。优质资源越少，吸引人的聚集度就越大，价格就越高，消费优质资源的成本就越高。这里的成本不仅仅是作为商品的成本（某些公共品本身并不具有商品属性），还包括消费或使用这些优质资源的时空成本。[①] 住房、学校（包括补习或叫“培优”机构）、工作地点、医院等主要活动地点的连接构成了日常生活的基本行动轨迹。无数个体日常生活的“钟摆运动”构成了普遍的社会景观。如果在白纸上绘制活动的地点和行动路线，这些点与点之间的往复连线是稠密的线组，而去公园、博物馆、图书馆、音乐厅、科技馆等，是白纸上少数的几根连线，对于大多数人是非常态，是日常生活中的变奏。使得非常态成为常态，变奏成为日常是一种目标。

① 时空成本越来越成为空间商品定价的支配性要素。

趋向这一目标的可能性既在生产端也在供给侧，根本在于生产端。生产端决定了谁占有生产资料、生产网络以及很大程度上的分配权力。生产的能力决定占有、使用资源的能力（无论是通过市场还是政府）。生产的不平衡、不均衡既是资本与权力生存的必要，也是它们的问题。从本质上讲不均衡是时空关系强度的差异。稀缺优质资源在大量一般性资源中是不均衡的形态显现，少数人占有优质资源是不均衡的社会表现。改变生产端是改变生产方式、生产资料所有权，是一种社会变革甚至是激进革命。通过税收、金融、货币、财政等公共政策调节（刺激、抑制或调整方向）资本积累及其分配，是权力与资本间的重要关系，也是支配社会发展的基本关系（却受制于国际、国内的各种危机，受制于应对危机的各类急切需要）。微观个体生产能力的变现（收入）状态在宏观状况的变动之中；而在市场为导向的社会中，家庭收入是个体日常生活状态的支配性要素，决定居住地与各种资源之间的时空关系，也就决定了个体日常的时空轨迹。

改变个体日常时空轨迹的一种可能在于优质公共资源的供给。在 10 平方公里范围内只有一座公园、一座好学校与分布均衡的五座大小规模不等的公园（及其串联）、三五座好学校、两三座博物馆或文化馆等，对于市民的日常生活轨迹、生活成本、生活质量有着巨大的差异性影响。优质公共资源的供给是一种社会福利供给，是调节资本积累带来的社会不均衡、缓和尖锐的社会矛盾的一种可能性。其中的关键和难点在于公共资源的相对均好性与分布的相对均衡性，以及供给和调节过程中既有利益的反对。不均衡发展的时间积累形成社会阶层的各种利益差别，形成既有利益群体反对改变现有不均衡格局的巨大阻力。其中就涉及作为公共政策的当代城市设计的作用。现代城市设计的根本要义在于协调公私关系，生产尽可能多的优质区位，这就关涉到优质公共资源的多层级均衡分布。

2. 劳动力定价、竞争与日常空间

劳动力具有三种基本社会要素。第一是生产劳动，第二是消费（包括个人消费、家庭消费与集体消费），第三是经由时空过程形成劳动与消费间的社会关系（劳动力之间的关系）。社会发展与资本积累过程中，三重要素间的关系在不同时期体现出不同状态。工业化早期，需要大量积累以促进国家建设等，劳动力往往按照“工级”定价，被要求“勤勉工作、节俭消费”，要求在日常生活中物尽其用，将节约出来的资源投入国家工业的生产或资本的再生产。一般劳动力的日常生活水准被控制（从政策、物质供给与观念层面）在维持人口再生产的最低层次。在以市场为主导的社会发展过程中，当生产大于消费时，为应对经济危机，劳动力被要求“创意工作或者弹性工作、纵情消费”，不能再是之前按部就班的状态——一方面需要在日常工作中、在市场的微小处发现，创造出新的可能；一方面被怂恿、诱导尽力消费，要求不断废弃旧有物品，要“断舍离”又要不断购买新物。日常中的物的“尽其用”到“短时废用”（经由技术更新和观念灌输）构成了日常生活场景的变化、日常生活状态的变化。为了维持社会和积累治理，劳动力在观念上又被要求服从、遵循时空过程中形成的社会关系。观念上的收服在日常工作中，也深入到家庭生活里，从机构或公司规定、大小规模的集体学习到无处不在的商业广告、家中客厅里电视的信息传送、手机端的信息推送、各种日常商品组合成的内涵意图等。它们构成了日常生活空间形态本底，或者说一种基本状态。

各种不同类型劳动力的定价宏观上受政府诉求与市场状态共同作用。虽然微观上受到其社会关系以及各种可能的偶然性影响，劳动力的价格一方面受国家建设需要的作用（作为一种政策导向）影响，另一方面受到市场供求关系影响。国家的政策与市场供求关系是个变量，随国际战略格局与经济全球化状况而调整和变化。这也就意味着劳动力的价格日趋具有不确定性，特别是随着技术更新速度的加快，意味着劳动力储备知识与技术可能过时，以及劳动力价格的快速下跌[①]。以建筑师为例，1994年实行一揽子改革以来，随着繁荣的房地产市场对建筑师需求的增加，其定价出现快速增长的状态。2008年以后，随着宏观经济形势的转变、市场住房供求关系的变化，一般建筑师的定价出现了较大幅度的跌落，引发众多建筑师转向上游的房地产企业，以谋求更好的收益。

市场的细分和快速变化需要劳动力在不确定性中发现问题、处理问题，保持一种常新、好奇状态，才能够保持自身价格的稳定和提升。这是高度变化的生产端对劳动力状态的要求。在日趋形成的信息网络社会中，善于利用信息网络（时空交易成本最低）的劳动力将获得高的定价，反之亦然——掌握信息的群体在生产和积累过程中将层积、获得更多信息；不掌握信息的群体成为信息的终端消费者，一种信息时代的无产者。根据曼纽尔·卡斯特的研究，很可能加速劳动力的两极化，形成某种二元化的社会结构。

劳动力价格是影响日常生活的首要因素。选择居住区位的首要考虑因素是工作——居住间的距离；但这一考虑受到诸多家庭成员社会需要的共同影响，也是一个生命周期里历时变化的过程。在过去的一段时间里，中央政府为了在国家竞争中占有优势，将有限资源投入在少数高等院校、重点中学等，客观上形成优质教育资源的不均衡分布。父母为孩子未来定价高，在优质教育资源有限、竞争者众多的情况下，往往投入重金“培优”，在通过考试成绩高低选择学生的方式中，希望在白热化竞争中跻身有声望的院校，是未来定价可能的保

① 在某些发达资本主义国家的信息产业企业中，“资深”意味着新知识与技术匮乏和创新能力的下降，意味着被解雇的大风险。

证。受社会变动影响的劳动力价格、宏观上优质教育资源的不均衡分布和微观上家庭对教育（对考试成绩）的重视，左右了一般家庭日常生活的状况。劳动力在竞争中需要为取得较高和稳定的收入而努力工作，需要在被规定的时空中完成或者超额完成要求的工作。它占据了劳动力生命时间的一大部分，工作中的喜悦、压力、焦虑等都成为日常生活的一部分。将工作成为一种批判性思考下的主动性创造，而不是被动性的规定程序和做事（在成为工具时有非工具、超越工具的思辨与行动能力），是改变日常生活质量的重要部分（这一点往往被忽视了）。

劳动力价格决定家庭的基本收入（这里暂未考虑金融收益），影响住房区位的选择，住房与教育、医疗等各种（优质）公共资源之间的时空关系。其中，住房与优质学校之间的时空关系往往成为家庭中首要考虑的内容，这也是近年来令人惊愕的高价“学区房”出现的原因。在学校教育外另找培训机构（空间上往往依附在学校周围）强化训练以提高考试成绩，已经成为普遍现象。这是在高度竞争下，单一考核模式里出现的怪象[①]。被培训机构占用的时间也意味着日常生活时间与轨迹的变化。有地方政府颁布政策，小学生晚上9点后可以不做作业。公共政策难以进入日常生活的细碎领地中（这样的政策往往无效），也不应进入微观的日常生活中。[②]公共政策要处理的，理应是各种不同等级的优质教育资源的大量供给和均衡分布，才可能改变当下的日常焦虑和怪象。教育的本质不是为考试成绩，理应是使受教育者感知、认知自然与人类的历史与当下的各种复杂过程与复杂状态，理解存在的世界，在认知、理解变化的过程中辨析行动和实践的可能。这需要改变教育模式，把受教育者从劳动力的规训转变为对人的培育。最终恰恰是教育的总体状况决定了人的认识与行为，进而决定了日常生活的形态。

---

① 有培训机构的招生广告是“您来，我们培养您的孩子；您不来，我们培养您的孩子的竞争对手”。

② 进入微观的日常生活中，一直是权力与资本所致力于的工作。乔治·奥威尔的《1984》中谈论的部分内容就是权力进入微观的日常生活中，试图严格控制日常生活，进而控制人的行动与观念。

3. 居住作为进入城市的权利

都市住房是现代社会矛盾冲突的焦点之一，是影响市民日常生活的基本问题。从早期工业化导致城乡关系剧烈转变以来，都市住宅供给涉及的是一个“进入都市权利”的问题，不管是市场还是政府供给。持续城市化带来人口集中、(优质)资源不均衡分布。都市住房是在日常生活层面从空间上进入都市的可能性，是享有都市优质资源可能性的条件。城市化是资本积累的结果，为减少时空交易成本的结果。它把劳动力、资本、信息、知识、技术、市场都汇聚在一个较小的空间范围内(城市范围内)，加速资本积累的速度，降低了资本周转的成本。劳动力的再生产是资本积累的一种必要，但自然增长的速率太慢，它需要将尽可能大的空间范围里的劳动力吸纳到自身的空间领域中(非自然增加，也就意味着增加人口规模的重要性)。它通过生产空间的不均衡来吸引劳动力。作为商品的劳动力需要，也只能在都市中销售出好价格。但资本积累需要处理有限空间资源与加速聚集的大量劳动力之间难以调和的矛盾。资本需要数量庞大的一般消费者，这越来越成为其生存的基础(“蚂蚁金服”这个名称很能够体现资本汇集社会基层微小规模资金的状态)。资本积累导致的社会极化体现在市场化的都市住房状况中；或者如一些发展中国家，在大都市周围形成庞大规模的“非正规住宅”、贫民窟；或者一般市民将长期劳动所得(或经由贷款，预先支付未来几十年的劳动。这个模式更受资本青睐[①])购得高价商品房，为获得一定的“进入都市的权利”，为后代获得相对落后地区较好的生存、教育等条件。也就是说，资本一方面生产了稀缺，制造了不均衡，但同时又利用稀缺、利用不均衡生产高额利润，这成为资本积累的一种必要方式。[②]

都市住房的问题历来有两种基本处理方式，一种是市场行为，一种是政府配给。在空间资本化、快速城市化的进程中，无论哪一种模式都难以解决超大量都市住房需求的问题。恩格斯

① 过度放贷形成泡沫金融，是资本市场的手段和危机。2008年美国的次贷危机即为此类。
② 其中利用建成环境营利部分也就是列斐伏尔、哈维指出的资本积累的第二循环。

曾经说过，资产阶级只是把问题在空间上移来移去，而不是解决问题。都市住房问题从城中心移到城郊、从发达城市移到发展中城市、从发达国家和地区移到发展中的国家和地区。但每一次的转移并没有从根本解决问题，技术更新、社会需求变化以及各种要素形成的复杂关联变化导致优质区位的游离和变化，或者说，不均衡状态的空间转移、优质资源空间分布（时空关系的转变）的变化导致住宅需求的进一步调整，却又成为资本“更新”阶段、一轮新的阶段生产利润的空间。政府公租房、廉租房的配给，往往是“杯水车薪”，难以满足不断涌入城市的、数量巨大的一般劳动力。政府直接介入微观层次的具体物质空间实践通常难以产出较好结果。计划经济时期的住房配给，也不是地方政府的行为，而是单位制下各工厂、机构在国家或地方住房政策指导下的具体实践。政府应该生产税收、财政、货币、金融、分配等宏观政策而不宜介入微观的具体物质实践。但政策往往在促进资本积累（加大社会极化）和维护社会公平正义（减少社会极化）之间游离摇摆（受内、外危机的影响）。从全球范围看，20 世纪 80 年代以来（对于中国而言，特别是 90 年代中期以来），地方政府从管理型向经营型转变是普遍趋势。这也加大了地方政府直接进入具体物质实践的市场行为。地方政府通过建立融资公司、平台公司、城投公司等以进入市场，通过权力与资本联合介入具体的各种生产，包括商品住房在内，介入了与民营资本的市场竞争中。在这种情况下，往往只有通过中央政府具体建设公租房的指令，地方政府才会有所行动（却因事权增加和减少了土地的财政收入等而缺少动力）。除了市场与政府的生产，还有一种比较特别的都市住房生产方式，即从早期工业化开始就已经有的“住房合作社”。但住房合作社的存在需要诸多必要条件，包括信贷和政策等共同构成的基本条件，它不是一个小群体内部能够自主解决的问题。

政府可以做的仍然是计划、推进和实践各种不同规模、不同等级优质公共资源的空间均衡分布。资本积累加大资源的不均衡分布，稀缺资源（往往是围绕着优质公共资源）的高价格，也加剧社会的极化。政府不需要直接介入优质公共资源的物质实践，却可以通过公共政策的制定，改善公共资源质量的相对均好性、有等级差异的均衡分布——在现有的社会生产机制下可能减少社会不公平，让大多数人享有公共资源。只有足够数量的高质量公共资源的均衡分布，才有可能改变大量人群蜂拥到少数地点，形成高地价、超高房价的状况，形成为享有高质量的公共资源而要付出较大的财务支出、交通成本和时间成本，形成日常生活轨迹的扭曲（这是资本生产利润的秘密方式）。高质量的中小学空间分布就是一例。一些家庭为子女就学好的学校而迁移住址（购买新房或高价租用学校周围房屋），子女就学的考虑此时放在第一位，而父母则需长距离通勤到工作地点。均衡分布相对高质量的中小学，可以缓解这种畸形状况——但其前提仍然在于下一个阶段的高等院校数量较多和相对质量均衡的状况。

4. 公共空间的使用、挪用与管制[①]

市民日常生活轨迹的交叉点在公共空间。公共空间于是叠加有三重作用：一是市民日常生活与人和自然间的交流地；二是因公共空间中人群的聚集，成为资本生产利润的重要空间；三是权力严密监管处。后两种的空间属性都带有强烈意图。在一个城市广场（甚至是公园）周边，大批色彩斑斓的商业广告和政治口号的参差并存是日常生活的经验；围绕着广场的高密度商业活动和各种监控摄像头密布是常见现象。公共空间具有尺度和层级的差异，小到街头广场、口袋公园，大到容纳

① 虽然公共空间可以纳入公共资源的一部分，但因其在日常生活中的重要性和特殊意义，这里单独列出讨论。公共资源分配一节内容中的判断也适合本节公共空间的讨论。

上万人的城市仪式性广场。小尺度、低层级的公共空间具有使用频度高、对于周边居民可达性好的特点；大尺度、高层级的公共空间容纳人群数量、差异性、流动性更大，往往是城市节事的发生地——潜在成为城市抗议活动的发生地，也因此成为政府需要小心严加监察之地。

市民从住房到学校、到工作地、到医院等是日常生活中的行动轨迹，是被无形规定的行动。从严格意义上说，在这些被规定的空间中行走做事，市民只是生存而不是生活。在这个来回的线组行动轨迹中，他/她只是完成生产的社会性活动（被资本、权力或社会要求），完成必要的、某种程度上是被迫的行动。按照马克思的说法，他/她消耗了自身的劳动、自身的生命创造了一个外在的、强大的、压迫的世界。从这个意义上说，公共空间在日常生活中具有重要作用。它是溢出日常生活轨迹的一种可能，是日常生活轨迹驻足停留，交流、感悟、反思的空间，暂停时刻的空间。不是说日常工作中不可以具有反思的能力和空间（能够在日常工作中保持有批判性思考和实践的人通常是极少数），只是这样的时空被快速生产要求高度挤压了；往往只有抽身出日复一日的工作及其习惯，才更有可能思辨日常工作中的问题、与人本身之间的问题。时空的变奏（亦即日常节奏的调整，这是列斐伏尔晚年高度关注的）是一种方式，但对于芸芸众生而言，变奏在很大情况下，也变为消费的狂欢，或者是某种观念灌输的时空。公共空间的多尺度、多等级的相对均衡分布，是改变日常生活僵化的可能性途径，是在日复一日的工作中生产偶然性的可能、变化的可能。

公共空间不可避免地要受到资本的挪用和权力的监管与管制，这是它本身具有的属性。公共空间不是纯粹物，它从来就是社会的产物。公共空间的商业化，或者商业空间的“公共化”已经是过去几十年间可见的日常现象。资本对于公共空间处心积虑，要么将公共空间塞满商业的标识，要么直接生产出“体验式、沉浸式”商业空间来替代公共空间，占据市民的日常时空，再将其转化为利润，把人压缩成消费者。公共空间由于其容纳群体的特性，有可能成为差异性观念的传播地，在瞬间从日常的休闲、交流处，转化为激烈反抗之地，因此成为治理者严格的监察处。也就是说，对于一般劳动力而言，在公共空间中可以感受到资本或权力的用力和其他空间不同的氛围。在公共空间中行事本身即是日常生活的一种变奏。

城市规划作为一种公共政策的空间工具，处在促进资本积累与维护社会公平正义之间。在过去的几十年间，城市规划很大程度上成为地方政府生产土地财政的一种工具，推进地方经济发展的工具。如果把目标指向社会，城市规划可以成为公共资源（包括公共空间；在卡斯特处表述为集体消费）更加公平公正分配的工具；成为经由公共空间的生产，促进人群间的沟通和交流，促进地区认同感深化的手段；经由公共空间的生产，增加人们邂逅的可能，改变日常生活僵化的可能实践。

5. 流动性、认同与“历史感”生产

快递公司已然成为当下的一种现象。菜鸟驿站是网购商品时空路径的终端节点，常可以见到黄马甲或红马甲的快递小哥在大街上、小区里忙碌，急急忙忙寻找送货地点，需要按时将商品送达。递送服务是购买者不动、商品流动的时空模式，可以将几百米、几公里，几十、几百、几千公里外的商品送到消费者处。商品移动是空间位置的改变，快递公司的递送速度，是商品空间位移时间的损耗。谁能减少时间成本，就能争得更大的市场份额。[①] 网络平

① 然而这只是一种表象状态。最终获得更高利润的是掌握商品流通信息大数据的公司。马克思曾经讲过，人是各种社会关系的产物。在新的时期，人的属性在很大程度上转变为消费者属性，消费者则是消费的各种商品共构关系的产物。掌握了消费信息，以及消费的时空信息，即是掌握了消费者的状态，如消费能力、消费习惯等。这本身就是巨大的商业价值。信息不均衡是生产巨额利润的新通道，也是新的社会不公平和不正义的体现。

台大大降低潜在购买者寻得所要商品的时间交易成本，促进了资本流通也从中获得巨大商业利润。这也就意味着资本生产周期的缩短，占据空间范围的改变（商品销售空间范围的变化）和资本周转的加速。人不动，商品动成了新时期日常生活的一种时空模式。它最大限度地减少消费者与商品间的时空成本（信息寻得与确信、资金支付安全、商品快捷递送、服务评价与反馈），在很大程度上改变了旧时日常生活在地化的时空模式。在这种模式下，如何在虚拟空间中使得消费者“确信”（Make Believing）商品的“品质”（此时虚拟品质大于实际品质，虚拟的想象支配实物的生产）、鼓动消费者的理性或者不理性消费，就成为资本积累和续存的重要方式。网络口碑（网红）、集中式消费节（如“双十一”等）、消费奇观（持续不断的强刺激）等就成为日常生活的一部分。同时，旧时在地化的时空模式趋向逐渐成为稀缺品，资本寻找从中生产出利润的方式，将逐渐消逝的内生性的方式（它是多样性的来源）转变为一种“涂层”、伪装的历史感，一种“千篇一律的多样性”，销售包装出来的地方特征的营销模式，成为一种地方空间生产的样态。

或者说，加大的流动性和不确定性增加了身份认同的危机。在地感的日渐消逝一定程度消解了文化认同和身份认同。同在一栋高层商住楼里生活多年而相互之间不认识，是日常生活中的状况。它和计划经济时期分配的住房模式不同。分配住房往往与工作岗位的等级挂钩，意味着工作间的关联性。单位制的空间是一个熟人社区。商品房是根据消费能力界定消费者，消费者间可以完全没有工作或社会的关联性。住户间通过物业管理机构沟通和协商，是契约型模式而不是经验型模式。住房商品化的方式消解了社区感和归属感。或者更准确地说，商品化居住小区基于商品消费的模式组织起来，是契约型的组织方式，生产的是流动性的社区感，而不是之前工作与生活统一的稳定型的社区感。基于消费能力的不同类型人群的混杂是这一时期住房的基本状态。在都市的某些地段，住房功能随市场需求变化，在一栋高层商住楼中容纳五花八门的社会功能，居住只是其中的一部分，理发、按摩、电竞、桌游、小商品、家政服务、补习班、兴趣班、健身、时租旅馆等杂居其间，暗示了都市空间发展的一种状态。[①] 在这种状态下，什么能形成文化认同和身份认同?

从某种意义上说，历史也是一种“公共空间”，是形成文化认同与身份认同的必要。它是一种集体记忆，是一群人对过去发生事实的感知和理解。如克罗齐言“所有历史都是当代史”，历史是一种经过各种复杂过程筛选过后的感知和理解，但它因其“独特性”和“差异性”——每一个地方都有其自身的历史，而被挪用或片段摘取和转述，进而触及了日常生活的观念部分。

生产被捕捉、放大、传播的“差异性”越来越成为资本续存的方式。各个地方历史的独特性和差异性成为资本生产利润的垄断“生产资料”。截取地方历史中某一与其他地方有差异的小段，将其重新叙事，强化其差异性，传播形变的差异性，进而利用这种“差异性的生产”获取利润已经成为见怪不怪的普遍方式（也包括计划经济时期的记忆）。这就意味着市民在日常生活的媒体中、具体的物质空间中被迫接受这种“再生产的差异性”，进而形塑一般市民对地方历史的经验和理解。也就是说，市民在日常生活中要消费资本生产出来的“历史感”商品。另外，在一个充满流动性和不确定性的世界中，重述历史是生产集体认同感、身份感的重要途径。地方曾经荣耀的或者被诟病的历史往往容易被治

① 它在某种程度上消解了工业理性时期对（空间）属性严格划分、严格管理的边界。

理者用于再塑认同感，以生产权力的合法性。对于某些历史避免触及，由此历史破碎化、片段化，根据当代不同支配性群体的需要摘取用于不同的场景之中，构成日常生活感知的状态，进而导致历史复杂性认知的缺失。

日常生活中历史的“失忆”“伪忆”使人难以脱开日常的琐屑，长距离相对完整地来看待自身，看见自身。恰恰是这种“观看”，这种“精神的公共空间游历”，使得人有可能在日复一日的工作中还留有自我意识，复杂性的感觉。

6. 危机、空间与日常生活

对于大部分个体而言，日常生活空间是相对确定的范围，每个个体大部分时间就在这个范围内来回运动和做事。理想的空间模型是在一定时间和空间中有满意的工作和收入、交通便利和便宜（意味着在各种类型空间中行动的较低时间成本和支出）、在生活圈中有高质量的公共服务设施（公共安全与环境安全，特别包括日常必要的学校、公园和医院）、生活物价较低；同时，他/她有一定的自由行动的权力和能力到中距离或远距离的地方（一种变奏、日常时空关系的变化），能够至少在理性基础上经由经验比较、理解不同地方之间的差异，来反观自身所在的问题，实践可能的方向。这个相对确定的时空范围内，在生命周期里，特别对于幼儿、儿童和老人有慢速的、缓适的空间；对于青年人、成年人有快速移动的自由可能和路径；对于所有人来说，则有差异性、多样性的共存、有人与人之间日常交流的空间与可能。而社会的变化不至于使人难以适应日常生活方式的改变，生活的记忆应有依托处。

理想空间模型构想的问题就如新制度经济学批判古典经济学缺乏考虑现实的“摩擦”、现实交易成本一样。比如，劳动力价格受越来越不确定的外部影响；公共服务的规模、质量、等级等都受到人口规模与密度、公共政策与公共财政供给等的综合影响；物价变化更是不可测的因素。微观的日常生活是各种不同矛盾冲突（进而积累、演化为危机）所在。它首先直接与资源的空间分布有关——却是权力、资本与社会在历史发展过程中，应对外在、内在危机相互作用的结果。过去的几十年间，根据生产需要的计划型分配向叠加市场配置资源的混合型转变（也意味着空间中内化有两种模型的意识和机制，也有两种外在形态的显现）；国营、民营企业追求利润，政府的企业化共同加剧了市场化、追求最大利润化的空间生产方式，加剧空间的不均衡生产。各种优质资源在少数地区、地点集中（包括东西部的不均衡，区域、城市内部的不均衡发展），使得人们为了追求优质资源（在生命的不同阶段）而改变日常的时空轨迹。或者说，由于资源的不均衡分布，受区位价格的各种影响，为了获得资源，“东奔西走”成为一种普遍的日常状态。

个体与社会生活所需优质资源之间时空关系的决定要素在于收入——进而支配日常时空的轨迹。收入不是钱币的数值，是劳动力定价的社会表征和结果。劳动力定价不是静止形态，是发展过程中权力与资本应对外部、内部危机实践的变化结果。某一类劳动力（知识与技术的活体载体）在前一时期收入高，很可能在随后的一个时期快速跌价（发展过程中这样的不确定性加速增加了，也就意味着生命周期里生活状态的快速变化）。这一方面与国家或者资本需求有关，与资本周转速率有关，另一方面与劳动力类型的供给数量有关。对于大部分家庭而言，为了给孩子未来更好的定价，追逐（购买）有限的优质教育资源（高度不均衡的分布；对于不同家庭收入和社会阶层，“优质”是不同的指向）成为普遍现象，进而在相当长一段时间围绕优质教育资源改变了日常生活路径，这也是过去几十年间中国城市社会中普遍存在的现象（也是越来越突出的现象）。未来的困境在于，资本积累方式的变化（哈维在《后现代状况》中指出的“灵活积累”、卡斯特在《网络社会的崛起》中指出的信息技术对资本积累的作用）对劳动力素质要求的变化，不再是之前工业理性时期清晰知识门类、高度分科的要求、学科间知识边界严明的状况、按部就班的方式，而是在更加整合的思维基础上的灵活应对，强调的是整体视野、发现问题和快速关联。这将使作为劳动力再生产重要构成的教育陷入危机，进而引发变革和日常生活轨迹的变化。这样的状况很可能导致劳动力知识结构的两极化，一种是彻底的碎片化，面对急变的世界无所适从，或者只能被动应对和随从；另一种是超越碎片化，尽可能去理解事物发展的机制后去行动与实践。

除了公共资源分布、劳动力收入外，住房、公共空间以及在观念层次的认同共同构成影响日常生活的基本要素关联矩阵。任何一个要素变化都将带来日常生活状态的变化，日常时空路径可能的调整、个体对于外界感知、认知的变化，进而产生意义的变化。日复一日的、平稳的生活是各种构成要素的顺畅运行，但变化就在其中而往往经由适应的时间而不自知。[①]一旦把时间略加放长，就可以惊察变化的巨大。[②]原来公共资源相对均衡的分布（双重叠加的模式：单位制内的分布叠加上各市县内的分布[③]）在市场经济发展过程中，转变为部分资源质量提高，但分布极度不均衡（原有单位的计划型却并未消失，在某些局部可能还强化了）。劳动力价格在市场经济中提高了，却陷入一种困境。一方面是劳动力价格两极化（也是一种不均衡，带来严重社会分异），另一方面是长期的通货膨胀和原来是供给的服务、物品现在已经需要支付高额费用（如住房、教育、医疗等，意味着需要通过消耗生命时间去换取这些物品或服务）。社会发展过程中解放了原来计划经济时期劳动力所受的束缚，增加了某些方面的自由，却又使其陷入了另外的一些困境（特别通过支付能力限制行动的时空范围），限制了另外一些方面的自由。

1979年以来的中国城乡社会，是从原来总体上被制度化的城乡不均衡和城市内部的低水平相对均衡，转向加剧的城乡不均衡（“我国发展最大的不平衡是城乡发展不平衡”[④]）和城市内部的高度不均衡。城市中原来总体相对低水平均衡的状态转变为市场主导下的总体不均衡是过去几十年间的基本状态。突破低水平的相对均衡，某些地区利用区位优势、制度优势等率先启动发展是必

① 如家中的孩子不觉他/她长高，而一段时间没有见到的人常惊讶孩子的变化。

② 如从计划经济时期的凭证定额供给到今日“万能淘宝”的引导性消费。

③ 彼时的“公共资源”是一种有着严格边界，限定相关使用者的公共资源，其规模、质量往往与权力的等级相关。

④ 习近平总书记2018年9月21日在十九届中央政治局第八次集体学习时的讲话。

要的。而如何应对已经形成的总体不均衡又成为新时期的需要。十九大报告中谈到，当前的主要社会矛盾已经转化为“人民日益增长的美好生活需要和不平衡不充分的发展之间的矛盾”。如何在促进生产不均衡（资本积累）中生产均衡（社会公平正义）成为新时期面对的一个难题。低水平的均衡在外部资本主义世界快速发展的压力下是一种严峻的危机，高度的不均衡却是内部潜在的巨大社会危机，可能随时经由小的社会摩擦引发大规模的社会动乱。[①]所有应对危机的公共政策、资本积累的路径、手段、方式（空间扩散、技术更新、部门转移、金融“创新”、观念收服等）都将支配日常空间的生产，左右日常生活的时空轨迹。

资本应对积累危机的空间生产存在两种基本方式：一种即是扩大资本流通的空间，向落后地区，向县、镇、乡，向农村地区扩展——这是量的增加，是积累危机的空间扩散和稀释；一种是加速资本周转，通过时间与空间的压缩，要创造新的利润，这往往需要通过知识与技术的创新应用——这是质的提升，是积累危机最核心的应对手段。不论是危机的空间扩散或危机的时空压缩和经由创新的推延，都史无前例地改变建成环境景观，改变着形成建成环境的各种生产要素，改变既作为生产者又作为消费者对于“商品”（城市与建筑的主要属性也是一种商品）的生产和使用（这就要求生产者快速更新知识与技术、消费者被引导得纵情消费），以及相关的日常生活。在发展过程中，外部世界（以城市网络为最主要载体）越来越巨大，技术越来越强大和日新月异，社会分工既高度分化又弹性组合[②]，变化中的生产力与生产关系共构的总体状态比起过去更为稳固却又深陷关联性的危机之中（开放的关联性恰恰是其壮大的原因）。面对一个强大的外部世界，个人被定义为一个巨大体系中的碎片。林林总总大小危机的不断出

① 如法国巴黎的“黄马甲”运动等。全球范围内这类的社会运动在最近几年里频次快速增加了。

② 国内仍然是福特制与灵活组合的集合，只是灵活组合呈现出发展强趋势。

现，权力与资本的短时急促应对构成了当下普遍状况，进而左右着知识与技术的生产、劳动者的生存状况。同时，经由40年的发展，地方要素关联矩阵的长期运行形成一种制度性的惯性，存在于趋向本体的固化与应对外在流动的状态之中，形成地区性日渐固化的差异，成为一种地区文化差异的基础。

斯蒂格利茨曾经说过："发展代表着社会的变革，它是使各种传统关系、传统思维方式、教育卫生问题的处理以及生产方式等变得更'现代'的一种变革。然而变化本身不是目的，而是实现其他目标的手段。发展带来的变化能够使个人拓宽视野、减少闭塞，从而不仅延长寿命，而且使生命更加充满活力。"过去的40年，经历了两个大阶段的社会变革[①]，变革的历史是日益解脱旧有观念、旧有生产力、生产关系和旧有建成环境的过程（但不意味着全部的消解，特别是在观念和生产关系方面），也是一个生产新观念、新生产力和生产关系，以及新建成环境的过程；是一个对各种开放和连接过程中不断出现大小问题——锐化的问题即是危机——应对的过程。经由危机应对的实践，旧空间总体日益褪色了，新空间内化有旧空间的某些特质，却也已然显现和强大起来（它们以城市为最主要依托）。如斯蒂格利茨所言，变化不是目的而是手段。新空间中的日常生活在获得旧空间中不曾有的某些自由时，陷入资本积累危机为原生危机的各种困难境地。各种不同空间层级中的不均衡发展，成为新时期社会的主要矛盾。如何从日常生活层面进入空间实践——列斐伏尔曾经提出，日常生活是"革命之域"，而不是资本积累或其他，已然成为新时期紧迫的需要。

① 一是从计划向有中国特色的市场转型过程中的变革，特别是生产领域的市场化；一是深化向市场转型。两个阶段的社会变革大约可以以1992—1994年间左右区分。第一个阶段约为15年，第二个阶段约为25年。第二阶段还可以进一步划分，2008年美国次贷危机引发的全球经济萧条和巨量中国商品的出口受阻可以是一个节点。也有学者将改革开放后的阶段划分为生产型的阶段（约到2000年）和消费型的阶段（2000年以来）；还有从网络社会的兴起（约2000年开始），来划分不同社会发展阶段。这些不同划分共同构成理解40年间当代中国社会变迁的总体认知。

原文曾以《空间、日常生活与危机：对中国城市空间四十年变迁的探究》为题刊发在《新建筑》2020年第1期，有增删。

一公里城市里的一景（图片来源：作者拍摄）

PART 1

第一部分 空间与日常生活

Space and Everyday Life

……商品支配了一切。（社会的）空间和（社会的）时间，被各种交换支配了，成为各类市场的时间和空间；尽管不是成为具体之物，但时间和空间，以及各种节奏，内化成了诸类产品。

日常生活通过形成小时需求、各种交通体系、简言之，它的乏味的重复的组织，建构了它自身。

Henri Lefebvre, Rhythmanalysis: Space, Time and Everyday life, 2004,6

1公里城市

日常生活的经验、表述与解释

……我们需要思考我们周围每天和任何一天正在发生的事情。我们与我们自己的家庭、我们的邻居、我们自己阶层的人生活在一起。……但是，熟悉不一定是已知。正如黑格尔在一句话中所说的那样，“熟知并非真知”。

——亨利·列斐伏尔，《日常生活批判》(第一卷)，P13

1公里城市是我日常生活的城市。我从2008年开始记录一点这1公里城市的一些现象，在2012年，2015—2016年又分别记录了一点。现在把它们叠放并置在一起，并非没有意义。它们并不能够完全说明这1公里城市的状况，它们只是我有限的体验和观察。但是共时性与历时性的各种现象并列堆置，大概可以勾勒出这1公里城市中的一种状态(它们是许多状态中的一种)。罗兰·巴特在《作者之死》中谈到，由于语言的语义扩散和读者的多样性，并不能够得到某一种作者想要的终极解释；他又在《符号学与城市规划》一文中讲到，如果要建立某种城市符号学，则要“发挥读者一侧的某种智慧”。我并不准备对这三个时期的1公里城市文字进行解释，这种解释多半是一种徒劳——读者有自己的解读，文字本身能够传递部分信息。我感兴趣的是，从日常生活空间的经验表述开始，讨论城市空间研究的几种方法以及个人可能可以实践的方向，这是第四节的内容。

1. 2008年

尽管当代中国城市已经四向蔓延，幻化成难以完全触摸的模糊空间意象，每个人仍有自己独特的城市。①

从住所到办公室约1000米是我的Mini城市。每周5~6天；每天7点半走进电梯，5分钟到教室或者办公室；12点一刻间离开；下午2点半至6点重复过程。1000米的两端，是家和繁忙工作，相对安静的地方；1000米的中段，是吵闹的fantastic的城市生活。

空地

小区门口略大一点的空地成为沙坪坝线形交通屈指可数的公交车回车转盘。在超高密度的城市，任何略大的空间都有可能成为公共之空间，各种活动群集之场所。超级面包盒子在这里尖叫、急刹、困难掉头、夜间停靠，与人群、出租车和其他机动车共同演奏此起彼伏的城市乐曲。

---

① 2008年和2012年的文字曾经收录在我的《在空间：城乡观察随笔》一书中，少数文字有修订。

堵车

新一轮城市主题。1000 米之间有 4 个公交车站（单向两个），N 个任意停的小巴站点，三条斑马线对应 3 个特定时间人群四溢的丁字口。

1000 米大多时候走路比行车快。

摩的

堵车有趣的伴生物，一种 local 的交通方式。丁字口间有大量等候摩的的人群。下雨天，摩的那飘逸的雨披的优美线条轻划在淅淅沥沥的空中。

摩的生意大都不错，我也偶尔借助他们穿游在车河中。据说，他们每月平均收入千元左右。

斑马线

虚设的斑马线。1000 米的任意点之间都可自由穿越。斑马线不与红绿灯共设，机动车不停缓速度。基于法规，斑马线游戏规则在行人没有被撞前失效。

棒棒

方便廉价的劳动力，游荡在 1000 米之间的任意角落，或者聚集在小区门口空地间，以聊天、打牌为乐。褴褛衣衫，配带手机（或者小灵通），手持 1 米多长的竹棒或者木棍，结实的或单薄的身板，常有熏人的烤烟味道。人群中有谁突然跑动，当是棒棒接揽到了生意。

小贩

因为“不纳税”被城管驱逐的小生意经营者。一根扁担两个箩筐，停停走走在 1000 米之间和之外。

我很喜欢麻糖小贩。售卖者肩上一挑，一手小铁榔头，一手 20~25 厘米左右曲形的铁糖刀。榔头敲在糖刀上叮当作响。沾着红薯粉的白色麻糖一小口袋一块钱，味甜粘牙。

污水

污水泛荡着油光是普遍感觉，讲不出在哪里。

旧校门一度下水道严重堵塞，黑色淤泥漫出铁箅，污水四溢。终于污水流去，然而至今仍然淤泥四塞。

Bar

1000 米之间有若干酒吧、茶座、卡拉 OK 厅。根据招牌，小区门口的一家规模最大，常有养眼之光鲜女子出入。深夜后仍然有恐龙般之高亢歌声沉闷传来，连绵不绝。

零售店

各种零售店已经冠名“某某客隆”或“超市”。1000 米之间，有一家大型“客隆”，一个大型农贸市场，N 多家中小“超市”。一元店显示了“Made in China”的超级廉价。

成人用品店

可能是最大的招牌最小的店。招牌占满一大半门面，扑面而来。

城市偶然事件

城市改造水管，用 2 米高的蓝色波型钢板包围 1000 米中的若干节。改造工程挤压和占用人行道，十分有趣地改变了行人常规交通生态。在机动车道上和公共汽车、城市小巴、出租车、私家车、摩托车共舞是一种充满刺激的“Adventure”。

透过薄钢板间细缝往内窥视是大多数人的欲望和乐趣。

刷城图章

为迎接 APEC 会议花费巨资的刷城运动在 1000 米内也盖了一个棕红的图章。它们赢得刷面的理由是因为破烂，因而装扮成“地方传统建筑”模样示人。

历史残破是可以得到谅解的。

……

1000 米之间有西式自助餐厅、比萨店、法式面包屋，也有重庆火锅店、麻辣小面馆和油烙锅盔店；1000 米之间有戴耳机蹦街舞的现代青年，有衣着吊带装脚踩高跟的时髦女子，也有头缠白布、脚穿黑布鞋、手持烟叶斗的七旬老人；1000 米之间既有霓虹闪烁的三十几层耸天住宅，七八楼的多层房屋，也有两三层的破旧住房——1000 米 Mini 城中有着众多的多样性和可能性，是高密度重庆城市切片之一种，也是高密度中国城市切片之一种。1000 米中有着全球影响之显现，也有现代之展现，更有地方迷人或者恼人之种种。

所有人生活在过去与现在、Local、National 和 Global 时空交错的复杂联结之中，差别仅在联结的密度、强度和均衡度。这就是芸芸众生的、躁动的又充满活力的千米城市，我日常生活的城市。

2. 2012 年

老人卖杂货

从住处到办公室的路上，有多个老人在卖杂货。老人的年龄大都在 70 岁以上，卖廉价玩具、针头线脑、年历等。这似乎和其他地方不同。下午时分，老人坐着打盹，在来来往往的人群间。

越来越窄的门面

这条街上一个比较明显的现象是门面越来越窄。手机维修店的门面划出了三分之二给鸭翅店，自己只保留一条走道空间。一个小店铺贴出联营的广告。小店铺摆向外的玻璃柜上还写着“柜位招商”。

临街位成了稀缺资源。就如在高层住宅中，自然光线、自然空气成了极度稀缺的资源。高层住宅的变化史就是周长不断增加的历史。

地产代理店

小区门口有个店面一直做不走，走马灯似的换租方，直到后来来了一家地产代理店。印象中最早看到地产代理店是在 2000 年左右的深圳，不大的门面上贴满了各种各样的阿拉伯数字。地区的经济差异使得这些数字显得十分庞大。

这条街上的代理店逐渐多起来，多到隔着几个店面就有一家。店里很多显示器，营销人员西装革履。除了各种杂食店，银行和取款机、手机和通信以及地产代理是这条街上最多的店面。

擦皮鞋

擦皮鞋从原来的 1 元涨到 1.5 元又涨到了 2 元。

出现了一家擦皮鞋和皮具维护店，办卡擦鞋有折扣。

回重庆工作

小区门口的街道上不时出现一些宣传条幅，其中一种是“欢迎回家乡工作”。

在高度竞争的世界中，什么是留住劳动力的原因?

小区的抵抗

小区的门口曾经还出现极少有的维权条幅，反对大量公交在小区周围停靠，早晚制造大量噪声。大量居民聚集在门口理论。有老人说，家里的婴儿第一声不是叫爸爸妈妈，而是“倒、倒、倒”——都是因为每晚公交车停靠有人不停地指挥“倒、倒、倒”！

此事似乎最后不了了之。公交车还是照旧在此停靠，只是“倒、倒、倒”之类的声音消失了。

外立面改造

沿街建筑的外立面再次被大规模改造。

据说管理部门倾向恢复民国时期陪都风格的建筑。于是有毕业的学生就来问什么是这种风格。最后街上出现的是大量的灰色面砖铺贴的外立面。广告牌也统一做了整治。过了一段时间发生了有趣的事情，一些店面功能变化了，但店铺名字还是原来的——谁又来处理新的店商?

怎么解决固定性与流动性之间的矛盾?

夜市

夜市似乎是南方城市的专利。我在重庆生活近二十年，几乎没有夜市的经验，除了短暂的一段时间。

不久前在稍宽的街道上，自发出现卖袜子、玩具、手机套、鞋子等的夜市。因为是不固定的摊位，早早就有人来占位，一待夜幕降临，就摆开来——借用周围商店的灯光或者是自己摆上照明灯。晚上熙熙攘攘的人倒也有气氛。但不久便消失，不知何故。

广播

广播是一种记忆。儿时生活在工厂里，一到时间便播放新闻，或者播运动员进行曲。走在街道上，还有广播车巡回播放和宣传各种政策，偶尔还有告知将在某地枪毙某人。

已经有很久没有听到广播，除了对面中学早操广播和偶尔在路上遇到的警车鸣叫。

但今天听到了广播车播放商品促销的宣传。

……

3. 2015—2016 年

房屋代理

新出了好几家房屋代理。销售人员西装革履，常常见到他 / 她们早上在领班的口号下整齐排队早操。店面就是广告面，贴满密密麻麻的房屋销售或者租赁广告。

移动房屋代理

小区原来的一位保安不做了。常看到他游荡在街道上，斜背着挂包，挂包面上贴着“房屋租赁”。偶尔也看到和棒棒们坐在街角打牌。

“不做了”

小区门口有一家水果店，已经有十来年了，店主和居民都很熟稔。傍晚时候水果摊边常摆有象棋局，三五居民围绕观看和闲聊。一天突然看到关闭了。遇到店主说，生意越来越不好做，改到其他地方，试试做建材。

新店主似乎有两家（也许是一家？）。店面分成两半，一半卖水果，一半卖凉菜、凉面和猪耳朵等卤食。

分店

约 3.5 米面宽的手机维修、移动卡、联通卡销售的店面出租了一半多给卖烧饼（之前是鸭翅店）的。烧饼店早上和傍晚时候卖，平常关门，只剩下 1 米多宽的手机店。

保健按摩店

小区门口的保健按摩店日渐多起来，已经有了五六家。有理疗的，有洗脚的，有艾草香薰的，有按摩的。小区的居民常常光顾，最大、最多的广告语是包治腰椎、颈椎劳损。

爱心亭

不知“爱心亭”名字的来源和功能，给谁或者不给谁。门口有个“爱心亭”，一位中年妇女经营早餐小面多年，每天早上十分忙碌。有一天不见。问询周围，说是要“城市创卫”，不允许开小面店了。小面 2 两 5 元，我之前似乎看到她的十一二岁的女儿使用的是苹果手机。

爱心亭里现进驻了一家江苏炒货店，卖花生、瓜子、地瓜干等。

创卫

为了城市创卫，街道两边的房子再次整顿（已经记不清楚这是第几次）。这次使用红砖、灰砖、轻钢龙骨、石膏板和铝扣板，把沿街能加门廊的全部加出门廊。所有店门的招牌全部重新制作。

小面店

因为小区门口的小面店关张，街角的另外一家反倒繁荣起来。因为它不在主街上，而在接入主街的一个小角落里，不（那么）影响市容吧，常把桌子摆出去，一到有检查，又把桌子收回来。

但是所有的饮食店被要求加装铝合金的罩棚，包括它。

快递员

快递员多起来。常常看到摩托车捆绑着一袋又一袋的包裹。每到中午、下午，他们大多聚集在小区门口电话，通知货主取货。大多数快递用摩托车，也有使用小货车的，但看到邮政快递员骑着刷成绿色的自行车。小区门口有一个店面改成了申通快递的取送货点。

“无良房东”

街道上有一家杂货店，卖的矿泉水、饮料比周围的其他店要便宜三五角。一天贴出告示，得知“无良房东”涨价，只好拆店。

换了一家卖“抄手”的。只做“抄手”别无它品，5 元 1 两。

低头族

1 公里城市里什么现象最多？低头族。走在路上，除了儿童，大概是人手一部手机，往往低头看手机前行，忘了周围现实的世界。

一些孩子聚在小区门口的台子上拿着手机玩游戏。中午出去，他们在那里；下午回来，他们还在。进杂货店购物，看店的小妹也总低头在看手机中的电视剧，或者玩游戏。

炸鸡排店

开了一家炸鸡排店。它的广告是“我们要做最好的鸡”，门口常等候着一些顾客——现炸鸡块等候的时间太长。

乞丐

街道上时常有一些乞丐出现。残废的、失学的、骑自行车旅行没有钱的、家庭困难的，等等。常觉得奇怪的是，他们怎么有钱购买蛮高级的音响，来播放感人的歌曲，如《好人一生平安》等。

邮政局

学校门口的邮政局似乎而消失了，门面改成了“晨光文具店”，但你还可以在里面寄送信件。一张桌子在房间的角落，用来接待邮政客户。店主的孩子到处跑叫。去寄信时，我的孩子骄傲地和我说，“我有文具店的会员卡哦”。

指示牌

街道的转角增加了竖杆，上面密密麻麻地放了一些店面非店面的方向指示牌，有些大有些小。指示牌似乎不只是指示牌，还是商业广告牌，可能是根据出钱多少给面积大小。

密密麻麻的指示牌使得指示本身失去了大部分意义。垄断性随日益商业化而消散。

地铁

据说小区门口未来会有一个地铁口。在靠近小区车库入口方向的一块用地，用钢管、铁皮等围圈起来。每日大约中午一点开始放炮，巨大和沉闷的声响、强烈的震动波迅速传来，常常令人心悸，担心哪一天周围楼房被震倒。

红袖圈

街上快速增加了一些带红袖圈的人。一些是市政协管，还有一些不知是什么人。市政协管站在斑马线一端，吹哨警告不遵守红绿灯的人。但对于斑马线以外的地方，即便大量人群不顾红绿灯，她

图 1　日常生活景象（2018 年）
（人行道上由城管划出区域停放摩托、路上有“棒棒”走过、道路两边的房子分别是前三次“刷城”后留下来的结果、人行道有坡道又有踏步、路上行驶着黄色的出租车、人们从不远的农贸市场买菜回家……；图片来源：作者拍摄）

（他）也不管。有些巡走在街道上，也常常是低头一族。

改选

小区业委会改选。据说为了促进业主投票，准备给去投票的每人发 100 元；但这个事情在业主 QQ 群中遭到抵制，认为这笔钱应用在改善小区的公共服务设施上，而不是发给个人。

公交车广告

孩子要坐公交车去打乒乓球的场馆。公交车上的电视常常是各种广告占了大多数时间。孩子于是就学会了“奉谷爽，爽爽爽爽爽；58 同城，一个神奇的网站”。

警察亭

在七中门口设置了一个警察亭——准确说是警察房间。原来几年前威武好看的警察亭不见了，替换为一个铁皮围成的警察房间。偶尔有警车开上人行道，停放在这个房间前面。里面常常没有人。但在屋外显要位置挂了一个电子显示屏，上面滚动播出如“QQ 视频可以作假，大额汇款到银行”等文字。

警察牌

在许多建筑物上贴挂了警察牌。有该范围内联系警察的头像、电话号码、QQ 号码等。

道路分隔栏

为了防止车辆随意变道，用铁栅栏把道路分成两部分。所有道路都是如此。切割空间是通过降低灵活性来确保稳定性。

4.1 公里城市

怎么对 1 公里城市展开研究？既可以如上面一般，对 1 公里内的各种细微现象进行描述，通过描述历时性的变化，来感知空间的状态。还可以进一步对 1 公里内的各种现象进行调查和分类，比如有多少家饮食店、杂货店、房屋代理、银行等，多少个公交车站、红绿灯、监视的摄像头，开放空间的面积与分布等，结合建成环境对它们间相互的空间距离进行归纳、整理和分析；也可以统计历时性的人、车流量变化，或者居民年龄、收入构成状况，或者网络数据流量、访问网址类型，等等，来理解这一特定空间范围内的各种元素构成，并基于经验和数据分析，得到潜在的问题、危机与可能的优化策略。这种方法，也就是约翰斯顿在《哲学与人文地理学》一书中指出的经验与实证主义的方法。这种方法认为人们通过经验来获取认识，认为经验的事物就是存在的事物，它的工作方法就是描述事实（经验主义方法）；实证主义则更加强调可证实的证据，如通过数据分析的方式来确认经验的准确（约翰斯顿，2001：21–79）。

但是经验主义和实证主义（目前在国内盛行，一定程度也是一种实用主义）受到了严厉批评。首先是认识论上受到了人本主义的批评。人本主义认为并不存在一个客观的、统一的、一致的世界；世界是有不同个体的感知存在。举个例子，凯文 · 林奇对于波士顿、新泽西等地所做的城市意象调查，某种程度上就是经验主义和实证主义的实践。他通过对被调查者语言和意象地图（被调查者的这些表述本身就是经验主义的）的归纳（实证主义的方式），得到试图普遍化、抽象化构成理解城市的五个要素“道路、边界、地区、节点、标志”。但是从个体（差异）的角度，他（她）并不必然要遵循这五个要素来理解城市空间的构成，而是根据自身的知识构成和行动过程来理解城市。约翰斯顿指出：“人本主义思潮的基本特征是他们关注于作为一种有思想的生命，作为人类的人，而不是作为一种以有点机械的方式对刺激作出反应的非人性者。”（约翰斯顿，2001：80）或者说，对于这1公里的研究，通过经验和数据的归纳，试图得到某种一致的空间感知的可能性，在人本主义者看来，是不可能的。带红袖圈的人眼中看到的1公里，与小摊小贩或者“棒棒”眼里的1公里，与8小时固定在鸡排店里员工的1公里，与市政清洁工的1公里，可能是相当不同的1公里；轿车里或出租车里人眼中的1公里，与摩的司机的1公里，与挑着担子卖麻糖的人眼里的1公里，也可能是极不同的1公里。这条街上，还有着许多大、中、小学生，他（她）们各自眼中的这1公里，大概也是很不同的。一种人本主义的研究，就是试图认识和理解不同市民的空间感知和意图；它并不能如实证或者实用主义一般，目的在于预测和行动；它的核心在于“理解”，通过对各种差异性对象的研究，拼贴、构建一种理解的图景。而理解是行动的基础。

但在结构主义者看来，无论是经验主义、实证主义还是人本主义，都存在一个问题，即它们都同意世界是可以通过对现象感知来认知，只是所站的位置不同。经验主义、实证主义总体强调从集体状况的各种现象、数据的归纳、总结来判断问题所在、寻找可能的策略；人本主义则强调从差异性个体出发，认识和理解他（她）们与外在之间的关联。但从弗迪南·索绪尔开启语言结构的新阶段后，这种基于现象感知的方法受到了普遍质疑。索绪尔区分了语言（langue）和言语（parole），认为“语言和言语活动不能混为一谈；语言只是言语活动的一个确定的部分，而且当然是一个主要的部分。它既是言语机能的社会产物，又是社会集团为了使个人有可能行使这种技能所采用的一整套必不可少的规约。整体来看，言语活动是多方面的、性质复杂的，同时贯穿物理、生理和心理几个领域，它还属于个人的领域和社会的领域……相反，语言本身就是一个整体、一个分类的原则"(索绪尔，1999：30)。也就是说，言语的使用是个人的，个体因为差异和所处环境的不同，使用不同的言语；但是个体之间能够交流的原因是，存在着语言——作为一种约定性的规约而存在。对于言语（作为一种现象）的感知并不必然，甚至无法得到语言（作为深层结构）存在的事实。这就是结构主义者批评经验主义、实证主义和人本主义者的基本原因所在。

如果从结构主义的"语言－言语"的模式来看待这1公里城市，很显然，上面细细碎碎的各种描述，属于"言语"的一种表现形式，是经过我的空间与视觉经验，由文字表达出来。但是这种个体的经验表述，并不能揭示或者解释"语言"——或者说，是什么结构性的力量形成了这样的城市空间并促成其变迁。这1公里为各种人，为我（我本身也在不断变化中），为公交车司机、乞丐、快递员、低头族、警察等提供了各自感知、认知的空间；但这1公里的城市空间，是如何形成的，是为何变迁的，却不能通过细微的身体感知和经验来获得，它必须通过思考、思辨，它必须要超越现象而进入更深层次的知识领域。约翰斯顿说，结构主义有一条基本的公理，也就是"对所观察现象的解释不能只通过对现象的经验研究得出，而必须在支持所有现象但又不能在其内部辨认的普遍结构中去寻找"（约翰斯顿，2001：139)。马克思则曾经说过，"如果事物的表现形式和事物的本质直接合二为一，一切科学就都成为多余"（马克思，1975：923)。

1公里的城市作为"语言"的空间和载体成为"个人有可能行使这种技能所采用的一整套必不可少的规约"，成为个体言语（一系列的构成，其中包括在空间中的行为）的规约，既是群体间沟通的共同机制，也是约束个体行为的一种结构。1公里城市由许多物体与物件构成，它们按照某些目的和要求，被生产或者移动、置放在一起。

2008 年罗兰·巴特在《物体语义学》一文中谈道："在现实中的物体——不管它们是形象物体还是屋内、街上实际的物体——只是被一种单一连接形式连在一起，这就是'并列'关系：诸成分的纯粹而简单的并列。例如一间屋内的一切家具所服从的一个系统。一间屋子的家具只是由诸成分的并置才获得一种最终意义(一种'风格')的。"我同意的是，任何两个或者多个物体或物件之间的关系是纯粹的"并列",但是问题在于如何以及为何生产出谁与谁并列和连接，并产生什么样的（"最终"）意义，是由哪些人来生产，又由哪些人来消费（包括意义的消费）仍然值得讨论。从物象不能得到关系。巴特进一步说道："这些物体系统的所指是什么呢，这些物体传递的信息是什么呢？在此我们可以提出的只是模糊的回答，因为物体的所指相当程度上不是依赖于信息发出者，而是依赖于信息接收者，即物体的读解者。实际上某物体是多义的，即它可导致若干不同意义的读解。一个物体出现时，几乎永远有若干可能的读解，而且这不仅发生于一个读者和另一个读者之间，也有时出现在同一读者身上……它依赖于读者拥有的知识和文化层次。"这指出了物体的多义性与读者多样性共同构成的网络般的、极为复杂状况，而且请不要忘记物体空间移动的新空间组合带来的各种变化。

但是把 1 公里城市作为"语言"的空间和载体是否合适？当我们谈到"城市"的时候，它不是简单的物体集合（比如建筑物的集合），也不仅是制度和法规的集合，也不是其他某一种单维度属性的集合。它是一种总体性在特定空间的运行和实践。城市作为其中一种"特定空间"而区别于农村，因为总体性在其中运动的差异性而区别于农村，"城市"因此只是这些差异性的代名词。从这一意义上讲，总体性即是"语言"(或者更确切地说，某种"总体性"是某种"语言")。因此把 1 公里城市作为"总体性"——"语言"的空间既是合适也是不合适的：因为它毫无疑问是总体性在这 1 公里范围内的运动空间；但是因为局部空间的有限性，它体现出来的只是总体性运动的部分形态或者属性。我们在大街上行走，我们看到各种行为、各种建筑物、各种符号；我们感受了它们共同构成的各种运动和表象。但是，如果不经过思辨，就无法理解这些事件、状态、影像、图像是总体性在这 1 公里中运动的结果。

“总体性”——“语言”是复杂的，它往往是权力、资本、社会机制共同作用的结果。这 1 公里，权力对空间（进而对群体与个体的）改造、界定与监视，历年成为一种普遍态，权力浸润在每一处空间里。沿街建筑立面改造和再改造、监视摄像头的控布、警察亭（房间）设置、巡游的红袖圈和市政监管人员、饮食店被要求加护罩、道路的栅栏划分、各种政治口号和标语等，它们是日常生活中的现象，也是权力的表征，权力对日常空间和行为的监察和规训。面对权力的严密控制，民众的游击性“战术”是这个故事中的一部分，如街角小面店的摆摊与撤摊，行走摊贩退避市政监管（你来我走，你走我来）等。在这 1 公里中，我们也可以看到资本积累的残酷竞争性，它通过激烈的价格竞争，或者赶走利润率低的行业（如饮食店面被房屋代理店替代，杂货店被银行据点替代），或者通过切割和改造空间（如一个店面被分成两个店面，店面的进深越来越大），或者通过观念的改造（如公交车上反复不停播放商业广告）来获得积累。在这 1 公里中，我们不仅可以看到一些地方性特质，比如缠白头布的老人、棒棒和沿街叫卖的麻糖、重庆小面店（重庆人普遍的早餐店）、常年在大学门口聚集的打牌人群（这大概在其他地方是不容易看到的现象），也可以看到新的流动性对空间的影响，看到快递员常常出现的身影、小孩聚集在角落里长时间玩手机游戏，成为支配性现象的低头族和店面贴上“二维码”和写着“有 Wifi”（而不再是写着“有空调”）。我们还可以看到“公与私”关系的一些微妙变化，如邮政局点改为与晨光文具店的混营、作为公共物品的街头指示牌可能部分是按照商业规则来安排尺寸大小等。每一种微观现象的产生是某类人（群）某种目的性实践，目的性的产生却是总体性作用的结果，各种微观现象的混杂、并置、变化形成了日常生活经验的空间。结构主义的一种努力，就是试图穿刺、刺破日常的可见和繁杂，到达可见、可感背后的不可见和明晰。

我们可以举一些例子，尽管不能把他们归类在结构主义的范围里。恩格斯的《英国工人阶级状况》有个副标题“根据亲身观察和可靠材料”。在这本小册子中，特别在其中的“大城市”一节里，他详细地记录和描述了处于社会底层的工人的居住和生活状况，谈到了大工业对人的解放和异化。基于这些“亲身观察和可靠材料”，恩格斯对英国工业社会的形成过程、社会结构变化以及发展方向展开讨论，思考和批判资本主义经济制度。列斐伏尔强调日常生活是资本主义存在和再生产的领域，日常生活不仅仅是理所当然、反复循环的状况，它是资本主义存续的重要空间，是资本主义通过日常生活异化人群的重要领地，而消费主义越来越支配日常活动；但是尽管如此，日常生活也是可能的反叛之地，是通过“生活的艺术”来抵制异化，抵制资本主义之所在。福柯则考察了不同时期权力规训社会的方式，从早期游街示众、极端残酷的刑罚（作为一种日常生活的现象）到弥漫的、几乎不可见却无处不在的监察和规训（成为一种新的日常生活现象），讨论规训表象、内容和方式之间的关系（福柯，1999）。

从结构主义的观点看，从具体到抽象，从感知到思辨，从现象到本质，从言语到语言，从微观到宏观——以及来回反向运动和实践，是自然个体、被异化的个体趋近“总体性个体”的必然和必要之路。个体必须经过对地方的身体经验（perception），才能够获得一种认知的实在感。但同时，他（她）还需要多样的、异地的经验，获得一种对比的感知，以避免陷入一种惯性和“定见”。[①] 他（她）当然还需要结合知识的学习，形成基于经验基础上的认知（conceived）。这是一个艰难的过程，也是由具体到抽象的必要过程。更重要的是，他（她）还必须成为社会生产与再生产中的一部分，才有可能更深刻认知具体与抽象、感知与思辨、现象与本质等之间的关系。他（她）的社会职业既是他（她）的牢笼、被异化之处，也是他（她）生产批判性认知的绝佳之工具。[②] 稍加补充的是，认知不是最终的目的。基于批判性认知的实践才是目的，是生产现代性的必要——它寻求人可能的更大的自由。

而这一工作的开始，便是观察日常生活的种种，看到日常生活中的变化，思考日常生活各种状态发生变化的可能原因。日常生活是细琐的，却是宏观政治、经济、社会机制在具体空间里，在这 1 公里中的微观实践。罗兰·巴特也曾经谈道：“如果我们企图研究一种城市符号学，在我看来，最好的办法，正像对于任何语义学活动一样，将是发挥读者一侧的某种智慧。这将要求我们众人设法破译我们所居住的城市，如有必要，从一份个人报告开始。把各种读者类别的解读报告收集起来，我们将因此而发展对此城市语言的研究。”

这一工作另外的一种可能，如前面谈到，是利用作为工具的社会职业，介入社会的生产与再生产，在各种冲突和时间的过程中丰富感

---

① 我曾经在《分裂的世界：经验与抽象》一文中谈道：“但是日复一日的日常生活即时变化与感知往往仅是经验的（重复性）积累。这些实践一方面是知识（作为一种抽象）产生的基础和应用的领地，同时却也阻碍着新的抽象产生。能动性教育的功用，即是在经验与抽象之间搭建关联，经由经验抵达抽象，经过抽象反观具体，进而产生存在的解释性意义，进而理解人与世界的复杂性”。见：杨宇振．分裂的世界：经验与抽象 [J]. 新建筑，2013（1）。

② 当下的困难是，普遍的经验是消费主义和威权主义建构世界里的经验；抽象是片段的知识，或者是被灌输的知识。经验、具体与抽象之间不能建立关联，导致意义的迷茫。

知、批判认知和积极实践，但这是需要另外一篇新的文章和讨论的议题。

5. 孩子与美好

回家的路上遇着一个孩子，我跟在他后面，他引起了我的注意。他有一个圆圆的头，耳朵很大，穿着一件蓝色的T恤，似乎不急着去哪里。他在路上逛来晃去，在这个店里看看，到那个摊边停一停，买一大个棉花糖，又一会盯着卖小糍粑的摊点，也站在大人的边上看玩手机游戏。累了在路边的花台边上坐坐，又蹲下来看花盆里的蚂蚁小虫，有时却抬头望望有点乌云的天。他闲逛不停，去哪里感觉都是欣喜和好奇，有时又觉得有点犹豫茫然。如果把他的路线画在图面上，那注定是没有规则的乱线、曲线。

他们已经或者急忙赶着到学校，或者去补习，或者回家做作业了。没有这样的一个孩子（也许有吧？），这是我杜撰的情景。我向往这样的孩子，他无目的的闲逛晃荡，欢喜和不欢喜，是这1公里城市来来去去的人群中，这1公里城市里匆匆忙忙的脚步中另外一种，稀少的一种，剩余的一种，未被异化的一种。可能只有他才能窥探这1公里城市里的那些不为人知的秘密吧。知道小狗喜欢在哪里撒尿，哪一块地面砖松了，踩起来咯吱咯吱响，怎么样才会让卖棉花糖的多裹一点糖花。

因为这个孩子的存在，这是我想象里最美好的1公里。

（原文曾刊发于《城市空间设计》，2016年第5期）

如果未曾生产一个合适的空间，那么“改变生活方式”“改变社会”等都是空话……由空间中的生产（production in space），转变为空间的生产（production of space），乃是源于生产力自身的成长，以及知识在物质生产中的直接介入……这种转变导致一个重要的结果：现代经济的规划倾向于成为空间的规划。都市建设计划和地域性管理只是这种空间规划的要素。

——亨利·列斐伏尔，

《空间与现代性的生产》，P47

寸期的城市住宅，福建省漳州市
来源：作者提供）

空间与日常生活

两种生产模式及其问题

社会所生产的经济盈余是由经济组织的控制者所取得。资本是朝向利润的极大化，而国家主义是朝向权力的极大化；也就是说，国家主义是朝向增加国家机器的军事和意识形态能力，以便将它的目标强加在更多的国民身上，进入更深层的意识。

——曼纽尔·卡斯特，《千年终结》，P4

空间和日常生活之间的关系是理解空间生产机制的一种开始，不同规模、不同功能属性、不同地区的空间生产，如经济特区、国家新区、自由贸易区、城乡统筹试验区，如高铁站、航站楼、各种国家或地区的口岸，如住房、医疗设施、学校、公共交通、公园等的空间安排和变动，是宏观政治、经济和社会机制在具体地方相互作用的实践和结果，却在微观层面上形成了日常生活的空间，规定日常生活的路径，改变日常生活的节奏。这是一个伴随着时间剧烈变化的过程。亨利·列斐伏尔曾经指出，“人类世界不仅仅由历史、文化、总体或作为整体的社会，或由意识形态的和政治的上层建筑所界定。它是由这个居间的和中介的层次：日常生活所界定的。在其中可以看到最具体的辩证运动：需要和欲望，快乐和快乐的缺失，满足和欠缺（或挫折），实现和空的空间，工作和非工作”（Lefebvre，2002：45）。

恩格斯在《英国工人阶级状况》中谈到工业革命前后的英国，“近60年来的英国工业的历史，在人类编年史上无与伦比的历史……（人口）完全是由另外的阶级组成的，而且和过去比起来实际上完全是具有另外的习惯和另外的需要的另外一个民族。产业革命对英国的意义，就像政治革命对于法国，哲学革命对于德国一样”（恩格斯，1957：295-296）。能模仿恩格斯的这一论述，来比对看待中国过去半个多世纪的变化吗？过去40年间是中国前所未有的快速城市化和城乡空间变化的时期，对20世纪六七十年代出生的人来说具有特别意义。这是一段从“空间作为分配品”向“空间作为商品”为主的混合方式的转变时期。他（她）们从青年到中年，伴随着中国快速的城市化，激烈的政治、经济制度的变迁、城市空间前所未有的大变化；他（她）们的日常生活也随着空间变化而显著不同于他（她）们的父辈。儿时农村的或者生产大院的空间记忆，已然消失了空间的载体——这是现实的描述而不是乡愁式的感慨。

过去40年间中国许多城市空间的变化既是社会生产方式变化的结果，也是这一生产方式本身的构成，影响着人群日常生活的状态，影响着每一个人的时间和空间的使用方式，与人群交往的方式。本文首先讨论空间生产的一般性问题；进而论述“空间作为分配品”的基本生产机制与问题，认为不论对于哪一种政治制度的政府，这种生产机制持续是重要的空间生产方式；进而分析“空间作为商品”

的状况，探讨空间稀缺性的生产与日常生活状态之间的关系。最后分析网络时代的空间与地方生产，提出地方公共空间与服务设施的均衡化生产和供给，以及高效的网络化连接，是在高度流动性状况下重要的空间生产内容，认为它所需要注意的，是如何能够更加与地方人群的需求相结合，生产出多样而不是提供单一的空间产品，这种转变将带来新的空间生产方式，意味着新的变化。

1. 人与空间

空间生产的开始是从地景中“切割”出不同的空间——这种切割是在一定的空间范围内，基于对部分群体社会生活的想象和控制、发展出一套专业的知识与技术体系（比如城市设计、城市规划、建筑学等就是这一套体系中重要的构成），为达到某种社会性目的，如促进生产或消费，或维护公共安全等，赋予切割出的空间各种不同的功能属性（如工厂，或者具有政治意涵的示威性广场），分配或者销售给不同群体。其中的难点不在于空间切割（切割技艺本身成为一种专业技能），而在于切割后空间块之间的联系与分隔，亦即空间块容纳的社会属性之间的联系与分隔，关于人类社会生活与时间和空间的关系，进而影响到各种人群的日常生活状态。恰恰是赋予社会功能和考虑功能间的关联性，构成空间生产的核心内容而不是其他。因为这一层功能间的复杂关系是基于理解或者试图改变人类存在方式的考虑。

空间生产从一开始就具有主体性，也就是说，从地景中“切割”出不同的空间，从来就不是随意性的、自由的切割，而是基于特定主体，从基本地理条件到社会功能间关联共同构成的一幅复杂网络形态的条件或限制中发展出来的。它可以从个人物件的摆置形成的相互空间关系开始[①]，到区域（如欧盟）、国家（如某一民族国家）层面的空间属性重赋和关系调整。

但是空间生产的主体不是单一的，或者说，它具有多元主体性。从个体到家庭、工厂、公司或者社会机构，到市级、省级地方政府，再到国家政府、超国家联盟或者国际机构，具有能动性的个体倒能够形成共同意图的群体，都可以成为空间生产的主体。不同尺度、不同规模、不同领域、不同社会动员能力和实践能力的空间生产主体，基于其利益或目的，重新切割空间和重赋空间属性，调节原本自有空间与其他空间之间的相互关系，以期获得可能的发展和变化。从个人社会关系到地方、国家、地区和全球间蛛网般的关联性构成了空间生产的复杂性。互联网技术发展、特区或新区的设置、自由贸易区设定、技术创新带来的全球和地区的人流和物流加速共同促进了不同空间尺度单元之间交易成本的降低，进一步加大了关联的复杂性和不确定性，改变了空间生产的状态。或者说，空间之间交易时间的压缩，亦即导致空间内部（各种不同尺度）资本生产与再生产周期的快速缩短，改变着之前空间生产的"范式"。

从空间"切割"到空间的"再切割"、空间属性与关系调整存在着激烈的社会冲突。大卫·哈维指出，"资本积累不但因社会差异和异质性而茁壮，更积极生产了社会差异和异质性。……后现代转向是发展新的获利领域和形式的最佳媒介……片断化和无常开启了探索瞬息万变的新产品缝隙市场的丰富机会"（哈维，2010a：181）。事实上，并不存在完全的、纯粹的空间切割。从总体层面

① 此处并不讨论这一层的关系，因为它比较属于个体的行为，尽管它是更加社会性空间生产的开始。

上看，任何一次大规模的空间属性与关系调整，都是一次大规模的社会变动。如 1853 年到之后大约 20 年间的奥斯曼对巴黎的“开肠破肚”；如 20 世纪 90 年代以来中国城市的大规模拆迁，都是从一种生产关系向新的生产关系变化的过程，用新的空间来承载新的生产与社会关系。而任何一种主体试图切割空间，都面临着如何处理之前形成的空间网络关系与形态的问题，亦即面临着对待各种空间层级的历史与现状的问题。[①]2000 年以后，随着互联网技术的普及和空间生产周期的压缩，快速的生产和消费增加了一种普遍的不稳定感，对不确定性的焦虑；也进一步促成了在日趋全球化、趋同化的世界中如何获得身份特征的张力。新空间网络是一种强大的力量和状况，对于许多民族国家、省市地方等空间生产的主体，利用之前不同时期叠合空间网络形成的历史、故事、遗留物来抵抗这种趋同性成为普遍状况。资本却也利用这一身份焦虑来生产积累和扩大利润。

在所有的空间主体中，国家与地方政府因为其较为强硬的空间边界（军事的、文化的或者是意识形态的，或者是行政的），也因为它对于空间内部资源配置的能力，一种被赋权的能力，而成为较特别的一类主体。不同国家有着不同的动员或者改变地方社会的能力，或者说，也是一种重新切割地景和再配置空间的能力。因为被赋权的特征，它必须处理不同空间主体间的冲突（包括内部与对外），解决主要矛盾[②]，以获得权力的合法性。也因为被赋权的特征，它具有地方属性——它是在一定空间范围内的赋权，其

① 马克思在《路易・波拿巴的雾月十八日》说道：“人们自己创造自己的历史，但他们并不是随心所欲地创造，并不是在它们自己选定的条件下创造，而是在直接碰到的、既定的、从过去继承下来的条件下创造。”

② 尽管这一矛盾在日趋全球化进程中已经变得不容易辨识；或者说，它具有一种高度的不确定性和游移性。

权力合法性是在一定空间范围内的权力合法性；它必须在高度的政治和经济竞争中，为地方，或者是销售地方来获取某种政治或者经济的增量。另外一类空间生产的主体（企业或公司），却不必然是地方的（郭台铭曾经说过，商人没有祖国），尽管它可能和地方有着千丝万缕的联系。作为资本流动的载体，它将根据资本积累的基本原理，找寻交易成本低、交易效率和利润率高（各种因素综合的结果）的地方作为资本生产与再生产的空间。也就是说，权力具有地方性特征，它必须维持、改善某一空间范围内的日常生活质量，如就业、福利、建成环境等，以获得政治认同（无论是从上到下还是从下到上），但它却面临资本高度流动性的挑战。尽管之前有这样的状况，在一个经济全球化的进程中，它本身越来越无法支配或者生产所有的内容，必须和资本合作，吸引资本在地方生产和再生产——尽管它本身也可以参与资本积累的进程[①]，但地方性的权力与去地方性的资本之间的紧张关系，始终是支配空间生产的主要因素。

日常生活的基本状态由生产、生活（包括休闲在内）以及两端之间的连接构成。自从劳动力变成一种可以在市场上销售的商品，生产与生活加速分离。劳动力追随购买劳动力商品的企业；而企业追随变化的市场。市场的变化又与市场规模的扩大或者萎缩有关（市场空间范围的变化）。也就是说，劳动力商品是资本积累中创造价值的要素，它追随资本的空间移动和变化（不同类型的资本又在空间上有不同的分布和移动状况）；但作为社会性动物的劳动力的生产与再生产却需要相对稳定的社会环境，他（她）需要在家庭和社区、各种教育机构的环境中认知和获得基本的人类情感、知识和技能；不同年龄、不同职业、不同社会角色的群集性、混杂性和综合性是

① 比如罗斯福新政中通过公共工程建设来促进就业；或者某种国家资本主义实践。

生活构成的必要；而根据生产或商业目的组织起来的理性的、层级性、结构性的人员搭配，则是生产构成的基本状况。

曾经有一种实践，试图在面对市场流动性的状况下，把生产与生活限定在相对狭小的空间范围内，或者自给自足（如欧文的“协和新村”，周作人提倡的“新村”等），或者通过生产的商品与其他地方交换来获得生产与生活资料（如霍华德的“田园城市”，或者计划经济时期的单位制工厂），但这种有限的生产与生活的自足或者相对自足，很难抵抗市场的流动性和社会分工带来的多样性和复杂性。进而，劳动力作为商品的流动性与劳动力的社会生产与再生产所需要的相对固定性之间产生了矛盾和空间距离。现代社会的一个主要特点，就是既制造了这种矛盾又试图解决这两者间的矛盾，而其中的一种支配性的方式，就是通过技术创新，减少克服两者空间距离的时间成本，如可以通过新干线，在东京工作，在距离东京两百公里的小镇生活；通过高铁，在苏州生活，在上海工作，每日往返于苏州与上海之间。

总之，空间生产是从地景中切割出不同属性、不同尺度的空间，然而它的核心不是“切割”，而是理解空间块包纳的社会功能之间的关系，基于理解发展出可能的能动性关联。它当然受到各种不同主体的支配，也因为不同空间层级的支配和关联而形成一种复杂面貌，其中，特别受到地方政府和资本的强力作用。地方性的权力与去地方性的资本之间的紧张关系，是支配空间生产的主要因素。但空间生产不仅仅是各种不同主体的实现意图工具，它最终应指向改善人群日常生活的状况，而这又与构成日常生产、生活之间联系的空间安排和处理紧密相关。以下将进一步讨论空间作为“分配品”和“商品”的不同属性，它们在巨大程度上影响着生产、生活和通勤的状态。

2. 分配空间

“空间作为分配品”是空间生产中的一种主要模式。它是在一定空间范围内，由某类主导性人群，借助空间切割工具，对内部空间进行分类、关联和组织，这是一种相对静态的、向内的空间生产方式；它往往拒绝与外部发生更紧密的关联，因为外部性的关联将很可能破坏内部均衡（这是“空间作为分配品”这种主导的空间生产模式试图获得的一种状态）；内部结构的微小变化对它来讲就是巨大的交易成本，因此它总是试图保持一种静态稳定。克拉瓦尔谈到，“苏联专家从 20 世纪 50 年代中期起试着将东欧转型为可媲美西方的欧洲经济共同体，但因为其经济体系的内部逻辑而未成功。因为他们的经济是中央规划，不允许对外开放。每个国家都被视为自给自足的实体而被掌控，企业并不被允许直接与外国公司协商。在缺乏真正价格的系统下，贸易自由化是有困难的。结果苏联集团无法演化成社会主义的世界系统”（保罗·克拉瓦尔，2007：193）。

“空间作为分配品”是一种分配式的供给方式，往往根据社会等级（或者阶层）、人群规模的差异，来分配不同份额的空间消费品，比如根据行政等级的差别，供应不同面积的住房，安排不同的交通工具，也可以获得不同教育质量、等级的安排。因此，“空间的分配”是基于一种一定社会等级秩序状况下的空间生产方式，它需要强有力的地方权力支持，来维持社会的等级秩序，来推行空间的分配。为了提高分配的效率，它需要对空间内部不同等级和范围内的人群状况与数量、产业类型与数量等进行详细分析，进而提出尽可能精细的分配方案。比如，二战期间德国的建筑师戈特弗里德·费德尔就曾经基于对 120 座约有 20000 人的城市调研的基础上，提出了总用地规模、分类用地面积以及各种设施的十分详细的面积和比配，并用这些数据来指导新的城镇规划（赖因博恩，2009：141–143）。

或者说，“空间作为分配品”希望达到的空间均衡状态是克里斯泰勒描述的“中心地”层级结构的状态。尽管“中心地理论”是关于居民点地理空间分布的讨论，其物品供给价格与空间距离的运输成本之间的关系讨论可以倒过来成为不同空间等级中公共空间规模与服务覆盖范围之间关系的讨论（图 1）。中心地市场的空间范围也可以作为提供公共服务设施覆盖的空间范围（这一假设的前提是，同等级中心地提供的公共服务质量、类型、规模是相同的，而这也恰恰是“空间作为分配品”生产模式试图达到的目标）。但现实状况往往是，一是由于资源有限，难以达到整体均衡，只能在很有限的一部分空间中达到相对均衡；二是由于需要强化中心地，特别是高等级中心地的作用，来强化社会集体意识、秩序和社会管理，因此事实上加大了空间的不均衡状态。高等级中心地往往占有更多资源，也是国家与地方政府需要更加重点建设的地区。① 这种情况也在许多后发的发展中国家，在二战后摆脱殖民状况后新成立的民族国家中普遍存在。

---

① 希特勒的御用建筑师阿尔贝特·施佩尔曾经在 1943 年出版的《新德意志建筑艺术》中写道：“根据德国城市新形象的法律创造了对新建筑来说必不可少的法律手段。因为这些法律手段围绕的不再是单一的努力：交通规则、旧城整顿、住宅建设、绿化等，必要时也有相关法律适用；它更多的是关于新的城市中心、某个区域的重点建设中心，它必须统帅每一个私人建筑……这些建筑为全体人民服务：礼堂建筑、剧院和纪念堂。同样，国家其他的新建筑都要与此相适应，建立起完整统一的具有代表性的街道和广场空间。这些应当是我们的新的城市之冠，我们今天的城市中心。”转引自：赖因博恩 .19 世纪与 20 世纪的城市规划 [M]. 北京：中国建筑工业出版社，2009：140.

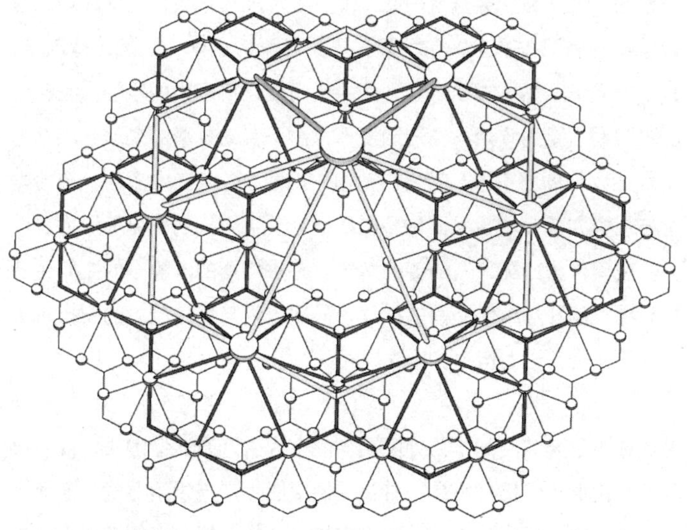

图 1　克里斯泰勒“中心地理论”的一种模型示意图
（图片来源：作者绘制）

“空间作为分配品”的这种空间生产方式存在的前提是在一定劳动效率下，劳动力数量与产业规模之间的合理匹配，生产与消费的相对（总体或局部的）均衡。生活是生产的附属，或者说，生活服务设施的规模、种类等往往取决于生产的规模而不是相反。进而，生产与生活之间的空间距离并不会太远，它们是在同一主体主导下的结果。比如，计划经济时期的单位制工程就是很典型的例子。生产的部分安排在便于运输生产资料的位置；生活的部分围绕着生产空间布局，生产和生活只是一墙之隔。工厂规模很大，生活区中的各种服务设施配备齐全，包括职工子弟中学、小学、医院、运动场、礼堂、派出所等。支配日常生活的空间就是厂区内的空间。在新的历史时期，新的政治与经济制度下，由于劳动效率的变动（知识与技术可以从外部引入）、作为商品的劳动力追随资本流动、产业类型与规模亦随市场状况而调整以及社会阶层结构的变化等原因导致了“空间作为分配品”的普遍解体。寻求均衡的、静态的空间生产与分配机制在与外部空间的关联（一组政治与经济制度的安排）中受到了冲击，进而产生了新的模式。

但这并不意味“空间作为分配品”的空间生产方式会消失，或者没有现实价值，它仍然将是一种重要的空间生产与供给方式。前面谈到，地方性是权力的特征。为了维护合法性，权力必须致力于地方的生产，包括制度、公共政策等的生产，而“空间作为分配品”仍然是地方政府空间生产的主要方式。它通过支配公共资源，对公共空间与服务设施的生产与分配（尽管有时候要与资本合作），和相对均衡的空间分布，来生产权力的合法性。或者说，在治权空间内的，不同规模、等级的公共空间和服务设施的均衡分布，是生产地方权力合法性的重要手段之一，不论是哪一种政治制度的政府。因为它紧密地与日常生活的状态相关。均衡分布以及在不同等级公共空间与服务设施之间良好的通达性是改善日常生活最重要的物质手段，是民众获得满意度的来源之一，因此也是权力合法性的基础之一。2008 年以后，均衡城乡间的基本公共服务供给与资源配置成了中国地方政府的主要工作之一。

3. 交易空间

“空间作为商品”是空间生产的另外一种主要模式。空间作为商品的首要考虑是价格。商品的价格与供求状况有关。在假定的空间范围内，对于空间商品的需求（包括预期需求）大于供给，则价格上涨；反之则下降。为了方便说明，我们拿某一城市作为一个基本空间单元来作简要分析。当该城市化进程加速[①],劳动力（包括农村和其他城市的劳动力）向该城市聚集，导致包括住房和各种服务设施需求迅速增加，供给的空间分配品数量与质量不能满足实际需求，供求关系变化，进而导致空间价格上涨。但其中需要问的一个问题是，为何劳动力会向该城市而不是其他城市迁移？或者说，它的城市化进程为何会比其他城市速度快？一种不考虑其他人文因素（如距离家乡近等）的回答是该空间中的资本积累速率快于其他空间（意味着或者各要素间的交易成本低，交易效率高；或者某些要素质量高，如高新技术的投入，劳动力素质高）；该空间中的人均资本增量高于其他空间。也就是说，作为一个总体空间，它的资本总

① 需要进一步讨论的问题,也是许多学者讨论过的问题。某一空间范围城市化的加速，存在着各种不同的原因，比如对于一些国家内部不稳定的状况，往往是出于安全的考虑促成人群往都市移动，以寻求安全庇护（比如二战间的国民政府陪都重庆里；一些动乱中国家的首都城市等）。以下讨论的是市场状况下的城市化进程，和下文讨论的城市内部的局部空间为何价格高于其他空间类似，这个城市一定存在着某种“稀缺性”，吸引资本在该空间中投入生产与再生产，进而吸引作为商品的劳动力的空间移动和聚集。“稀缺性”的生成必要的两个条件，一是必须要有交易的产生，二是差异性的存在。

量在增长，而且增长率比其他城市高，因此它的总体空间价格也增加了（尽管它无法被购买）。一定空间内总资本量的上涨，也就意味着空间内部各亚空间单元平均资本量的上涨，进而形成普遍的价格上涨。它在和其他空间（包括远方空间）交换的过程中，和相近时期、地理接近的其他空间比较，它的平均利润率比较高，它的总收益大于它的总支出。

我们可以把这一问题延伸到城市的内部。为何某一空间的价格要高于其他的空间？杜能（Thunnen）、阿隆索（Alonso）以及芝加哥学派的不少学者都讨论过类似问题。[①] 一种答案是，该空间因为其某种特质能够吸引资本投入，并且能够预期生产出比周边其他空间更高的利润。也就是说，其空间的某种稀缺性导致价格上涨。这一答案背后延伸出各种不同的空间商品生产状况，比如，该空间对于特定人群的综合交易成本低于其他同类型的空间（进而能够获得某种更高的效率，或者更好的服务，或者享受等），如可以节省时间成本的近地铁、轻轨、高铁等住房价格就高于其他远距离住房价格（考虑单一因素，下同）；近所有优质公共资源（稀缺性的一种）的空间价格都将高过于远距离的空间。当所有的房屋都可以接近大海，看到海景、江景时，海景、江景房便不是稀缺物，也不能因之涨价；但若只有其中的一两座房屋可以看到大海或大江，那它的稀缺性就是获得更高市场价格的必然（图 2）。当某一建筑有特殊历史承载，可以吸引游客，那么这一历史就会被制造成特殊空间商品进行销售，利用它的历史资源的稀缺性来获得利润。

---

① 见：von Thunnen，J. H. The isolated state[M]. Oxford： Oxford University Press，1966； Alonso，W. Location and land use[M]. Cambridge，MA： Harvard University Press，1964.

“空间稀缺性”是市场状况下的产物，也是社会建构的产物。在非市场状况下，空间有使用价值的差别，而无交换价值。不同类型、属性的空间，只是被作为分配品供给不同状况的生产或生活使用。需求是有限空间中的需求，此空间中的需求与彼空间中需求之间不能沟通，也不能形成基于价格的竞争机制，因此也就无法生产出“空间稀缺性”及其市场价格。但由于“空间作为分配品”的供给状况与接近权力中心（高等级中心地）的程度有关——低等级的中心地空间供给在很大程度上取决于高等级中心地的政策制定，因此产生各种低等级的地方政府向高等级地方政府派驻机构，以获得更大的供给份额（高等级中心地也可能需要通过这种方式来获得地方信息）。在市场状况下，需求是更广泛空间中的需求，各种要素（如信息、劳动力、资本等）在空间中流动，与人类生存状况有关的所有要素，它们在同时期里同类要素中的差异性、独特性，都可以成为“稀缺性”被生产出来，进而成为在市场销售的高价格空间商品。比如，快和慢都是人类生存的状况，但是“超快”和“特慢”都可

图 2　江景作为一种稀缺资源
（图片来源：作者拍摄）

以被作为稀缺性生产出来，如高速铁路，如在四周机动车的环境中规定和划分出完全步行的区域等，进而在市场中获得高价格。

“空间稀缺性”是一种社会建构，指的是它同时具有确定性与不确定性——它们是由社会变迁和运动带来的。空间稀缺性的状况是一定时期内社会和历史过程的结果，由于物质空间的相对难以改变，因此具有一定的稳定性和确定性。

但此一时期的空间稀缺性并不必然会是下一个时期的空间稀缺性，反之亦然。比如，计划经济时期的厂房是普遍的空间（图 3），但在市场经济中，它很可能成为一种稀缺空间（包括特殊的空间形态、巨大的体量和承载的历史），比如典型的北京 798 艺术区，比如台北的一些文创园、德国鲁尔工业区改造为特别的公园等。但总体看来，“空间稀缺性”越来越具有一种不确定性，它将被不断地创造与销毁（大量生产过程本身就是摧毁稀缺性的过程）。这与资本积累的速率提升有关。在一般性地景中塑造“空间稀缺性”，进而通过市场获得高的价格，进而抛弃它，或者在另外的地点生产同一类型的稀缺性，或者创造新类型的稀缺性（作为现代社会的一种特殊媒介，广告在其中起到了重要作用）。因此可以说，“空间作为商品”的生产方式，它的基本特点就是不断地生产空间稀缺性与摧毁空间稀缺性，以获得持续的利润。这种生产方式，也是城市空间变迁的主要力量。马克思、恩格斯早在 1848 年的《共产党宣言》中就指出，“生产方式的不断变革、各种社会关系的不停变动、永远存在的不确定性和焦虑感，这些是资本主义时代区别于以往任何时代的特征。一切牢靠的、固定的关系被一扫而光，新的关系在老化之前已经荒废陈旧。一切坚固的东西都烟消云散了，一切神圣的都遭到亵渎”（马克思，2008：275）。

图 3　计划经济时期的厂房
（图片来源：作者拍摄）

总体来说，“空间作为商品”的生产方式并没有什么一致的空间分布模型，哪里有丰厚的市场，哪里可能产生尽可能高的利润，哪里就是资本（各种不同来源的资本）投入生产的地方；它根据市场需求切割空间——当然在一定的限制条件下，但它总试图调整这些限制条件，使之向自己有利的方向变化，进而造成了所谓的整体上“空间马赛克”状况、地理上不均衡发展的状况，以及诸如一墙内外差异巨大的空间景观的状况。但是，在“空间作为商品”与“空间作为分配品”同时存在于一个特定空间中的状况下，作为商品的空间往往会追随作为分配品的公共空间，形成一种可见的运动轨迹。作为分配品的公共空间（包括服务设施的空间）是公共财政在特定地方的投入，预期引起地方一定空间范围内资本存量增加，进而价格的上涨，因此作为商品的空间（无论这一空间生产的主体是私人资本还是国有资本）往往会尾随而至，利用时间差获得可能的利润。

“空间作为商品”与空间的确权紧密相关。只有确定空间的所有权、支配权、收益权等，空间商品才能够在市场上流通。“空间确权”成为过去 30 多年间中国空间生产的一个基本内容。某种程度上，“城乡规划更倾向于是一种界定空间产权、推进交易发生和降低交易成本的政策与空间实践（如果我们把城乡规划看成是对空间私有财产和公共财产的公共管理，城乡规划必须使得这些空间财产保值、增值）。……虽然本身不能独立界定产权，但城乡规划却是整个‘空间作为商品’生产链条和交易过程中极为重要的一环”（杨宇振，2016：250）。

“空间作为商品”对于日常生活意味着什么？它首先意味着人群根据生活状况（包括家庭收入、教育、环境等方面）来选择和消费不同价格的住房，与公司或者工厂根据获取市场（或者便于运输，或者基于彰显身份的考虑等；降低交易成本，提高交易效率的考量）来选择地点之间造成的空间距离。对于个体而言，最佳模式就是住房尽可能靠近工作地点，通勤时间和成本最低，但若在同一空间范围内此类需求增加，住房价格、办公或者工厂价格将上涨，直到有些个体不能负担房租，通过增加通勤成本，外迁到房租较低的地区来平衡开支。对多成员家庭而言，考虑就更加复杂，它往往在家庭收入、综合家庭成员通勤时间以及家庭中支配性考虑（如儿童教育，或者环境质量等）共同构成的状况中选择。和“空间作为分配品”不同，“空间作为商品”导致普遍的工作与居住的分离，通勤时间成本与费用巨大地影响工作与居住的空间距离，进而作用于城市的空间结构。在市场发达的状况下，当通勤的交易成本低，城市性的空间扩张就会发生；反之，则城市总体趋向收紧和密集发展；内部类似多蜂窝状，居住尽可能围绕着各种不同的工作区形成蜂窝状分布在城市中。“空间作为商品”使得人群有更大的空间移动自由度，也带来更大的不确定性；既获得了多样选择的自由（是一种受到收入状况限制的自由；在市场销售劳动力商品的价格限定下的自由），却也可能失去了一种社区感、集体感和稳定感。这是一个辩证的过程和状态。

对于大多数空间而言，分配品与商品的状况长期存在并共生。空间分配品是地方政府获得权力合法性的一种产品，它通过空间分配生产地方的稳定感、集体认同感；它强调相对公平与正义。比如，20世纪二三十年代的维也纳地方政府，掌权的社会民主党通过国家立法收取新税种，包括奢侈品税、房屋建设税等；所有的市政投入直接来自于税收而不是发放债券，因此市政府在财政上可以独立运作，不受债权人的控制；在社会服务方面，幼儿园、医疗服务、度假地、娱乐设施、公共洗浴和运动设施向公众免费开放；用气、用电和垃圾由市政支付，来改善健康标准；解决大量市民居住问题的公共住宅是社会民主党主要关心的方面，1925 年开始大规模社区建设，其中包括了著名的卡尔・马克思公寓。[①] 这是一种管理主义的模式，这一模式在资本全球化流动的状况下越来越面临困境。大卫・哈维曾经讨论道，不论是哪一种意识形态的政府，在 20 世纪七八十年代以来，大多从原来管理型的政府向经营型的政府转变（Harvey，2000：50–59）；销售地方，吸引资本成为地方政府着力工作的重点；地方的各种特征，如历史的（地点或名人）、地理的、传说的等特征被商业包装重新上市，空间作为商品成为普遍现象。在这一过程中，如前所述，不断的创造与不断的摧毁是空间作为商品的特质，加速了日常生活的变化；这种生产方式致力于摧毁限制流动的空间边界，减少交易成本和加速交易发生，它很可能进一步使人类（不论是哪一个层级的人群）普遍陷入各种密集、琐屑的关联性中。

---

① 见维基百科中的“红色维也纳”词条：https：//en.wikipedia.org/wiki/Red_Vienna.

4. 空间与地方

段义孚在《空间与地方》中说，“地方意味着安全，空间意味着自由”（段义孚，2017：1）。物质空间经由日常生活使用而成为地方。对于个体而言，地方才更具意义。但网络时代的到来改变了人群使用空间的方式，改变了地方的属性，使得空间的生产陷入一种困境。曼纽尔·卡斯特尔曾经提出，随着网络社会的浮现，加快了经济的重组、加剧了劳动力的分异，出现了二元化的城市。“劳动力日益分化过程的都市表现是，以信息为基础的规范经济和没落的以劳动力为基础的非规范经济”（卡斯特尔，2001：248-249）。网络不仅创造出前所未有的信息沟通方式，更重要的是，它已然改变生产方式并将引起新的变革。交通与通信成本的快速降低，不仅使得生产资料不必然要在地方获取[①]，劳动力特别是高级劳动力也不必然要在地方获得。它使得市场扩大化（生产与消费均不一定在地方发生），竞争激烈化。它加速了劳动力的两极化：它可以根据需要在地区和全球范围内寻找高级劳动力，在虚拟空间中组织和管理生产关联、创意设计；进而在可能获得综合效益高的地方（或者生产环节的高效低价，或者直接面对丰厚的市场）进行物质生产——往往是劳动密集型企业的工作，需要的是低端的劳动力。它生产了两类主要人群并加大人群的分异：一类在虚拟空间中收集、整理和分析信息，生产、组织和管理信息，在全球和地区范围内频繁通勤；另一类在虚拟空间中消费往往是被推送的信息，也通常被固定在一

---

① 如工业革命初期，工厂必须接近生产资料，劳动力必须和生产资料尽可能靠近，以减少交通成本。这也促成了早期的一种城市化模式。

定的空间范围内（大卫·哈维，1985）。[①] 这是两种很不同的日常生活状态。

对于高流动性的人群，什么是“地方”（place）？已经成为一个需要讨论的问题，也是现在与将来空间生产要面临的一个尖锐的问题。对于个体而言，地方的存在是身体在一定空间中长期经验（experience）的结果，它需要在这一空间中建立熟人关系、经常使用建成环境、通过亲自参与在地活动在一定程度理解这一空间中的社会状况（图 4、图 5）。高流动性巨大地分裂和解构了这一过程，使得在一个空间中的长驻（先前日常生活的状态），变成在多个空间中的短驻和在多个空间中穿行（网络时代的状况）；它在很大程度上用虚拟空间中建立的社会关联替代了在建成环境中的社会关联。或者，我们换一个角度，某一个空间先前常有相对稳定的使用或者消费人群，人群与空间的使用经过长期磨合形成一种默契；在网络互联时代变成了走马灯式的各种消费人群，不同人群按照规定的、统一的、机械的方式使用空间，或者说，建立了一套一致的

① 大卫·哈维（David Harvey）曾经在《资本的城市化》一文中讨论到资本积累危机在空间范围的变化，从一个部门开始，在部门内部产生；在部门之间转移（比如说，从金融部门到房地产部门），进而向更广的所有部门的蔓延；也谈到资本积累危机在不同产业之间的转移，危机从一般商品生产的领域，向城市建成环境转移，再向教育、警察等社会性方面的转移（Harvey，1985）。从更广的层面上看，资本积累危机的产生是供求关系以及供、求内部生产关系所导致的结果。在空间全部都是分配品的生产方式下，供求关系是明确的，空间内的人口与劳动力增长是可预测的，生产需要完成的指标是额定的，每个个体的消费量往往根据等级划定，空间内部的生产等级关系是相对稳定的。最大的问题是遇到不可以预测的天灾或者人祸引起的变化。在空间作为商品的生产方式下，由于市场信息的不对称性和市场空间范围的变化，往往造成从求大于供，向供大于求的状况转变，进而使得资本不能再次进入循环，积压在不能成为商品的物品或空间中，引发积累危机。而其生产关系中导致劳动力的二元化，使得大量普通劳动力不能获得较高收入，进一步萎缩了市场的规模。见：Harvey D. The urbanization of capital：studies in the history and theory of capitalist urbanization[M]. Baltimore，Md.：John Hopkins University Press，1985.

空间使用方法，以减少不确定性的发生。人与特定空间之间建立的情感与记忆——这种关联即是理解地方的要义，从“时间纵深”向“空间蔓延”状态转变。不仅如此，在空间中长驻的人群因为高度商品的流动、各种人群的来往而改变了对地方的认知。这一过程当然不是开始于网络时代，而是马克思、恩格斯在《德意志意识形态》中谈到的，从人们只开始谈论经商、航海和船队时开始（引用平托的话）（马克思，恩格斯，2008c：66）；只是网络时代的来临加速了无（软）边界的可流通空间（按照一致的方式安排空间生产，如各国的国际航空港）与需要深入感知的、多样的地方的分异。

地区与全球的网络互联加速了“空间作为分配品”与“空间作为商品”的生产与再生产，它们间产生矛盾又紧密地相互需要。流动性需要依托某些特定的地方，在地方之间流动，通过在地方内部、在地方间流动产生利润；流动性的加大需要稳定性的生产。由于权力的地方属性，在一定程度上，地方政府“空间分配品”生产是获得稳定性的来源。空间分配品的空间属性、数量和规模都依托于对地方人口、产业等状况的预测，然而流动性的加大改变着人口与产业的状况和属性，这是生产空间分配品的困境所在。但空间分配品的质量和独特性[①]，反过来是吸引流动性，进而市场扩张，进而吸引空间商品生产的重要原因。

在一个日趋全球化的世界中，地区的空间分配品的生产事实上是一种外在竞争压力，包括空间之间的文化竞争，也包括吸引资本

① 因为是空间分配品，和空间商品比较，在新的时期，它往往意味着更大的可进入性，对于更多人的开放，比如城市的公共空间、公共交通等，以及综合的建成环境质量。建成环境质量当然不是仅仅是空间分配品组成，而是分配品与商品共同组成，这也就意味着地方权力对于空间生产（包括分配品与商品）的调节和规定，这也是前面提到的地方性的权力与去地方性的资本之间的紧张关系，是支配空间生产的主要因素。

图 4　老人们在大榕树下闲聊
（图片来源：作者拍摄）

图 5　巷口的自娱自乐
（图片来源：作者拍摄）

流动的竞争与内部生产权力合法性的结果；地区与全球的网络互联进一步强化了空间之间的竞争，也挑战了地方政府权力的合法性。竞争状况下地方的“稳定性”生产与更大空间范围的高流动性生产共同构成了日常生活的结构状况。它迫使人群在这两种状况之间切换，在越来越快速变化的陌生环境中与熟悉的、稳定的场所里切换。帕慕克在《伊斯坦布尔：一座城市的记忆中》谈到，在一个动荡变化的世界中，只有回到那张熟悉的床才觉得安心。我也想起老年段义孚写的一段细腻文字，描写到北京后空间变化引起他身体经验的感知。对于普遍的人群而言，年轻时喜欢变化，年老时喜欢稳定，这大概是人类的生物性所决定的。地区与全球的网络互联促进了“变化”与“稳定”的生产，强化了两者间的对比度，也改变了日常生活的状态。另外的一种挑战是，在资本加速生产与再生产的过程中，在一个高度需要生产“市场”的过程中，在一个信息网络社会中，影像的传播对于理解现实世界的影响。哈维提醒我们，“盲目迷恋影像而忽视了日常生活的社会现实，会转移我们的凝视、政治和感受，使之脱离经验的物质世界，进入似乎永无止境、错综交织的再现网络……最重要的是，提倡文化活动以作为资本积累的主要场域，导致商品化和套装化的美学，牺牲了对伦理、社会正义、公平，以及剥削自然和人性等地方和国际议题的关心”（哈维，2010a：187）。

一种判断是，地方公共空间与服务设施的均衡化生产和供给，以及高效的网络化连接，是在高度流动性状况下重要的空间生产内容。它既改善日常生活的状况，生产了权力的合法性和地方感，也促进了资本在地方的积累，生产空间的商品。同时由于它的公共性、集体性和开放性，各种层级、规模、尺度的公共空间也很可能成为各种事件发生的地点，成为网络世界中传播的热点。它同时满足了日常生活中对稳定与流动的需求。“城乡规划的确改变着日常生活的空间。它不仅改变着日常生活中的物质空间，也通过物质空间改变着人们的社会关系和精神状态。城乡规划无法从根本上改变空间生产的机制，却可以在微观尺度上增进日常空间的宜居性、舒适性，比如，增设街角公共空间，规划自行车、步行专用道，恢复街道的活动，改善空间的环境美感等。城乡规划通过加速空间生产与消费的速度，改变着人们与地方之间的关系与情感”（杨宇振，2016：253）。需要注意的是，如何能够更加与地方人群的需求相结合，生产出多样而不是提供单一的空间产品，这种转变将带来新的空间生产方式，意味着新的变化。

（原文曾收录于中国城市规划学会学术成果《品质规划》一书，中国建筑工业出版社，2018 年）

家是社会安排和诗的事务，家产生诗和艺术作品，但是，家消失在承载经济功能的住宅面前。巴什拉唤醒和赞美的是“家”，而家消失了：童年神奇的地方，遮风挡雨的屋檐和摇篮，装满了梦到阁楼和橱柜。“家”面对功能性的住宅，按照技术规范建设，使用者居住在相同、打碎了的空间里，“家”成为过去……正如建筑师们所说，容量分析以及它决定的居民点产生出的城镇风格……这种状况产生了某种矛盾甚至错乱的结果。

——亨利·列斐伏尔，

《日常生活批判》(第三卷)，P619

居住的现代生产

作为进入城市的权利

在整个历史中，建筑师对乌托邦理想的生产和追求陷得最深。建筑师塑造空间，除了赋予它们社会效用，还给予它们人的意义和审美/象征意义。建筑师塑造和保存着长期的社会记忆，并努力给予个体和集体的渴望和欲望以具体形式。建筑师努力为新的可能性、未来的社会生活形式打开空间……我们能够完全平等地把自己看作是各种类型的建筑师。

——大卫·哈维，《希望的空间》，P196

现代城市居住问题的产生不是其自身的变化，也不能在其内部范畴内得到解决。它是资本主义生产方式的结果，城乡关系快速变化的结果，也是资产者和无产者社会分异的结果。在资本主义国家中，住房的市场供给是普遍方式，但往往加大了居住的社会分异。因此，居住作为一定空间范围（城市）内的社会问题，也就意味着地方政府的公共资源调节（如资金、税费、土地等以政策的形式表现出来）是解决居住的关键性要素之一。另外的一种，社会民众合作建设住房曾经作为抵御资本主义生产方式的实践，是欧洲发达资本主义国家重要的历史遗产。

现代居住问题是社会发展的总体历史过程中的一部分。本节首先利用霍布斯鲍姆“年代四部曲”的概要，阐述资本主义社会发展的四个历史阶段，论述历史过程中出现的三种思潮——它们也是处理作为社会问题的居住的三种思潮；《共产党宣言》《论住宅问题》等经典马克思主义文本是理解现代城市居住问题的必要，文中对其中与居住相关的内容进行讨论，并阐述列斐伏尔、哈维等新马克思主义者关于“城市权利”的论述。政治、工作与居住的权利共同构成进入城市的权利，居住是其中最基本的权利，在日益城市化的世界中，已经成为一项人类生存的基本权利。在这一过程中，住房合作社建房成为争取这一基本权利的一种重要方式。《不只是居住》介绍和讨论了苏黎世住房合作社的历史、方法和案例，为理解这一类型的住房建设方式提供了更详细的资料。文中对于书中提出的“住房合作社”方式来应对快速城市化进程中的中国城市住房问题展开讨论，认为“德性—信贷—政策”是形成有效住房合作社的必要条件。

1. 历史过程和三种观念

英国的历史学家艾瑞克·霍布斯鲍姆写有一套引人入胜的“年代四部曲”，从 1789 年的法国大革命一直讲到 1991 年的苏联解体。第一部《革命的年代：1789—1848》，主要讲述英国的经济革命和法国的政治革命（他在书中称之为“双元革命”），使得自由主义的资产阶级在新旧交替的大革命中诞生，在经济和思想领域取得支配性的胜利——伴随着资产阶级（资本家）诞生的是数量众多的无产阶级（工人）；1848 年也是马克思、恩格斯撰写的《共产党宣言》发表的年份。[①] 大城市中大量出现廉价出租屋和贫民窟。这是一个城乡日益对立、社会阶层快速分异的时期，出现许多探索新社会发展的理论与实践，其中如欧文的“协和新村”、傅立叶的“法朗吉”等。[②] 第二部《资本的年代：1848—1875》，讲述的是，沿着前面一时期的路径，资本主义“高歌猛进”[③]，理性、科学、进步和自由主义是这一时期的关键词；而民族国家作为竞争资本主义的必须随之快速发展；世界更加一体，尽管这“一体化”过程更多是基于发达资本主义国家对落后殖民地的商品输出和原材料剥夺；在高速发展过程中，生产了社会和经济竞争中的胜利者和失败者；贫困和环境严重污染成为普遍现象；住房改革、土地改革成为社会改革的重要内容，工人运动和民主运动高涨。但总体而言，这一时期经济的总体向好掩盖了，或者说延缓了各种矛盾冲突。到了 19 世纪后半叶，资本主义出现严重的经济萧条，加速国家之间的激烈竞争。第三部《帝国的时代：1875—1914》讲述的就是资本主义竞争中国家之间的日趋紧张，也加速了社会极右和极左群体的浮现，自由竞争让位于垄断竞争，一种古典的自由主义资产阶级社会正在消失。其间也谈到了数量日益增长的工人阶级的多样性、多层级性和联合的困难与可能。当时社会矛盾已经十分尖锐，在 1898 年霍华德出版了《明天——通向真正改革的和平之路》，提出一种试图通过土地改革、社群组织和住房建设来应对危机的方式。几年后，他提出的“田园

① 书中没有提到的是，该年也是英国第一部《公共卫生法》颁布的年份。这一部法律，往往被看成是现代城市规划最早的立法文本。

② 居住问题是他们构想的新社会中的一部分。

③ 拿破仑三世和奥斯曼在这一时期把中世纪的巴黎轰轰烈烈地改造成了资本主义的巴黎，可见大卫·哈维的《巴黎：现代性之都》。这一时期，除了巴黎外，还有如维也纳、巴塞罗那等城市经典转型。

城市”开始得到认可并逐渐在各地实践。

在这四部曲中，我最喜欢的是《极端的年代：1914—1991》。也许是因为霍布斯鲍姆提出的这一“短二十世纪”，是他亲身经历的历史，所以写出来更加感性和娓娓动人。1914—1918 年间的第一次世界大战，是新兴的资本主义国家德国挑战老牌资本主义国家英、法等的结果，也是人类第一次大规模动用现代武器的战争，死伤无数。第一个社会主义国家苏联在 1917 年诞生，使得世界开始出现资本主义与社会主义的国家形式对立；随后 20 世纪 30 年代北美、西欧严重的经济危机（但此时的苏联却不受影响且经济大步发展；它的社会主义意识形态和向好的经济吸引了一大批西欧先锋建筑师），使得 1933 年以希特勒为代表的极右势力在德国上台。英、法、美等资本主义国家必须和苏联社会主义国家联合起来，对抗极端的法西斯主义。二战后世界维持了冷战格局，两大阵营相互牵制又各自独立，这是一种相对均衡的稳态。1945—1973 年间，是资本主义的黄金时代，城市高速发展的阶段，也是典型的福特主义发展模式的时期，国家在社会、经济发展中起到主导作用；建设“福利国家”是资本主义国家在这一时期普遍的举措。但随着资本积累从国家内部、国与国之间，向跨国的发展，出现了新型的积累模式；1971 年“布雷顿森林体系”的坍塌，意味着资本主义进入了一个新的发展时期。然而 70 年代后的社会主义阵营，却进入了一个疲软和衰退的阶段，1991 年苏联的解体在霍布斯鲍姆看来是 20 世纪的终结，一个并不美好的世纪的终结。

理解总体性状况和历史过程，其间的矛盾、冲突、变化，是理解局部问题的必要。霍布斯鲍姆提出的“长十九世纪”和“短二十世纪”是资本主义社会发展的重要阶段（伴生着社会主义的发展和变化）。但这两个时期不是资本主义的全部历史。我们还可以借助如伊曼纽尔·沃勒斯坦四卷本的《现代世界体系》，雅克·巴尔赞的《从黎明到衰落：西方文化生活五百年，1500年至今》等来理解从“发现新大陆”以来的总体状况和历史的细节。

根据沃勒斯坦的讨论，我们大略可以把历史过程中出现的思潮划分为三种主要类型，即保守主义、自由主义和激进主义。在面对一个快速变化的社会时，面对越来越多的不确定性状况时，社会群体的观念意识出现了分裂，进而产生实践和社会斗争。保守主义更多指向维持当下的状况，甚至希望借助“复古”，通过绘制过去某一个黄金时期、美好时期的状况，来构造虚幻的未来，而其本质和目的仍然在于维持当下。比如说，恩格斯曾经批评蒲鲁东主义者“厌恶工业革命，时而公开时而隐藏地希望把全部现代工业、蒸汽机、纺织机以及其他一切伤脑筋的东西统统抛弃，而返回到旧日的可靠的手工劳动上去”（恩格斯，2008：151）。自由主义，其价值观按照霍布斯鲍姆的阐述有以下几个方面：“不信任专制独裁；誓行宪政，经由自由大选选出政府及代议议会以确保法治社会；主张一套众所公认的国民权利，包括言论、出版及集会的自由。任何国家、社会，均应知晓理性、公共辩论、教育、科学之价值，以及人类向善的天性（虽然不一定能够完美）”（霍布斯鲍姆，2014c：132）。激进主义，则是选择和采取更大的步伐，往往是革命而不是渐进变革的方式，来改造社会和建设一个“全新”的世界。

需要注意的是，这三种类型的“主义”，在不同历史时期不同的社会情境下，所反对和提倡的内容有很大的不同，也因时局变化而可能得势或失势。在“革命的年代”“资本的年代”“帝国的年代”和“极端的年代”，各个时期社会面临的问题十分不同，由此它们的指向，赞同、支持或反对的对象和内容都是不同的。如果我们使用放大镜还可以发现，在这三种“主义”的主脉下，延伸出纷繁复杂的各种支脉，如自由主义的、温和的保守主义和激进主义的保守主义、激进的自由主义（新自由主义），等等。在稍后的文字，我们会用这三种"主义"及其变形来讨论居住的问题。沃勒斯坦最后说，"这三种意识形态都不反对中央集权，尽管它们都假称反对。我们已经努力揭示中庸的自由主义是如何'驯服'其他两种意识形态的，并使它们事实上持有某种类型的自由主义中间路线的……到延长的19世纪结束时，自由主义中间路线已经成为实际体系的地缘文化居于主导地位的范式"（沃勒斯坦，2013：278）。

2. 资产者、无产者与住房问题

除了前面谈到的历史过程和三种不同意识和主张，我们还要简要循着马克思、恩格斯在《共产党宣言》中的讨论，至少是神采奕奕的第一章中关于资产者和无产者的讨论，才能够进入住宅问题中。马克思、恩格斯在这个革命性的文本中，称赞了资产阶级曾经作为一种革命性的力量，推翻了封建社会[①]，但"我们的时代，资产阶级时代，却有一个特点：它使阶级对立简单化了。整个社会日益分裂为两大敌对的阵营，分裂为两大相互直接对立的阶级"（马克思，恩格斯，2008a：273）；而"最后，从大工业和世界市场建立的时候起，它（指资产阶级）在现代的代议制国家里夺得了独占的政治统治。现代的国家政权不过是管理整个资产阶级的共同事务的委员会罢了"（马克思，恩格斯，2008a：274）。在《共产党宣言》中，马克思、恩格斯指出了资产阶级社会不可避免的社会分化，形成了资产者和无产者两大群体，而资产阶级建立的国家政权是维护其发展、

① 这是一个时空变化的过程。这一过程首先在英、法等西欧国家出现，进而向其他空间扩散。不少地区至今仍然处在（或者部分处在）这一变化阶段和过程中。

利益的机构；无产者只有联合起来，才能够反对、抵抗、推翻资产阶级的压迫。《共产党宣言》主要讨论历史过程中的阶级对立、国家作用以及新组织形式的作用，这些因素是形成无产者居住问题的根源和解决问题的可能路径，但文本中并没有具体谈到居住的问题。然而在恩格斯撰写的两个文本中，居住都是其中的核心问题。一是写于 1844 年的《英国工人阶级状况》，另一个是写于 1872—1873 年间的《论住宅问题》。

恩格斯谈道："资产阶级解决住宅问题的办法由于碰到了城乡对立而显然遭到了失败。……住宅问题，只有当社会已经得到充分改造，以致可能着手消灭城乡对立，消灭这个在现代资本主义社会里已弄到极端地步的对立时，才能获得解决。资本主义社会不仅不能消灭这种对立，反而不得不使它日益尖锐化。"（恩格斯，2008：174）由于市场化的住宅建设具有投资和投机性，经过对英、法、德各国情况的讨论，恩格斯说："修建工人住宅一事，即使不践踏一切卫生法，对资本家来说也是一件可图的事情……资本即使能够办到，也不愿意消除住宅缺乏现象，这点现在已经完全确定了。于是，只剩下其他两个出路：工人自助和国家帮助。"（恩格斯，2008：183）他紧接着分析了这两种情况。首先以当时广泛存在的，且已经成为普遍"模范"的英国住宅建筑协作社为例展开讨论；他认为这些协作社实质上是投机性的组织，"它们的主要目的归根到底是通过地产投机，使小资产阶级的储蓄能有较好的投放处所，使其有抵押作保证，又能获得优厚的利息，并且可望分得红利"（恩格斯，2008：185），而主要的参与人是小资产阶级而不是工人。对于国家帮助，他列举了扎克斯提出的三个方面的措施，即在立法与行政方面，对投资者进行限制、国家参与，通过主动修建、贷款、树立模范住宅等方式来改善住宅条件。恩格斯进一步分析，现实的情况是，国家的帮助只是杯水车薪、沧海一粟，解决不了越来越严重的住宅短缺问题。在第二章的最后一节中，恩格斯提出了他的观点，也是后来经常被引用的观点；也就是，他认为“资产阶级只有一个以他们的方式解决住宅问题的方法，即每解决一次就重新把这个问题提出来一次，这就叫作‘欧斯曼’的办法”（恩格斯，2008：194）。他用巴黎的案例和曼彻斯特的案例来说明资产阶级通过对无产者的剥夺以及把住宅问题在空间上移来移去[①]，而不是解决这些问题（也解决不了这些问题）。他最后说：“同一个经济必然性在一个地方产生了它们，也会在另外一个地方产生它们。当资本主义生产方式还存在的时候，企图单独解决住宅问题或其他任何同工人命运有关的社会问题都是愚蠢的。真正的解决办法在于消灭资本主义生产方式。”（恩格斯，2008：196）

3. 居住作为进入城市的权利

大都市住宅问题产生的根源不在都市本身，就如日益严重和恶化的农村社会问题的根源并不在农村自身。这些问题出现的根本原因在于变化中的城乡关系，在于马克思、恩格斯指出的资本主义的生产方式。《共产党宣言》中谈道：“资产阶级使农村屈服于城市的统治。它创立了巨大的城市，使城市人口比农村人口大大增加起来……资产阶级日甚一日地消灭生产资料、财产和人口的分散状态。它使人口密集起来，使生产资料集中起来，使财产聚集在少数

---

① 哈维在多处谈到资本向城市建成环境的投入（包括生产性和消费性的内容，住宅是其中重要构成），是资本积累转移危机的重要方式。但这是个辩证的过程，向建成环境的投入一方面缓解了危机，一方面却由于它的“固定性”而限制了资本的进一步积累。最终只有通过摧毁这一固定性，才能够应对积累危机；而这意味着我们熟悉的城市建成环境被拆除或者改造。这也是恩格斯提出的资产阶级解决住宅问题的方法只是把问题“移来移去”各种方式中的一种更具体解释。

人的手里。”（马克思，恩格斯，2008a：276-277）马克思、恩格斯谈到了事情的一方面，而列斐伏尔在 1967 年，一个上面我们利用霍布斯鲍姆的历史研究谈到的资本主义黄金年代末端的一年，西欧社会快速城市化阶段中的一年，写出了《城市的权利》——这篇文章为纪念《资本论》第一卷发表 100 周年而写。马克思、恩格斯谈到了资产阶级使得农村屈服城市，使得各种生产要素在空间上集合起来，进而生产阶级分异。而列斐伏尔却谈到在这样的状况下，城市作为人类越来越重要、越来越成为支配性的生存空间，我们有进入的权利，有按照我们的意愿改造它的权利。在这样的情况下，进入城市的权利已经成为一种人类存在的基本权利。他谈道：“城市的权利不能简单地被认为是返回传统城市的权利。它只能作为一种在对于城市生活的形塑的和重建的权利中形成。”（Lefebvre，1996：158）大卫・哈维进一步阐述和讨论了列斐伏尔提出的“城市的权利”，他认为这是一种集体的权利，集体对于城市的诉求和要求；他认为城市的居民需要组织起来、联合起来，为“共享空间”① 而战，而这其中的关键是剩余价值的再分配和调节的问题。②

我的理解里，进入城市的权利至少包括政治、工作和居住的权利，三者相互关联、相互支撑。政治的权利是哈维指出的争取“共享空间”的权利（它具有多层级性，从一定规模组织起来的群体，如到街道委员会到工会，到区或市一级等），是为获得更好、更自由存在状态的权利。它在很大程度上通过工作和居住的状态实现，也为

---

① 在哈维的讨论中，“共享空间”和“公共空间”的差别在于，公共空间往往是由他者（如政府、部分私人机构）提供和生产，而共享空间则更多意味着人群的组织、联合和占有的空间。其中就存在着不同群体有不同的共享空间。

② 我的观点是，解决问题的可能性也许并不如哈维指出的在分配端，而在于生产端。谁掌握生产资料、控制生产过程才是决定性的因素。

理解工作和生活的意义提供了基础。它当然和哈维指出的与剩余价值的再分配和调节有关，和公共资源的分配、公共政策的制定有关。获得至少是一部分的政治权利就意味着一定程度的身份认证和正规化，反之即是非正规（informal）的状况。在许多发展中国家，由于失去了或者说从来就没有被赋予政治权利，存在着大量的非正规状况，包括非正规就业与住房，进而形成了规模巨大的贫民窟。如列斐伏尔之前的判断，城市的权利在城市化的世界里已经成为人类存在的基本权利，然而如何获得这一权利（具体内容是各方争议的，列斐伏尔也没有具体言明的），仍然是巨大的问题。[①] 在这其中，居住的权利是城市的权利中最基本的构成，它的获得同样不能在居住的范畴内部解决，而是存在于争取更好的工作与政治权利的斗争过程中。从“革命的年代”到“极端的年代”，跨越两个世纪的漫长历史过程中，我们可以看到不同的群体怀着不同的观念，试图来解决这一资本主义社会伴生的、难缠的问题。借着沃勒斯坦对于三种思潮的论述，我们可以把这些处理方式分为三类。一类是看到资本主义野蛮生长带来的问题（如社会不公正平等、生产与生活的分离、环境污染等），解决的方式是试图将生存空间从社会中划离出来，试图维持之前的状态。这一类可以以欧文的“协和新村”作为典型代表。然而脱离了社会的大生产，它终究无法生存。另外一类是主张取消私有制，包括住房在内的所有物品由国家提供。这样的方法，之前在苏联、东欧的社会主义国家、纳粹德国、住房制度改革前的中国，以及今天在古巴、朝鲜等国家仍然实行。但由于国家的物质财富仍然不能极大丰富（“人民日益增长的物质文化需求与落后的

---

① 马克思、恩格斯指出的资产者和无产者的对立，在解决这一对立（已经成为社会发展的基本问题；另外一个问题是环境的恶化）下三种不同的思潮和实践仍然有其重要价值。这一问题需要放置在全球化格局和空间范围中来讨论。这里不做展开，但资产者和无产者的定义在生产全球化时期需要再检讨。如无产者已经从发达资本主义国家转移到落后的发展中国家，或者发达国家的低端劳动力移民。

生产力”之间的矛盾），只能通过控制城乡人口流动，建设较低投入的住宅（住宅因此被看成是消费领域而不是生产领域）。再有一类是通过市场的方法来生产住宅，住宅成为一种商品，也就有自由市场内生的诸多问题。

但这样的论述过于简单。这三种方式组合成更多类型。如霍华德提出的“田园城市”就是第一种模型与第二种模型结合（也还带有第三种模型的内容）的变体。他把划定的空间与其他空间相对隔离和联系起来，在空间内部解决基本的生产、生活问题。内部采取类似前面提到的英国建筑协作社的办法组织，土地集体所有，也是采用市场化的方式运作，但经营收益归集体所有（这也是哈维谈到的分配端的调节），再投入建成环境的建设。“田园城市”的模型虽然获得认可，并曾经在西欧地区的各国城市中有过实践（特别在 20 世纪二三十年代），在实际运作中并不很成功，往往最终变成只有居住端的“田园城市”，而生产端被剥离出去——问题的根本原因仍然是它在一定程度上脱离了社会大生产。在许多发达资本主义国家，住房的供给仍然是采取市场化与国家生产相结合，并辅之以社会自助的方式——但基本不脱离恩格斯在《论住宅问题》中列举的方式及其问题。

从过去一个世纪的总体趋势上看，城市住宅已经从生产领域的必要（劳动力生产与再生产的必要，也是生产国家与地方政府权力合法性的必要）日趋成为消费领域的必要（成为应对资本积累危机的一个重要部门）。一个可能过于简单的描述却有助于理解的是，国家与市场在住房供给的状况类似于波浪状的周期性变化：一战前的繁荣到危机到战争，到 20—30 年代的兴盛，进入严重的经济大萧条再到二战；1945 年后进入了霍布斯鲍姆称之为“黄金时代”的发展，持续二三十年之后到 70 年代进入危机时期；80 年代之后新自由主义开始成为支配性的主张，国家从公共事务、公共福利（包括公共住房）撤退出来，原本管理型的地方政府转变为经营型的政府。彼时英国首相撒切尔夫人断言，这样的做法“别无选择”，“只有个人，没有社会”。但在当下，新自由主义泛滥的30年后，资产者和无产者的分异和对立空前激烈、社会矛盾严重激化，环境污染和全球变暖已经严峻威胁人类，全球各地的社会运动此起彼伏（假设霍布斯鲍姆接着写第五部，不知会有何关键词来形容这一时代），特别是其中大城市房价、房租的快速上涨引起的社会运动占有相当的比重。

在进一步讨论之前，我还想引用吉姆·凯梅尼在《从公共住房到社会市场——租赁住房政策的比较研究》一书中核心观点。在对欧洲住房状况长期研究的基础上，作者认为在完全市场和纳粹式计划经济模式之间存在着“第三条道路”，那就是社会型市场。凯梅尼认为，“营利型市场模型和社会型市场模型代表了社会政策的两种不同取向。营利型市场模型起源于所谓‘经济人’概念……社会型市场模型对于人性的认识有着与此不同的观点，它不赞同将经济行为与其他行为区别。同时，也不认为任何单一理性因素是人类行为的唯一或绝对驱动力。相反，它认为人性的不同方面组成了一个不可分割的整体。经济、政治、文化以及其他所有人类经验，一起融合成了一个复杂而完整的综合体……这两种关于人类行为的不同模型奠定了两种截然不同的市场运行理论，同时其自身也是更为深层次的世界观和范式的表现”（凯梅尼，2010：6）。凯梅尼的主旨是，市场只是人类用来建设的必要工具。

4. 住房合作社及其可能

《不只是居住》主要谈的就是在过去这一个世纪里，瑞士苏黎世非营利住房的建设。其建设的历史过程不脱离前面谈到的轨迹、状态与问题，它属于其中社会自助的方式。这一方式及其运作模式可以回溯到老牌资本主义国家英国的住宅建筑协作社等，以及如维也纳、柏林等城市中类似机构的经验。书中用图与文结合的方式详细展示了百年间苏黎世非营利住房建设的状况、过程与方法。在 20 世纪一战后的二三十年代、二战后的五六十年代，是苏黎世住房合作社新增建设量最大最快的时期。但要注意的是，这两个阶段也是市场建房的高峰时期，其总量和比重远超过合作社建房；政府的直接投入虽然在总量占比中很小，但这两个时期依然是其最主要的投入阶段。书中进一步用三个住房合作社的案例来阐述和讨论更多的细节。最后作者归纳了如何运营住房合作社的步骤，并希望这一方式能够成为中国住房问题的新路径。除了详尽的历史过程和案例介绍外，提出的用“住房合作社”的方式来应对快速城市化进程中的中国城市住房问题，是这本书的一个声音和价值。从 1998 年住房制度改革后，中国城市的住宅建设基本交由市场；2008 年之后，政府开始有意识大规模建设公租房、廉租房，但仍然解决不了大城市的居住问题（尽管二三线城市已经留存有巨大数量无人购买的商品房，成为今日一难题）。能否在中国的城市，特别是大城市中采用“住房合作社”的方式？这是一个十分值得讨论的问题。

我想以图 1 中的一些要素展开讨论。两个外围要素是城乡关系与民主政治，它们在宏观层面决定了住房合作社的状态。如前所述，恩格斯早已断言，住宅问题的产生根源在于城乡关系变化。马克思、恩格斯在《共产党宣言》中又谈到，资产阶级社会主要的矛盾是资

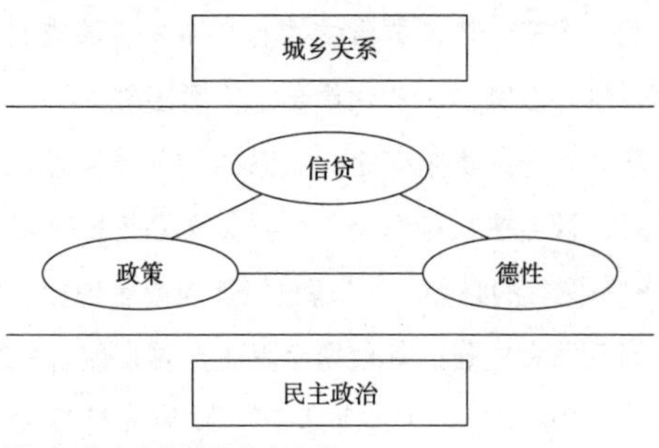

图 1 住房合作社的基本条件

产者和无产者之间的矛盾。从过去一个世纪的历史、社会和空间过程上看，发达资本主义国家的主要矛盾已经从城乡差别矛盾转移到社会矛盾。对于许多发达资本主义国家的城市，包括苏黎世在内，已经达到了较高的城市化率，外来人口的快速增加状况已经减弱[①]，城乡之间的矛盾已然不是主要矛盾——这一矛盾更多地转移到了发展中国家，因此也意味着在快速城市化的发展中国家居住问题更加严重。发达国家的住房合作社建房，作为市场与国家供给的补充，早期试图解决的是快速城市化进程中大量低端劳动力的住房问题（今日正是许多发展中国家所需要解决的问题），它们是资本在地生产与再生产的必须，当下却更多演变为社会公平、社会正义的问题。民主政治则是另外的一层因素。它首先允许民众自由结社。解决或者试图解决数量庞大的无产者、小资产者的住房问题[②]，是民主政治国家政府获得权力合法性和正当性的必要条件（基于民主国家的选票制）。

当政府不能解决集体的住宅问题时，除去市场的路径，西欧各国的经验，包括该书中提到的苏黎世经验，就是交由住房合作社。但这

① 控制移民就成为重要政策。
② 在新自由主义思潮泛滥的状况下，住宅问题往往被忽视而“就业”成为关注的重点。

需要至少如图 1 中三个内部要素的相互支持才能够成立。我把"德性"放在第一位。西欧的工业化最早，问题出现最早，引发社会对于大工业生产方式与人类生存之间关系的批判性反思和实践，由此引发社会民主、社会主义等思潮。这一类思潮是抵御资本主义生产方式的"唯利是图"的必要。[①]"德性"是人或者说社会群体对于事物发展必要的反思和内省。其他两个是生产住房合作社生产实践不可或缺的要素。"信贷"与"政策"都与政府支持相关。一个与建设的资金来源有关（书中谈及多种资金来源，自筹资金往往只占很低的比重，仍然需要通过市场的方式，经由政府调节来获得），一个与建设与经营过程中的扶持有关（政府不完全是经营型的导向、减少税收等）。进而使得社会将住房合作社从观念到现实作为普遍认可的一种建设路径，在资金获取来源、在建设与经营过程中能够持续发展。很显然，地方政府在其中起到至关重要的作用。

当下中国的大城市是否能够采取这一路径？城乡矛盾在中国仍然是一个支配性的矛盾，城市化进程仍然将快速进行（尽管比上一个阶段有所缓慢），也意味着大量初级劳动力持续向城市转移，住宅问题仍然严峻；而资产者与无产者、小资产者之间的社会矛盾同样存在。在这一社会冲突中，哈维指出的剩余价值再分配和调节就成了核心问题之一。层层向上负责制的行政构架，加上现有的中央与地方财税制度，使得各地方政府在政治与经济的竞争中普遍成为依托土地财政的经营型政府。来自上层的强制性行政指令可以生产一部分的公租房、廉租房，但如恩格斯指出的，这往往是杯水车薪，且十分可能产生西欧二战后建设的集体住房类似的阶层隔离与冲突等社会问题。在信贷、政策和德性的状况都不很乐观的情况下，要通

---

① 需要警惕的是，光"抵御"往往容易落入极端保守主义或者极端激进主义的箩筐中。适度的利润，以及书中提到的"盈利而非营利"，即集体的盈利而非个体的营利，是社区建设、经济持续发展的必要。

过建立住房合作社的方式来建造房屋还有较长的路要走。[1] 但我喜欢这本书中 186 页满幅面的、意味深长的插图：在一座天桥上挂着由某区委宣传部制作的鲜红标语，上面写着“改革不停顿，开放不止步”；标号的上面，还挂着一个巨大的“禁止掉头”的交通标志。当下的状况是，对于一些超大城市，如北京、上海、广州等，已经开始进入空间存量优化的阶段。在这样的情况下，公私合作、城市微更新、社区改造等已经提上政府的议事日程，这也意味着建立住房合作社来营造社区和住房的可能性。从更大层面上看，中国传统文化中潜藏着的“内修”也是抵御完全市场化的一种可能。《不只是居住》的出版恰逢其时——在中国的合作建房虽然面临各种困难，但可能性已然开始出现，它为这种可能性提供了必要的他山之石。

从更广泛意义上说，《不只是居住》还是一个很好的标题，潜藏着更多的诉求。居住问题远远不是居住本身带来的问题，解决居住问题的方式和路径不在居住的范畴里。书中提出，不只是居住，比居住还要多，那我们还要什么？回答就是，那就是进入城市的权利——居住是其中最基本内容，最基本要求。列斐伏尔、哈维呼吁，我们要争取更多的权利！而呼唤这些权利，争取和实践这些权利，就是改造城市世界的过程，也是改造我们自己的过程。

（原文曾刊发在《时代建筑》，2016 年第 6 期）

① 然而在中国并非没有类似的建房方式，如许多单位制机构（工厂、学校等）至今仍然有“集资建房”的状况。这是在局部相对封闭的空间、稳定的内部社会和生产关系的状况下，基于廉价建设用地供给情况下，为特定人群而生产的住房。一旦放置到城市的空间尺度，到社会大生产的脉络中，情况就变得复杂和困难。

新事物的确存在，但是，新事物新在哪里，什么是新事物？幻觉还是现实？……人们所说的新，常常不过是死灰复燃罢了，只是人们没有意识到而已……就像翻新历史城镇里的那些宫殿一样，无非是新桃换旧符，更新了一些术语，仅此而已。时尚和文化也一定程度上混合了起来……鼓噪和包装用语掩盖了新事物中保留下来的和变质的旧事物；鼓噪还掩盖了这样一个事实，即如此拔高老旧的事物会妨碍真正的新事物的出现。

——亨利·列斐伏尔，

《日常生活批判》（第三卷），P578

福建泉州街头，仿闽南传统建筑屋顶与仿清真寺屋顶符号并置
（图片来源：作者拍摄）

历史叙事与日常生活

空间的当代社会实践

资本对文化生产领域的渗透特别引人注目，因为影像消费的生命周期，与汽车、冰箱那样的有形东西不一样，它们几乎是即时性的。最近数年来，大量的资本和劳动力被运用到支配、组织和策划所谓“文化的”活动中，随之而来的是对生产可控景观的重新强调，那些景观可以很实用地兼作资本积累和社会控制的工具。

——大卫·哈维，《正义、自然和差异地理学》，P279

1. 历史叙事空间化

当下是商品拜物教的世界，商品泛滥的世界，信息四处弥漫的世界，是一切和一切快速关联在一起的世界。当下已然是也持续是加大两分的世界：拥有资本的人群与只拥有基本技能的人群；拥有大数据和生产信息的人群与只被动消费信息的人群；拥有新知识与技术的人群与只有老旧技术的人群；善于应对不确定性的人群与无法适应新变化的人群；拥有各种权力的人群与被权力支配的人群；以及卡斯特尔指出的被资本欢迎的世界与被资本抛弃的世界（卡斯特尔，2003）。

资本生产与再生产的危机通过空间的扩张，从欧美，向东的一支，蔓延到东亚，到日本，到亚洲四小龙再到中国东南沿海，现在已经深入中国内陆，并迂回渗透、穿透到印度。危机的处理，除了空间的扩散（在大卫·哈维的论述中，它是资本主义危机“空间修补”的一种），是通过技术的不断更新，来生产新的生存空间。从发现新大陆以来，服务于空间扩张的新技术被持续创造和广泛应用。大型轮船、战船和远洋航海技术、铁路与机车、电报电话、公路与汽车、时区的设置、航空路线、航空港与飞机、互联网和移动终端等技术，是尽可能在地区与全球范围缩短生产周期，加速利润生产的根本结果。在这一基本的、原始的目的下，空间扩张与空间扩张技术共同构建了一个哈维指出的“时空压缩”的世界（哈维，2003）。

资本生产与再生产的危机同时还生产了新型的城乡关系和社会结构。G.Sjoberg 在《前工业城市：过去与现在》一书中指出，全球范围的前工业城市并无显著不同，相反，有巨大的共性和相近特点。它们的基本构成，也可以称之为一种已然的、结构稳定的“两分的世界”：主要生活在城市中的皇族、贵族、教士等和在镇、乡等农村地区的农民；从事制度、观念、知识生产的上层知识分子（Sjoberg 指出，他们只关心事物“应该是什么样子”，而不是“是什么样子”）和从事具体技术、劳作的匠人（Sjoberg，2013）。这种在相对封闭单元中的、稳定的、静态的“两分的世界”，被工业社会中资本流动性所剧烈冲击，进而形成新的城乡关系和社会结构。城市在这一轮的竞争中毫无悬念胜出。它不仅大量吸纳农村劳动力（直接造成农村社会的萎缩），更重要的是，它生产的高附加值商品（相对于农产品）反倾销到农村，进一步吸取农村中的存量资本。从这一点上说，也可以称之为以“城市”为主要空间的资本主义及其危机向更广的地理范围，向城市的腹地农村扩张。

资本生产与再生产的危机进一步重构了城市的形态，马克思、恩格斯在《共产党宣言》中指出，资产阶级按照它自己的面貌为自己创造出一个世界——城市的世界是总体世界的重要组成。19 世纪奥斯曼在拿破仑三世支持下改造巴黎，不仅是常言说的拓宽道路以便调动军队，镇压摧毁民众的街垒抵抗。更重要的是，奥斯曼试图通过城市物质空间的改造，将一个中世纪的巴黎，一个已经不适应新经济形态的城市结构和空间，改造成促进资本流动和积累的资本主义城市的空间。首要的考虑是将四方来到巴黎的尽端铁路，通过内城道路的改造，与各种交通流线快速联系在一起，把外围和内城联系在一起。壮观美学和新时期所必要的卫生学是这一时期同样需要考虑的内容。奥斯曼还利用金融的工具，促进了城市房地产的发展（哈维，2007）。拆除已经不再具有防御功能的城墙，修筑马路（其中最壮观和宏大的是维也纳的环道）、开辟新市场、修筑沟渠改善城市卫生条件、制定城市建设的规划管理法规等是 19 世纪末、20 世纪初大部分城市的普遍做法（按照福柯的说法，管理城市的方法进而成为管理国家的方法）。但从历史的发展过程中来看，其中至少可以将其分为两大不同的类别，一类是应对资本危机的空间调整，是自发的过程；另一类却是形态、技术、知识的移植，是新兴的、后发的民族国家政府为生产“权力合法性”的一种追随做法。

在这样的状况下，城市的空间成为商品，成了资本生产与再生产的手段和处理危机的一种方式。对商品生产的一切政治经济学分析，都可以用来讨论城市空间的生产。城市空间成为商品的生产过程中，生产比较优势是获取利润的重要来源（它存在于相互之间的竞争关系中）。于是，从最初的生产资料、劳动力、劳动工具，到组织管理、商品销售等所有环节都可以成为生产比较优势的来源。在市场需求远远大于供给（缺乏竞争）的情况下，城市空间（特别是构成城市空间的大量的住宅）的生产往往粗放滥制，尤其在地方政府缺乏有效监管，专业人员的专业水准低下的状况下。当市场竞争逐渐激烈，在整个生产的流程中，前后两端的重要性也就凸显出来：土地作为生产资料的不可移动性和特殊性以及市场的生产。在一个交通、通信成本快速降低的世界中，包括一般劳动力、依附在高端劳动力上的知识与技术、组织与管理等的生产力的空间移植相对容易。改革开放初期常常谈到的“来料加工”，其实就是外来资本、生产资料加上一整套具有比较优势的组织、管理在劳动力成本、环境成本等较低（同样是具有比较优势）的地区的结合。当然，其中没有谈到的是，一种具有比较优势的生产体系的空间移植，其中存在的制度性成本。这是需要另外讨论的一个话题。

土地作为不可移动的生产资料的特殊性存在于两个方面：“区位”与“历史”。“区位”和“历史”都是时间的社会建构，是不可再生、不可复制的独一无二的生产资料。在某种程度上，现代城市设计的根本要义不是塑造优美的城市形态或者城市轮廓线（那是对古典时期的无望的想象），不仅是作为公共政策（今天它同时还是市场的工具），当然更不是极端狭隘的城市规划的三维化、立体化，而是协调公私关系，生产尽可能多的良好“区位”（它是优化城市空间存量最重要、最关键的方式）。尽可能多的良好区位意味着尽可能多的公共资源的生产和开放，面向更多民众的生产和开放，而不是私人的、一小群人的占有；是促进某一空间范围内“整体最优”的方法和手段（其中当然也包含美学的考量，但并非如之前作为主要的支配性要素）。其中，需要处理地方城市空间布局的特殊性，把自然的山、水、公园、广场、学校、医院、公交站点、公共服务设施等合理利用、均衡布局，并生产良好的通达性。它的生产与状况是权力、资本与社会之间长期的博弈与共同建构的结果。

“历史”作为空间生产资料的独特性同样是社会建构的过程。相对于“区位”，“历史”的叙事性及其可传播性在某种程度上更符合当下信息时代的状况；或者说，更容易作为一种生产资料来使用——良好区位的建构是调节产权关系的复杂和困难的过程。地方的历史因为其时间维度和社会过程而具有不可复制性和价值。地方历史的撰写，从根本上讲，是具有各种目的的史家分别在具有各种目的主导性群体的支配下选择性的编撰。于是，空间的历史、空间的历史叙事成为商品的生产资料，生产商品的独一无二的材料，以获得高额的垄断地租，便成为日趋普遍的生产方式。或者说，地方的空间作为商品，它的交换价值的生产，虽然不能脱离一般性的生产体系（可以越来越靠“移植”来获取），却越来越需要生产它自身的独特性，与其他商品的差异性（我曾经称之为“千篇一律的多样性”，见杨宇振，2008）。而地方历史作为不可移植、不可购买、不可复制，却可以选择性摘取和传播的材料（作为新时期的一种空间叙事），成了空间商品生产的、众所周知的秘方。比如说，租界的历史不是近代上海的全部历史，却成为现代上海城市空间生产的一种重要生产资料——上海新天地的空间制造就是其中的一例；比如说，汉唐的历史不是西安历史的全部，却成为现代西安城市空间生产的支配性力量之一。

在一个充满不确定性的世界中，一个马克思指出的一切新形成的关系还没有固定就陈旧了，一个固定的东西都烟消云散的世界中，地方的（荣耀的）历史成了极度的安慰，成了在漂浮不定的世界中牵系住自我的一个锚钩——尽管是一个极其脆弱、容易脆裂的锚钩。从这一点上说，这也是地方权力机构和社会渴望复制历史符号、重说历史叙事的一种动力——从另外的角度上讲，它也是稳妥的一种空间生产方式。然而在这一过程中，缺失的是创造新时期新语言的勇气、毅力和技巧；缺失的是“笔墨当随时代”的思辨和实践。也因为在普遍的、简化的、片段化历史叙事的空间化过程中，压缩了历史内涵的丰富性和复杂性。保罗·利科指出，“最终说来，历史试图解释和理解的是人”（利科，2004：11）。从这一判断和意义上讲，简化和片段化的历史叙事及其空间化是异化了我们自己。

大卫·哈维在《地租的艺术：全球化、垄断与文化的商品化》中精彩分析了地方的特征如何被作为独特的生产资料，成为一种文化的商品来生产垄断地租（Harvey，2000）。他还指出，地方独特性价值的判定是一个社会各群体间争斗的过程，不是客观、必然的结果。这就是前面提到的另外一端，市场的生产——市场生产的本质是人类消费欲望的生产，这立刻就涉及商品叙事、叙事传播和传播的路径与网络。在很大程度上，传播支配了商品的生产，传播需要的叙事就是商品生产过程需要完成的叙事。从这一意义上讲，传播即是商品；传播承载的空间形象就是空间“应该”的形象。也是在这一层意义上，空间的历史叙事与传播贴切地、前所未有地、紧密地结合在了一起。历史叙事空间化已然成为也将持续成为寻求垄断地租的当代现实。

2. 治理日常生活

日常生活状态是总体性的个体化，是总体性对个人时间与空间的支配。无数个体的时空行为、个体的日常生活状态汇成总体状态。然而总体状态不是总体性，是总体性的表象部分。在前现代社会（G. Sjoberg 的表达中是前工业社会），总体性体现为一种整体性，一种二元结构的整体性；总体性即是维持社会二元结构的物质、社会和观念的生产机制与现象。个人的日常生活状态受支配于维持社会二元的总体性。在农业社会中，农民面朝黄土背朝天、日复一日的劳作是生产生活资料的全部来源，也构成农民最普遍和最主要的日常生活；农村中的地主、长老到县、州、府城的官吏，从最根本的定义上讲，他们也是农民，但他们是减少与大量农民之间交易成本——收税、维护农村生产与社会稳定以及观念传输——的必要；他们也从这一必要中获得利益，而这一必要因此也成为他们最主要的日常生活。汇集在省城、京城的高级官僚，脱离了农业的体力生产和基层的烦琐，围绕着稳定二元社会结构的知识生产、制度设计、组织管理、观念维育等成为支配他们日常生活最主要的内容（杨宇振，2015b）。必须要强调的是，节日和节事是日常生活节奏的调节，然而它们并不是对总体性的逃离，而是总体性中不可或缺的一部分。在这样的状况下，历史的叙事不是客观的描写，而是服务于维护二元社会的总体性，具有强烈的主观性色彩：历史叙事成为一种社会治理工具，进而成为日常生活中的一部分。

“现代社会”与“前现代社会”是表述上的绝然不同的分类。现实中两者并不必然有断然的区分。前现代社会中的种种浸漫在现代社会之中，以不同的形式表现出来。现代的状况是，某一地区的空间，已经无法完全如之前般的内在性生产，在内部维持一种前述的、稳定的二元结构，而是被迫加入到与其他空间的高度激烈竞争之中；这一地区的空间必将成为更大空间中的一部分——然而却又必须维护地区的特征。这也是保罗·利科在《历史与真理》中指出的，如何成为现代的而又回到自己的源泉；又如何恢复一个古老的沉睡的文化，又参与到全球文明中去（利科，2004）。现代的总体性不再如之前体现为一种整体性，而是体现为整体性的断裂和消亡、动态重组的偶然、关联，一种生产理性过程中的不确定性：它渴求理性，加速生产理性，最终却倒向了高度的不确定性。

在这样的状况下，历史叙事呈现出两种状态：一种是与前现代时期并无大不同，仍然是社会治理的工具；这一治理的手段，在网络社会中显得尤为必要和急迫，是地方生产身份认同与内部凝聚力的一种方式。另外的一种状况，如前所述，成为资本积累具有独特性的生产资料，成为资本积累捕获垄断地租的一种方式。这一层面是前现代社会所不具有的。这两种状态的历史叙事需要通过各种不同的工具或形式来表达，其中最主要的一种，就是历史叙事的空间化——用空间的载体来形象化历史，视觉化历史。比如，重庆地标“人民解放纪念碑”，是“重庆解放”历史叙事的一种载体；它之前的名字是“抗战胜利纪功碑”（图 1），是中华民族抗日战争胜利的国家纪念碑，这是另外一层的历史叙事。

历史叙事的两种状态在很大程度上支配了日常生活，它们与价值判断相关，往往通过各自的方式，或者联合的方式，再解释历史过程，再塑新的集体记忆。然而，两种历史叙事只能片段式摘用历史与再重组历史资料，在有限的范围内推广新生产的“历史分配品”或者“历史商品”。然而由于交易成本的存在，它们往往只能有限再造集体记忆，而不能占据全部的个体记忆。尽管曾经在某些特定

图 1　抗战胜利纪功碑
[图片来源：新重庆，1947（创刊号）：6]

时期，集体记忆占领了个体记忆的大部分空间，但仍然存在个体记忆的剩余，从这一点上讲，个体才成为个体。

两种历史叙事具有不同指向。虽然它们都着力于切割历史过程中独特的部分，但不同的是，第一种历史叙事只使用可能激发集体认同的材料——往往或是极为荣耀的材料，或是极为悲惨的历史，同时在不同的阶段，通过不断重复、一而再的叙述回到这些阶段，以在外部高度竞争的状态中，提醒甚至警告空间内部的每一个人；第二种历史叙事却可能挖掘历史过程中各种适合于高额消费的材料、独特的历史资料，以便创造更高利润的商品。这是由第二种叙事本身的困境造成的。独特性商品的销售，是捕获利润的过程，也是随着商品广泛销售独特性消失的过程，因此必须不断重造独特性。两种历史叙事及其生产构成了日常生活状态的一部分，也是空间社会化的基本机制。

3. 在记忆、失忆与伪忆之间

建筑是历史叙事空间化的主要载体，它受历史叙事的两种状态支配，然而却不是全部。相对于其他人造物，建筑的特殊性在于它的大量生产和难于隐匿性。任何建筑，无论容纳的是私是公，一旦建设完成，它的外部形象就成为城市公共视觉形象的一部分。因此，构成人居环境一部分的任何建筑（不仅是公共建筑）都具有公共性，进而影响到日常生活的状态——建筑与建筑群构成的空间是人生记忆中的重要组成，是个体人理解世界的重要组成。资本积累与地方社会管理规定了个体的日常生活轨迹，设定了个体的时间安排与空间行程。这一过程需要通过不同类型的建筑（公共的或者私人的建筑，生产的、生活的建筑，固定的或者交通建筑等）来完成。身体的空间移

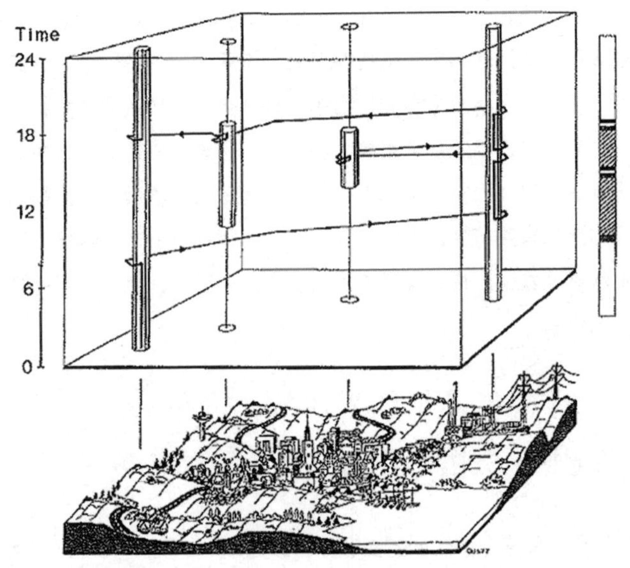

图 2　人的日常时空轨迹
（图片来源：Lenntorp，Bo. A Time-Geographic Simulation Model of Individual Activity Programmes[M]//TIMING SPACE AND SPACING TIME，Part 2，Carlstein，Parkes & Thrift（eds.）. Arnolds，London，1978：162-180.

动或驻留，本身也是时间的过程，构成了个体的记忆（图 2）。受历史叙事支配的建筑，是身体移动的主要空间类型，进而生产了个体的空间认知和社会认知。

历史叙事是不同群体的主观性表达，在不同的历史阶段呈现出不同的状态，进而生产不同的空间。曾经的一种，要尽力切除前现代的历史记忆，奔向虽然未知，却可能充满希望的未来——虽然是曾经的一种，然而至今也大概从未消失。它通过观念、知识、技术、组织管理等的空间移植和在地化生产，“失忆疗法”就是它的历史叙事方法。这一过程分形到建筑生产领域，旧有的建造体系被彻底贬低和抛弃，从西方移植来的新型建造体系（从知识到建筑材料，到现代建筑师认证与教育体系的建构等），逐渐占据建筑社会生产的主流。另外的一种，是前面谈到的两种历史叙事空间化。它们通过裁剪历史材料来生产空间，进而成为一种当代的现实，进而成为个体的记忆（如图 3）。这种记忆不是“失忆”，却是一种被支配、被推送、被供给、被消费的“记忆”，一种真实却又失真的“伪忆”。

这些状况已然是当下现实，也依然是未来的现实。建筑只不过是社会生产与再生产的工具，是两种历史叙事的空间化载体和介质，但这不是全部。建筑的生产，除了必须回应日趋急迫和严峻的全球环境问题——这是新时期浮现的重大议题，在更日常的层面，提供适合人群交流、人与自然沟通的场所，是必要且可以实践的空间（杨宇振，2014）。它可能不免受到两种历史叙事空间化的挪用，但依然有其本身的重要价值——公共空间出现，意味着交流的可能，激励着新可能的浮现。物质空间的具体实践者规划师、建筑师本身是这两种叙事构成的一部分。但是空间具有多义性，空间的能指和所指并不必然建立关联。如何生

图3　历史与再造的历史
（图片来源：作者拍摄）

产出具有当代意味的、激发思辨的空间，需要规划师、建筑师回到社会问题的批判性思考，创造性地使用专业的语言。也许，只有通过这种方式，至少对于规划师、建筑师而言，才可能在纷繁复杂的社会现象中辨析出“失忆”和“伪亿”，才能够如前引保罗·利科的论断——尽可能趋近历史的客观，也才可能在批判性意义上存在真实的记忆，在被历史叙事异化的日常生活中实践新的可能。

（原文曾刊发在《城市建筑》，2015 年第 34 期）

国家和日常生活没有关系？这是多么大的误解啊！……权力是通过战术和战略、策略和为社会、商业或政治的目的而进行的一系列有计划的活动，包括广告活动而获得……现在，国家直接或间接地管理着日常生活。国家通过法律和法规、大量的规定、国家机关和行政管理部门的保护活动，直接管理着日常生活。国家通过税收、司法部门、操控媒体，间接管理着日常生活。

——亨利·列斐伏尔，

《日常生活批判》（第三卷）

西安钟鼓楼广场
（图片来源：作者拍摄）

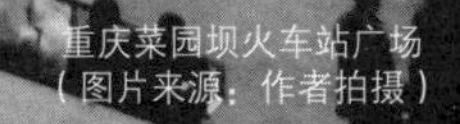

重庆菜园坝火车站广场
（图片来源：作者拍摄）

秩序、利润与日常生活

公共空间生产及其困境

人期望幸福，而不期望为了生产而生产……在这些经济基础落后的国家，起始于社会顶层的变化，如何通过巨大的国家机器，进入琐碎的柴米油盐程度的日常生活中呢？

——亨利·列斐伏尔，《日常生活批判》(第一卷)，P44–45

作为应用型的知识与技术，建筑学与城市规划的实践与社会状态紧密相关。要积极介入社会的实践，就必须批判性认知社会的过程。[①] 建筑学与城市规划的内容与运动方向是社会变迁的一部分。

① 从欧美的发展历程，在最近的一两百年间至少可以看到两个典型的阶段，一个在19世纪中后期到20世纪初(按照霍布斯鲍姆的提法，是从之前的革命的年代(1789—1848年)向资本的年代(1848—1875年)和帝国的年代(1875—1914年)转变)；一个在20世纪70年代左右，后文谈到的从福特制生产方式向灵活积累生产方式转变的年代。一些学者断言，第二个阶段并不是全新的转变，只不过是第一阶段的形变。

理解社会生产与再生产越来越成为理解建筑学和城市规划自身构成的一部分；或者，也完全可以说，它们本身就应是现代建筑学和城市规划应有的知识构成之一。比如，可以从 Michael Hays 编辑的 *Architecture Theory since 1968* 本身以及其中的众多论述感受到强烈的空间理论的社会意识（Hays，1998）。

在众多学科中，可以被认为是一种元语言的空间政治经济学日益成为理解社会、理解建筑与城市规划的锋利的理论工具。卡斯伯特说："空间政治经济学从总体上拒绝基于专业和学术边界的任何知识分类"[①]（卡斯伯特，2006：15）；"假设我们的努力是为了理解建成环境极其多样的形式，我们必须发展出能够理解整体环境的工具，并不受职业的自我利益和学术专长的影响"（卡斯伯特，2013：11）。他解释了空间政治经济学的历史脉络，特别引用曼纽尔·卡斯特尔的观点，从生产力与生产关系，从社会矛盾与冲突的角度来重新认识空间形式与社会变迁、剖析传统建筑学与城市规划在面对快速变化社会中的疲软和无力。他提出以"空间政治经济学"为中心的新城市设计——整合几类作者提出的关联知识，从更整体的视野来重新认识和变革传统城市规划与建筑的社会实践。他谈到，新城市设计"是关于公共领域与公共范围、社区、自由活动、反抗压迫和民主的社会理想。从本质上看，公共空间是其关注的根本"（卡斯伯特，2013：7）。

1968 年作为一个标志，欧美社会从生产型社会转向消费型社会，从现代主义社会转向各种学者提出的"后现代主义""后工业""晚期资本主义"社会。新的生产方式带来社会关系的变革、空间形态

① 卡斯伯特在此处还引用了麦克劳林的论断，"居主导地位的学院派城镇规划传统，对于我们理解城市问题和制定改善民生的城市发展政策都构成了严重的思想束缚"。见此书的 15 页。

变化，也带来学科研究的转向。空间研究日益在哲学、社会学、地理学、经济学（包括政治经济学）、文化研究、文学研究等领域得到重视，反过来影响了传统城市规划与建筑学的演进——比如列斐伏尔、福柯、德勒兹等对艾森曼、库哈斯、屈米等的影响。其中涉及在新的社会阶段，总体的社会秩序与局部的学科秩序的调整和变革，涉及如何在新的时期认知跨学科与学科整合的意义与价值。然而路途曲折而漫长，过去的 50 年里学科间的状况并没有发生根本性改变，学科壁垒、学科的自我保护和相互间孤立仍然是普遍现象。这是研究者自筑的“巴别塔”困境。从卡斯伯特的角度，空间政治经济学是变革传统城市规划与建筑学，重新检讨知识构成与社会变迁之间关系的必要的、有力的理论工具。

基于空间政治经济学的视角，本文首先讨论社会变迁过程中“定序”与“去序”的辩证关系；权力与资本对于“定序”与“去序”的持续再结构和调节构成社会变迁的普遍状况，而建筑学与城市规划的知识构成、研究方法、应用对象深陷其中，不能独善其身，无法在自我的圈子中诠释自身的运动方向与内容。在日趋快速变化的世界中，在一个大卫·哈维指出的“时空压缩”的加速资本生产与再生产的时代中，它迫使建筑师、规划师等专业人士思考自身实践与“定序”和“去序”的关系。在社会变迁的过程中，空间的不断再切割与再关联（它们是一件事情不可分离的两个方面）构成当下生产利润的一种方式，进而改变了日常生活的状态。然而空间的细碎化切割更进一步体现了公共空间的重要性。两种公共空间——管束型与节点型的公共空间成为权力与资本在“定序”或“去序”过程中的关键调节领域。资本加大流动性进一步导致社会极化，而权力必须在促进资本流动性与建构地方认同、维持社会公平正义之间保持平衡，这是一个艰难的困境。资本与权力的运动方向和内容都将重新切割和形塑公共空间的内涵与社会作用。但由于公共空间具有多义指向，它并不必然一定要遵循主事的资本者与权力者的意旨。公共空间的存在具有生产反异化、反规训的可能，具有超越生活的日常与平庸的可能。理解公共空间的生产及其困境，是专业者批判性理解社会变迁的必要，也是其可能的创造性实践的前提。

1. 定序与去序

任何一种运动，都存在着两种属性。第一是运动的实践内容，怎么做和做本身的问题。第二是运动的方向，向哪里运动的问题。

第一层属性，是指向内部的，是如何使得这一运动更加有效，减少内部间的摩擦，提高内部各元素之间的协调。第二层属性，是思考内部状况与外部关系基础上的判断；它与内部中具体的怎么做并没有直接关系，而是基于内与外关系判断的基础上，对于内部“做的方向”的调整。第一层属性，相对而言是比较机械性的，而第二层属性，具有强烈的目的性，因此可能具有批判性。

说可能具有批判性的原因在于，运动的方向性调整，还具有两种不同的状态。一种状态是，基于内与外的关系，调节内部的要素配置，消减和排除影响运动的不利因素，进一步优化原有系统的运动效率。另外一种状态是，批判性地质疑原有要素配置的合理性，及其系统的总体性。

运动的内容和方向这两种属性交织、融贯一起，不可剥离，进而成为运动的本体。但随着内、外关系的变化，运动的两种属性状态及其相互间关系，会有很大的不同。当外部影响很小，第一种属性“运动的内容”起到支配性的作用。因为无须调整总体方向，只需按照原有的运动效率、过程日复一日运动。当外部的影响逐渐增强，运动的内部结构就开始受到作用，上面谈到的两种方向性调整开始出现。比如，人的跑步和人骑自行车比赛。自行车速度的加快迫使跑步人的内部各要素加快运动，呼吸系统加速、血液循环加速、肌肉的拉伸加速等，提升总体效率。但这时也出现“为什么我不能也使用自行车”的质疑，或者，“我可能有什么别的方式赢得比赛”的思考。然而自行车的使用不仅是自行车自身的生产，它还涉及一系列的重大调整，比如，需要建设完整的自行车通行道路系统。

我把前述的两种运动方向性的状态，分别命名为“定序”与“去序”。“定序”通过局部调整、优化运动要素间的配置关系来持续原有的总体状态，应对外部的竞争和压力，维持总体结构。“去序”从总体的角度检讨系统结构的合理性，质疑和试图调整原有运动要素配置的总体关系，试图寻找可能的新的总体结构。比如，在 A.B. 布宁的论述中，到了 19 世纪末、20 世纪初，随着社会的巨大变迁，“建筑师分为两个对立的阵容：老一辈有保守情绪的代表人物和企图从已造成的局面中寻找出路的有新思想的建筑师”。前者以安日·索瓦日（Henri Sauvage）的探索为例，“害怕丧失自己的私人订货形式的收入来源，……在追求最大限度利用土地方面表现出了惊人的创造性”（布宁，萨瓦连斯卡娅，1992：44）（图 1）；后者则以勒·柯布西耶、瓦尔特·格罗皮乌斯等为例。索瓦日的探索是试图优化、改革原有系统；而柯布西耶等的做法却是要“革命”，要寻找新的路径。稍早一点的，有卡米诺·西特与奥托·瓦格纳之间关于维也纳环城大道建设之间的争论及其各自的理论取向也可以作为一例。19 世纪中后期到 20 世纪初，这样的状况不仅在建筑领域，在其他领域也类似，比如古典绘画向包括印象画派等的转变。

图 1　索瓦日提出的新住宅方案
（图片来源：A.B. 布宁 . 城市建设艺术史：20 世纪资本主义国家的城市建设 [M]. 北京：中国建筑工业出版社，1992：45）

“定序”中包含着去序的元素，“去序”中也潜藏着新的定序，两者共同构成生生不息的运动状态。“通过优化运动要素”即意味着通过内部的调整，进而对整体秩序的调整。它通过整体与局部关系的再结构、局部间关系的再结构来获得外部高度压力下（进而产生内部的压力）整体的运动效率；它虽然指向维持总体的秩序，但在内、外部高度压力的状况下，不断地通过局部的调整，事实上是对原有总体秩序的持续调节（它可能强化了原有的总体秩序，然而也可能削弱了原有的总体结构）。“去序”潜藏着对某种新秩序的运动趋势，进而生产新的“定序”。近代国民政府时期城市发展过程中“官办市政”与“地方自治”的两种不同运动方向，也许可以分别看成是“定序”与“去序”的状态。两者共同构成了城市的现代化过程。

秩序是空间的边界与空间之间的等级关系。改变空间的边界即是改变秩序的一种方式。改变秩序的要素只有两种，第一即目的，第二即手段。从人类历史发展过程中看，有两种虽然不同却并不完全不相容的基本状态。第一种是“秩序——等级”——通过生产社会的秩序来维持社会的等级。生产秩序是手段，固化社会等级（最主要的是统治阶层的支配位置）是目的。第二种是“交易——利润”——通过交易来获得利润。交易是手段，利润是目的。

1848 年马克思在《共产党宣言》论述道：“资产阶级除非对生产工具，从而对生产关系，从而对全部社会关系不断地进行革命，否则就不能生存下去。反之，原封不动地保持旧的生产方式，却是过去的一切工人阶级生存的首要条件。生产的不断变革，一切社会状况不停的动荡，永远的不安定和变动，这就是资产阶级时代不同于过去一切时代的地方。一切固定的僵化的关系以及与之相适应的要素被尊崇的观念和见解消除了，一切新形成的关系等不到固定下来就陈旧了。一切等级的和固定的东西都烟消云散了，一切神圣的东西都被亵渎了。”（马克思，恩格斯，2008a：275）这是一段十分精辟的论述，很显然涉及过去的“原封不动”的“定序”，以及资产阶级发动的产业运动对于过去的“去序”，进而通过对自身不断的“去序”来获得“定序”。

通过生产秩序来维持等级是前现代社会的总体状态；通过交易获取利润是资本主义社会的基本状态，“交易——利润”的手段和目的不断摧毁原有的“秩序——等级”，却又需要建立新的“秩序——等级”（即是生产、交易的，必须也是一种注定要被新的交易所摧毁的限制），作为这一类型社会的必须。从它们不同的状况上看，前现代社会是“定序”为主的社会，而资本主义社会是“去序”为主的社会——“去序”中的“序”在历史过程中发生着演变；其中大致可以分为两类，一类是去前现代社会的“序”，新兴的资产阶级争取自身的权利和权力的过程；另外一类，则是资本主义通过不断对自身的再生产，来摧毁上一个阶段构筑的社会和物质秩序——这已然进入了“定序”的过程。

资本的生产与再生产需要保证一定的秩序，却又要不断地破坏这一秩序，以获得新的生存空间。这是资本的本质属性所决定的。从大规模生产、严格劳动分工的福特制、泰勒主义向灵活、多样和小规模的、弹性积累的生产方式的转变，是资本主义社会内部秩序变化的基本路径。它拆除大规模的科层制，解构了福特制的“一环接一环”的僵硬生产流程构成的状况，将此“一环”和彼“一环”切割出来，拆成相对独立的空间单元，增加了系统中的异质性要素（可交易的要素），降低了大规模生产带来的风险，增加了根据市场需要灵活定制的可能性（哈维，2003；桑内特，2010）。它通过技术创新、制度和管理的创新，生产了新的生存空间，调节社会内部中局部之间的关系，进而维持了社会的总体秩序。这是一种“定序”。

2. 利润与日常

资本积累不仅生产了一般性的商品，它也持续不断地生产了新空间，它必须通过生产新的空间形态（意味着不断摧毁原有空间）来促进生产，更重要的是加速消费，以持续获得利润。列斐伏尔、哈维等进一步发展了马克思的资本论，将空间的生产纳入资本积累的过程中。也就是说，资本的生产与再生产过程创造了一个按照它自己的意图，它需要的世界，降低交易成本、提高交易数量、种类和质量的世界——马克思在《共产党宣言》中谈到的资产阶级按照自己的面貌为自己创造出一个世界。这样的表述也许过于抽象，卡斯伯特列举了经济过程与空间形式之间的关联（表 1），可以更清楚理解资本积累的实践与空间形态之间的关系，是如何“创造”出一个新世界。

在资本主义社会中，推动空间秩序变化的手段和总体趋势是：（1）在内部不断切割空间，增加异质变量和同质要素的数量；同时通过技术的创新进一步降低空间之间的交易成本，生产新的可能，生产新的交易数量、提高交易频次和降低交易时间；进而重新调整空间之间的等级关系。（2）向外扩张，吸纳新的空间，通过增量来调整总体结构秩序（存在两种基本状况，一种是吸收比自己落后的地区空间；一种是吸收比自己先进地区的空间）。（3）通过技术的创新，在实践过程中重组原有的秩序。前两点是空间对象（一个指向内部，一个指向外部；也是空间作为生产资料的生产），第三点是手段，它们共同构成资本主义社会生产和再生产的主要方式。

要再次强调的是，“管道毛细化”是资本生产和再生产的重要手段。它通过对空间的不断切割，生产新的变量，建构新的可能交易。其中至少包括两个方面的内容：第一，对社会群体的不断再切割，将城市从原有的社会肌理中切割出来、把工厂从城市中切割出来、把大家庭切割成更多数量的小家庭，把个人从家庭中分离出来，直至个体（进而导致和形成了一方面是个体和外部的巨量关联，这种关联改造和异化着个体；另一方面却是“无数关联中的寂寞个体”的悖论），进而使得交易不仅在大型机构之间产生（主管道），在中小机构之间产生（次管道），更在机构与个体之间，个体与个体

经济过程与空间形式 **表 1**

经济过程	空间和形式过程
品牌化	各种主题化环境
奇观消费	各种类型的大型剧场、体育馆、娱乐空间
规模经济	大超市、大型商场
历史商品化	各种历史保护区
新阶级需求	文化的 /cappuccino 化的各种环境
各种按照年龄、团体或者利益划分的主题区域	类别化的消费区域
文化经济 / 奢侈消费	各种专门化的旅游飞地
作为 GDP 一部分的新公司建筑	大量投资的建筑与环境
变化的阶级、种族和人种的碎片化分布	门禁社区
劳动力大军储备	日渐增加的对于公共住房的疏远
象征资本的购买	新城市飞地
商品化的娱乐	迪士尼化、文化切尔诺贝利
旅游（娱乐）	各种模拟空间
旅游（交通）	主题交通（机场作为目的地）

[资料来源：亚历山大·R·卡斯伯特. 新城市设计：建筑学的社会理论？[J]. 新建筑，2013（6）：9]

之间产生（毛细管道）。智能手机的出现和日趋显现出的支配性作用，使得机构能够直接和个体产生交易，同时巨大降低交易成本的产物。智能手机是信息网络社会的信息终端、个体信息收集器和交易阀门。

它也通过对社会过程的不断切割，来生产新的变量，建构新的可能。前工业社会中，生产和生活是一体的。资本主义将生产和生活分隔开来，进而将生产的流程切分成多道工序，再而将这一流程粉碎，将工序再次转换为更细的流程；在生活方面，对于身体和情感的深挖和细分（如美甲和深夜情感电台），进而市场化成为普遍的现象。这同样是异化人的过程，使人掉入日常的琐屑之中。在市场方面，将商品的营销从整体销售，向分段、分期销售转变，从完全支付向月供、日供转变，从月租向日租、时租转变。"管道毛细化"的过程从早期的树状结构进一步向网状结构转变，通过结构转变，建立更细密的可交易因素之间的关联。

大卫·哈维曾经写过《资本主义：片断化的工厂》，辨析 20 世纪 70 年代以后的后现代主义与资本主义之间的关系。他谈道："资本积累不但因社会差异和异质性而茁壮，更积极生产了社会差异和异质性。"他进一步指出："后现代转向是发展新的获利领域和形式的最佳媒介……片断化和无常开启了探索瞬息万变的新产品缝隙市场的丰富机会。"（哈维，2010a：181）哈维指出的生产差异、异质性，正是新时期生产"缝隙市场"的秘密，是管道毛细化的表现。

个体如何回应于这种支配性状态呢？生活和生产共同构成个体生产与再生产的基本内容（我把娱乐放在"生活"的类别中）。现代社会中家庭地点往返到工作地点构成基本社会管道，它从时空上排除了管道之外的其他空间（图 2）。当外来的影响很小，意味着无须调节总体的运动节奏或者方向，管道系统的运行平稳，也就意味着生活和生产共同构成的基本状态不发生大的变化，日常的确定性是常态。在这种状态下，在一定空间范围内（从社区、城市到国家，在经济全球化和互联网的社会中，甚至是全球的尺度），不同管道密集形成的“管束”（也可以用图 2 中的“捆束”）就成了一种公共空间。或者说，单位面积内，管道密度和异质性高者即成为公共空间。它必须同时具备两个条件。第一是高密度的管道（和芝加哥学派的路易斯·沃斯不同，他强调的是人口的密度，这里强调的是作为流动载体的管道），第二是异质性（和沃斯不同，他强调的是人口的异质性，这里强调的是流动，不同流动内容、流动速度的异质性）。比如，从生活到生产之间的主要道路即是一种公共空间（作为一种“管束”），它容纳了多样的、来自和去至不同方向的、不同速度的流动。

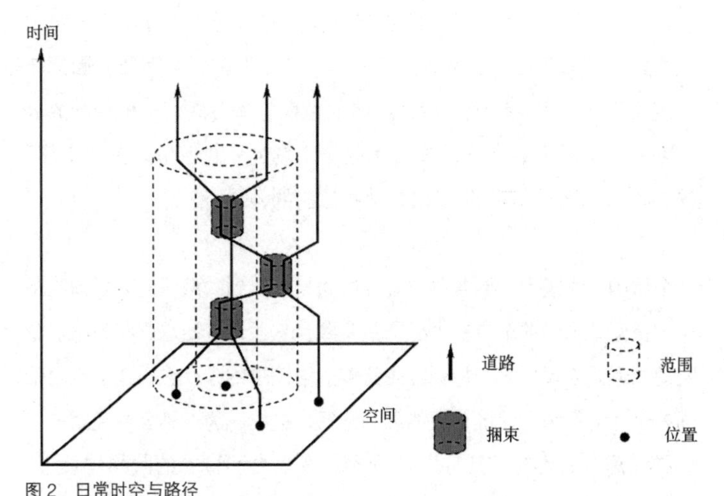

图 2　日常时空与路径
（图片来源：Gregory，D.1989，Areal differentiation and post-modern human geography[C]// Horizons in Human Geography. 转引自：保罗·诺克斯 . 城市社会地理学导论 [M]. 北京：商务印书馆，2005：244）

不仅仅是生产与生活之间的管道，在高度分工的现代社会中，不同知识与技术体系同样是管道化的。它既是加深社会分工的必要，也造成了新的困境（既是定序的必要，也是定序需要破除的必要）。理工与人文的分裂和各行其路是普遍现象。在它们各自的内部，各种不同的知识与技术按照门类、纲属（学科设置）分成许多支管，再在支管中形成无数细管（如二级学科、三级学科；如原有的建筑学分成三个一级学科）（杨宇振，2013b）。这是福特制时期科层制的知识与技术供给的模式，已经难以适应新阶段灵活积累生产方式的需求。

生活是基于个体的，基于血缘、亲缘、地缘关系的小群体的活动。它的核心是性。相对于生产，生活是私密的。然而这恰恰是它的市场价值所在："私密"成为生产商品的独特材料，通过对私密的公开化、叙事化（对家庭忠诚、责任或者反向成为好莱坞电影最主要的内容之一）和市场化（生产的过程），获取利润。其中，作为最私密的"性"，成为最独特的生产资料；在市场化的过程中，经由媒体的生产和传播，私密的"性"转换为公开的视觉消费。因此在一定程度上，也可以说，经由媒体的性视觉消费成为一种特殊的公共空间。这类公共空间，是资本生产市场的一种手段，是"定序"的一种。"私密"同时也是权力试图控制的领域。

从个体的"性规训"到各种"社会行为规训"到"意识形态规训"是一定空间范围内的地方权力必需的实践，它通过宣扬道德和颁布法令法规的形式表现出来。特别经由法律的强制性约束，它规范了空间范围内个体的行为，保证管道的顺利运行，进而成为一种公共空间——一种秩序。它也是"定序"的一种。在权力和资本的共同规训下，为了顺利加速资本的生产与再生产（即在生产领域，也在消费领域），个体被培养成"勤勉工作，纵情消费"的类型（贝尔，2007）。

3. 两种公共空间

空间的日趋细碎化切割的结果是公共空间在社会生活中越来越重要。那么，什么是公共空间？（杨宇振，2012b）[①] 前面谈到，在被各种切割后形成的点到点连接的管道社会中，“管束”成为一种公共空间。它既可能是断面类似莲藕的切面，包纳各种不同管径和流动速度的管道；也可能是“管束”的变形，即管束的汇聚点——节点（既在生产和生活的两端；也分别在生产的内部和生活的内部）。在“定序”的状态中，公共空间的生产具有两种功能。第一，促进管道的顺利流动，减少交易成本，完成生产的循环；它不断地通过消除某些管道为另外更有生产率的管道让路（比如，2008 年以后国内的一些城市，特别是东部地区的城市提出的产业的“腾笼换鸟”）；第二，在节点处，促进管道的流动、管道间可能的沟通；或者消除管道流动带来的整体压力；在很大程度上或者是为促进消费（以获得剩余价值，完成资本积累的循环），或提供社会福利和公共品（以获得权力的合法性）。第一种状况，如城市的主干道、网络的带宽、部门间的生产协调等；第二种状况，如城市中不同规模的广场、主流媒体、门户网站、BBS、大型商场、迪士尼化的空间、学科的交叉领域、节日节事，也可能是工作、生活节奏的变化点等。

第一种状态是保证各管道运行的必要条件；切断了这一公共空间，就切断了各管道运行的可能性，它更多指向生产的过程。第二种状况，是第一种状态的特殊表现（本身也是生产的过程），然而却是

① 笔者曾经详细讨论过中西公共空间的内涵及其差异，见：杨宇振．从“乡”到“城”——中国近代公共空间的转型与重构 [J]. 新建筑，2012（5）：45-49. 此处讨论的公共空间更倾向于抽象形态问题。

第一种状况必要的补充，并日趋显示出重要性；它更多指向消费的领域。它既是管道的交叉点、汇聚点，因此在某种程度上讲，是“去管道化”的。也就是说，在“定序”的状态下，作为促进、强化各管道运行的公共空间，与“去管道化”的公共空间共同作用，维持、保证以及调节着一定范围空间内部的运动效率。

“去序”必须与“定序”争夺公共空间，必须依托“定序”中的公共空间，包括“管束”与“节点”，来生产总体的批判性。通过“管束”的调节，选择弱化、消除哪些管道、促进、扩张、加速哪些管道，进而改变总体状态。这一点上讲与“定序”的方式并无不同。比如，在原有交通体系的空间中提倡、建设步行道与自行车道；比如增加人文教育等。它是渐进式的增量改序（却往往没有受到足够重视），与“定序”中优化要素结构、提高竞争力没有手段、方式上不同，不同之处在于运动内容与方向的不同。

“管束”与“节点”共同构成“定序”的治理空间。管道的交叉点，即“节点”，因其容纳高度流动性（流量与流速）和异质性，成为“定序”必须十分重视的空间。它通过对流动性的调节、异质性的管理或规训，来达到降低（物质、社会、观念的）交易成本，提高对“管束”的治理能力，提高运动的效率。由于管径间被相互隔离、不沟通（这也许可以看成是卡尔·马克思指出的“异化”——也应意识到，建筑学、城市规划也是其中的一种“管径”）而便于调节和处理；但所有处理后的变化都将反映到“节点”中。“节点”不仅承受“管束”变化带来的压力，而且由于流动性和异质性共同构成的复杂性，使其难以应对。或者说，“定序”通过对变化中“节点”压力的引导或反制，来抵消“管束”变化的压力。“定序”也可以通过对“节点”中事件、观念等的再塑，来改变管道的状态。比如，淘宝对“双十一”（从被命名为“光棍节”到“狂欢节”）无中生有的创造，改变了“剁手党”“快递员”“客服”“商家”“每一张屏幕前的自己”的各种管道活动的状态——颇为嘲讽的是，11 月 11 日本来是纪念第一次世界大战的结束，但在众人狂欢的消费盛宴中，我们大概已经忘记了这件事情。

公共空间具有三种属性，即观念、社会和物质的属性。也就是说，不管是管束状还是节点状的公共空间，都具有以上三种属性。物质公共空间不是社会或观念公共空间的物质化（这是常规的提法），物质最初的存在只是某类群体物质实践的结果。有支配性的群体，却没有统一的、一致的群体及其观念。物质公共空间最初的使用价值是某类支配性群体使用公共资源的物质实践的结果，由于它的物质性，它有大致固定的视觉形象（历史的经验表明，在社会变迁过程中，其中作为该公共空间意义最重要的物质表征往往最先受到破坏和改变；叶圣陶的《古代英雄石像》表达的就是这一类的事情）。但随后，它便如一个“空间文本”，交由不同群体，不同的使用者根据不同的意图来“阅读”“理解”“阐释”和“实践”。也因为如此，物质公共空间的存在，为社会公共空间和观念公共空间的生产提供了载体，进而经由这两者的实践而改变自身的意义和价值。比如，公共广场既可以是大规模商业活动的地点，也可以是政治选举宣传的地点，却也可以是“we are the 99%”活动的发生处。

或者，我们也可以进一步说，社会中，特别是城市中大部分人的“管道化”活动是普遍的常态，构成了大部分人的日常状况。[①] 在很大程度上，它们的状态受制于“定序”与“去序”对运动内容、效率和方向的调节（定序或去序的状态，也并非本体内部演化的结果，

① 笔者写过个人的日常生活空间及其解读，具体可见：http：//blog.sina.com.cn/s/blog_4eccae650102 wtro.html.

而是受制于内部空间与外部空间共同构成的紧张关系，进而在这重关系下对道路的选择）。调节的手段，首当其冲的是通过公共空间的物质、社会和观念或者改变、规训，或者再结构。再次重申，管道化是普遍状态，是常态；相对的，公共空间却由于其高度的冲突（特别是节点），往往处于临界状态。无论是“定序”还是“去序”都要求它必须不断地变化，来回应越来越不确定性的世界。公共空间起到的是“定序”还是“去序”，在一个日趋全球范围的、网络化的、时空压缩的、（威权）自由主义横行的消费社会，往往难以是特定目的和实践的必然结果，更可能的是“临界”状态下的偶然结果。或者，另外一种观察的视角是，在一个复杂关联的世界中，在某一空间领域内是“定序”的实践，在更大的空间范围内却很有可能是“去序”的结果；反之亦然。比如，从国家层面对一些低端产业的调节，从国家层面是一种“定序”，一种在竞争压力下的必要；但对于一些依靠中低端产业的城市和地区而言，这就是一种“去序”。在城市更新中，Gentrification 的过程对于新的、有消费能力的社会人群是进入的状况，对于被驱除的人群却需要在他处重新安顿。在建筑领域，比如，提倡钢结构、装配式、BIM 等及其政策的倾斜，对于传统的材料、建造方式和设计技术而言，就是一种“去序”。于是，对于其中的专业者而言，必然存在着方向的选择及其具体的实践。

物质公共空间的生产是权力、资本、环境和社会相互作用的结果。它与公平正义、资本积累、全球环境恶化带来的温室效应、地方民众的日常生活状态相关。从生产“权力合法性”的角度出发，理想的物质空间布局是类似克里斯泰勒提出的“中心地理论”空间模型（这是一种静态的模型）——根据人口数量的分布，生产不同规模和等级公共空间的分布，覆盖对于所有人的使用。也就是说，通过公共品在空间上与数量上的合理分配，来生产地方的信任和忠诚，这是获得权力合法性的一种路径（然而不是全部）。上面谈到了“管道的毛细化”，也是地方权力实践的策略。对于普遍的高度城市化的地区，通过微型公共空间的生产（即管道毛细化的一种）将是普遍的策略。奥托·瓦格纳的维也纳22区规划就是一个典型的、公共空间均衡化布局的案例（图3）。这种一百多年的理想模型正成为一些地方政府在维护公平、正义方面的空间实践的努力方向。然而这一方向，却不仅仅是权力的实践，也是资本的欲求——比如，日渐繁多的“菜鸟驿站”同样希望通过日常空间的分级和占据，来完成市场的生产循环。这方面台湾地区的7-11便利店大概是最好的案例。

然而资本的快速流动性（它的本质属性）冲击着地方权力所追求的理想空间模式。基于综合利润最高（从交易成本、交易效率和交易量的角度），资本选取地方的空间作为生产积累的地点，进而破坏了地方权力试图建立的稳定空间架构，进而成为权力必须应对的急迫问题。这也是大卫·哈维曾经指出的，20世纪七八十年代以后，不论是哪一种意识形态的政府，从原有的地方管理主义向企业政府主义转变。在资本加大投资的地方，带来地方劳动力的快速聚集，对地方环境的严重破坏以及对公共品需求的急剧上升，促使地方权力必须加大地方财政的投入，来修补环境和增加公共品供给（包括公共空间），进而成为新时期生产权力合法性的一种（Harvey，2000）。然而这种策略加大了地区的不平衡发展，从更大的范围看，它消解了权力的合法性而不是相反。

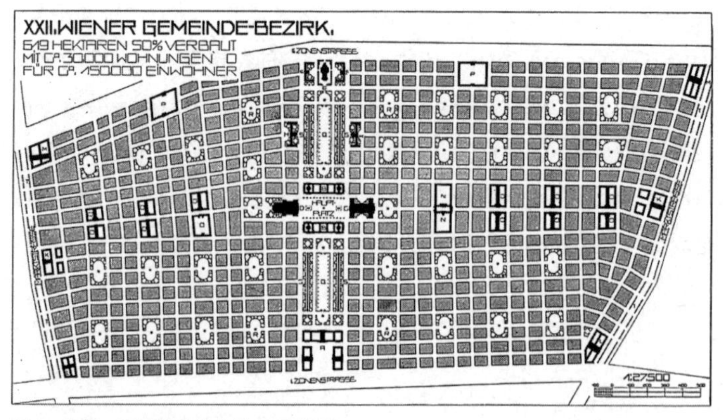

图 3　奥托·瓦格纳的维也纳 22 区规划
（图片来源：迪特马尔·赖因博恩 .19 世纪与 20 世纪的城市规划 [M]. 北京：中国建筑工业出版社，2009）

4. 困境与可能

权力和资本对个体时间和空间上的控制，形成了管道社会的普遍状态。通过对作为公共空间的“管束”和“节点”（需意识到它们分别具有不同的层级、规模和尺度；在不同的历史时期也具有不同的形态）的控制，权力和资本调控了社会的发展。其中存在着“定序”和“去序”两种不同状态。“定序”通过局部调整,局部变革来调节、优化某一空间内的效率，应对经济全球化下的高度竞争、消解地方底层社会的不满和处理环境的恶化。它根本的困境在于，在资本全球化的时代，在地方层级，维持公平正义、促进资本积累和改善环境质量共同构成的问题是地方本身无法应对的事情（因为这些问题产生的根由并不在内部，而是整体运动状况的结果）。地方权力在促进积累（往往是加大社会的两极化）和维持公平正义（希望社会的相对平整）之间摇摆；或者说，它必须同时促进资本积累，又要兼维持地方社会的公平正义——这是艰难的困境。一种途径，是通过“管束”的持续调节，来淘汰旧的生产、欢迎和接受更有产能的管道（而这也就对劳动力的知识更新提出了不断的要求；不仅要掌握之前的知识与技能——在面对快速变化的世界，它们似乎变得越来越“无用”,新的发展状况要求劳动力要尽快掌握新的知识与技能，以应对更大的不确定性）。另外的一种途径，就是通过生产物质的公共品（公共医疗、公共教育、公共住房、公共交通、救济贫困等），包括公共空间，来改善市民、村民的生活质量，消减社会民众的不满。然而在总体社会受到资本积累支配的状况下，地方公共品的有限供给并不能阻止总体社会结构的两极化，“定序”目标下生产出来的公共空间很有可能转变为“去序”目标下的公共空间。

当下存在的一种困境，也是公共空间的艰难困境，哈维提醒我们，“盲目迷恋影像而忽视了日常生活的社会现实，会转移我们的凝视、政治和感受，使之脱离经验的物质世界，进入似乎永无止境、错综交织的再现网络……最重要的是，提倡文化活动以作为资本积累的主要场域，导致商品化和套装化的美学，牺牲了对伦理、社会正义、公平，以及剥削自然和人性等地方和国际议题的关心”（哈维，2010a：187）。在一个媒体和互联网的时代，虚拟支配了真实，超现实支配了现实，再现已经成为日常的正常。

前文提及，“去序”和“定序”一样，都是对当下“序”的调节和变革，不同的是内容和方向。它毫无疑问需要对总体的洞察，这是可能实践的开始。从这一点上，它是“去管道化”的。它同样要通过对作为公共空间的“管束”和“节点”的调节，改变和促进社会的运动。它的困境在于，当下已然不是工业化早期相对简单的状况，资本快速流动成为支配性力量，空间与空间之间的关联日趋紧密（也意味着强势资本可以快速进入或者撤离某一空间，造成地方空间在社会和物质建设方面的种种问题）。将地方与外部世界隔离出来（如欧文的“协和新村”，这种例子并不少见；或者如当下世界范围内日渐兴起的、弥漫的民族主义，也是一种在高度流动性威胁下的发展状况），曾经作为“去序”的一种方法，一种应对日趋高度不确定性的方法。然而这是一种注定失败的方法。或者说，在一个纷繁复杂的世界中，在一个空间与空间相互嵌套和关联的世界中，什么是“去序”的目标，什么是“去序”的路径和实践，这是困难的问题。

一种可能的回答是，哈贝马斯论断西方现代性的核心是“人的自由”——如果把它作为“去序”的终极目标，在实践中如何通过物质空间的生产来获得“人的自由”，是规划师、建筑师需要认真思考的。很显然，物质公共空间的生产是其中的重要路径之一。但要警惕的是，它并非非此即彼，而是存在于“定序”与“去序”共同构成的复杂关联中；它可能促进了“定序”，却也可能在某些临界状态转为“去序”。它可能成为生产利润的空间，也可能在某个特定的时刻转换为抵抗资本主义运动的空间。它可以成为社会福利生产与供给的一部分，却也可能变成抵抗社会不公平、社会不正义的中心场地。然而，从最基本的层面上看，物质公共空间的生产、加大密度的分布以及更好的可达性，是“去管道化”的一种可能，将人从“管道化”中暂时性地脱离出来——这一时刻，是日复一日的日常生活中难得的一种，也是新可能的开始。

阿里·迈达尼普尔曾经提出，历史过程中，公共空间丧失了它之前的诸多整合的功能，随着现代社会的变迁，公共空间专门化了（由于产业、功能的专门化），但“公共空间作为私密空间之间的媒介……抵制了社会性空间裂变的扩张”（迈达尼普尔，2011：160）。历史过程中，特别在现代化的历史进程中，公共空间的运动方向与内容不断受到权力与资本的切割和形塑，但仍然在社会生活中具有建立、粘结被异化的人群间沟通的可能；或者更清晰地说，经由公共空间来生产反异化、反规训的可能。对于主要受雇佣于强权与资本的专业人员，认识公共空间的多义性，为生产公共空间多义性提供物质形态的可能——而不是从形态美学的角度出发，是一个需要批判性认知和创造性实践的过程。

（原文曾刊发在《新建筑》，2018 年第 2 期）

现代性正在鼓噪。现代性在鼓噪什么呢？幸福，所有需要的满足。不再是通过美，而是通过技术手段，对幸福作出承诺是会在日常生活中开花结果的。实际上，这种有关现代性的意识形态，通过散布与先前的时代存在裂痕的错觉，掩盖了作为连续性场所的日常生活……当现代性作为意识形态的事业结束时，作为一种技术实践的现代主义与我们走得更近了。

——亨利·列斐伏尔，

《日常生活批判》（第三卷），P584

大木橋平民新村

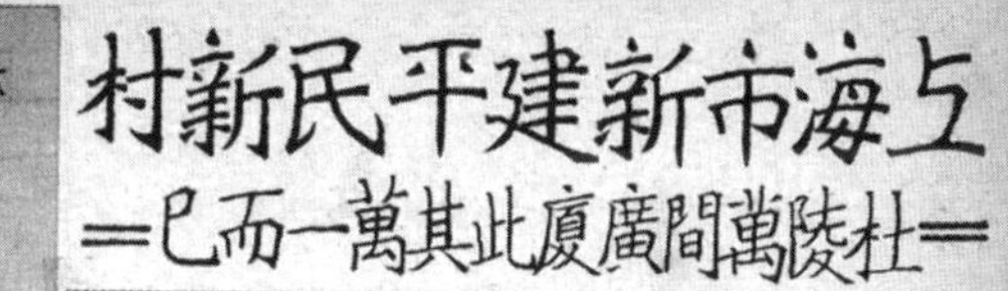

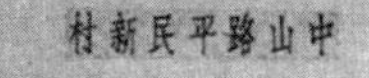

上海平民新村
[图片来源：新中华，1936，4（5）：13]

空间、自由与现代性

近代中国社会住宅的生产

南京政府制定的现代化规划几乎就是全盘西化。受过西方教育的官员们也有“学以致用”的想法，但他们制定和执行的政策反映的都是西方工业化国家的管理体制、技术和生活方式。

——费正清，《中国：传统与变迁》，P544

现代性的本质是人的自由。在中国的现代化过程中，“传统与现代”“中与西”是普遍的议题，但往往缺失对人本身生存状态的讨论，关于人的自由的讨论。然而“自由”的概念和定义不是一成不变，而是不断变化的过程，它尤其与空间的尺度和范围相关。不同的空间内有不同的自由，自由概念的变迁与空间的不断拓展、融合与冲突紧密相关。“自由”内涵变化的过程中，需要区分现代性的本质和现代性的表现。作为主体人的自由的状态存在于各个地区资本积累、工业化和城镇化交互构成的复杂过程之中。

1.“我们的现代性”？[①]

“我们的现代性”，意指存在着“他们的现代性”，表述可能不存在一种现代性，而是多种状态的现代性。是一种现代性还是多种现代性？这是一个问题。

1.1 资本积累、工业化与城镇化

现代性是一种总体状态，表达了较为靠近当下的阶段与过去不同的一种总体状态。因此，现代性是具有时间和发展变化的概念。现代性也因为总体状态与过往的巨大不同，甚至往往被认为是一种与过往历史的“断裂”而被强烈感知和多样理解。现代性同时必须依托一定的过程和基质表现出来。我们大概可以说，从发现新大陆以来的大约五百年间，资本积累、工业化和城镇化共同构成的矩阵成为现代性发展的基质。通过市场扩张与竞争、技术更新、制度创新、产业空间转移、各种基础设施的现代化、促进强化地方社会管理等，资本积累创造了一个“美丽新世界”：物质形态（包括城市形态在内）、社会制度与组织以及观念的总体变化。

这种变化是持续的、未完成的时间和空间过程。它生产了全球范围的地区不均衡发展，改变了各地区的城乡关系，加速了相对落后地区的城镇化进程，再结构了地方社会的生产关系和社会关系，进而改变了地方空间的边界和状态，以及左右个体人的生存状态。在这一过程中，资本、权力与空间形成的矩阵关系是需要深入研究的议题（杨宇振，2009）。

① 回应于“构想我们的现代性：20 世纪中国现代建筑历史研究的诸视角”的会议主题。

如果说现代性存在于资本主义、工业化和城镇化的矩阵中，存在于地方的物质基础、社会组织、制度和观念状况中，那么意味着不同的资本主义发展程度、不同的工业化进程、差异的城市化状态，以及地方的物质、社会和观念的不同关联，生产着差异化的现代性（modernities），也就意味着没有单一的、绝对的现代性（modernity）。

然而，任何地方（一个复数的名词，具有不同空间等级/边界的复数名词）至少需要面对两个基本问题：（1）同一空间的不同时间："过去的我们"；（2）并置时间的不同空间："我们与他们"。因此，至少从这一点上看，却又存在着一种同一性的现代性：在时间与空间流变中的自我身份辨识（"自我"同时也是一个变化的主体、多样化的主体和处在包容他者与被他者包容的状态）。

我想按照时间的近、远依次引用库哈斯、杰姆逊和马克思的相关论述。第一个内容是刚刚过去的 2014 年威尼斯建筑双年展的主题"现代性的吸收"（absorbing modernity）。库尔哈斯在解释这一主题中谈到，参展的 66 个国家的现代化历史（1914—2014 年）共同展示了一个令人惊悚（terrifying）的世纪，"几乎每一个国家被摧毁、分割、占领、耗尽以及受到心理上的巨大创伤，然而最终还是存活"（Koolhaas，2014：17）。他谈到，在 1914 年，谈论各个地方的建筑似乎还能够成立、还有点意思；但一百年后，随着战争、革命、不同的政治体制和国家发展、技术过程等，曾经是特别的和地方性的建筑，似乎变得全球化了和可以相互替换。他问："地方的特征（national identity）屈服（sacrificed）于现代性了吗？"（Koolhaas，22）他并不期待这一主题是一个集体的对于现代性凯歌的赞颂，并解释了"现代性的吸收"类同于在一场血腥的拳击中拳击手身体对于暴风骤雨般击打的吸收和回应，是一种交互的状态。通过这 66 个国家的案例，库哈斯讲："在设想的普遍性现代（universal modern）

的‘同一性’表面下，每一组策展人展示了内嵌在他们国家的现代性中的地方特性和气质……展示了对于地方特质的持续强调，然而也许还深藏着对于这些特质潜在可能消失的晦暗的焦虑。”最后他说，最初许多国家现代化的理念是非常清晰的宏图，现在转变为一种更模糊不清的“具有民族特色的现代性”，“从‘全体的现代性’（modernity for all）出发，我们走向了‘为每个群体自己的现代性’（to each their own modernity）”（Koolhaas：22）。

库哈斯的主旨是说，过去的这一个世纪各个国家经历前所未有的剧烈变化，是某种模糊不清的现代性与各个国家互动的过程，体现了不同国家对于现代性的差异吸收，以及在这一过程中，对于可能的、原本具有自身独特性的“身份”消失的高度焦虑。在这一过程中，提出的类似问题还有各个国家是生产“同一现代性”，还是“差异现代性”？

弗雷德里克·杰姆逊在《现代性的幽灵》中部分回答了这一问题。他在文章的最后说：“无论你多么不喜欢英美现代性模式，无论你如何不喜欢这种现代性为你预备好的‘低贱者’的位置，这种不快都会被一种令人放心的‘文化’观念所打消，它告诉你，你可以根据自己的文化塑造一种不同的现代性，所以日后可以有拉丁美洲式的现代性、印度式的现代性、非洲式的现代性，等等。……但这样我们就忽视了现代性的另一个根本意义，这就是全世界范围里的资本主义本身。资本主义全球化在资本主义体系的第三或晚期阶段带来的标准化图景给一切对文化多样性的虔诚希望打上了一个大问号，因为未来的世界正被一个普遍的市场秩序殖民化。”（杰姆逊，2002）杰姆逊十分明确的回答是，晚期资本主义的市场秩序是唯一的可能。

杰姆逊不是唯一的持有这一观点的人。早在工业革命初期，马克思就认为，大工业革命“创造了交通工具和现代的世界市场，控制了商业，把所有的资本都变为工业资本，从而使得流通加速（货币制度得到发展）、资本集中。大工业通过普遍的竞争迫使所有个人的全部经历处于高度紧张状态。它尽可能消灭意识形态、宗教、道德等，而在它无法做到这一点的地方，它就把它们变成赤裸裸的谎言。它首次开创了世界历史，因为它使每个文明国家以及这些国家中的每一个人的需要满足都依赖于整个世界，因为它消灭了各国以往自然形成的闭关自守的状态。它使自然科学从属于资本，并使分工丧失自己自然形成的性质的最后一点假象。它把自然形成的自然性质一概消灭掉，只要在劳动范围内有可能做到这一点，把所有自然形成的关系变成货币关系。它建立了现代的大工业城市来替代自然形成的城市。凡是它渗入的地方，它就破坏手工业和工业的一切旧阶段。它使城市最终战胜了乡村。……大工业造成了社会各阶级间相同的关系，从而消灭了各民族的特殊性”（马克思，恩格斯，2008a：114–115）。

无论在马克思、杰姆逊还是库哈斯的论述中，都存在着一种空间的尺度，局部空间与更大空间之间的关系，一种不断变化的空间边界与空间间性。[①] 现代性的内涵与这种不断变化的空间边界正相关。

1.2　空间与自由

哈贝马斯指出西方现代性的重要特性是“主体的自由”。汪晖解释道，“在社会领域，这种‘主体’的自由的实现就是由民法保障的追求自己利益的合理性空间；在国家领域，它在原理上表现为参与政治

① 关于“空间间性”更详细的讨论见：杨宇振．新型城镇化中的空间生产：空间间性、个体实践与资本积累[J]．建筑师：2014（4）．

意志形成过程的平等权利；在私人领域，它是伦理的自主和自我实现；在与私人领域相关的公共领域，则是通过公共意见和公共文化的形成，促使社会的和政治的、权利的民主化；在国际领域，则是现代民族国家的主权建立；在艺术领域，则是艺术的自主性的实现等”（汪晖，2009：3），也就是说，自由是现代性的核心内容，然而这立刻涉及如何理解“自由”。

空间状态及其变化是现代性表现之一，它和自由内涵的变化紧密相关。布罗代尔在《文明史》一书中谈论了空间与自由，认为随着罗马帝国的解体，其辖区四分五裂，各个地区“按照自己的方式自由地成长，就像荒野中的植物那样。因而每一个地区都能够发展成为一个健壮的、具有自我意识的实体，随时准备保护她的疆土和独立”（布罗代尔，2014：338）。布罗代尔也指出了，这种自由不是一种单一的自由，而是复数的自由。但他明确指出了：

“‘自由’一词我们仍需要加以准确的界定。在这里，它指的与其说是个人的自由……倒不如说是团体的自由。……‘libertates’指的是保护这一集团或那一集团、这一利益或那一利益的公民权或特权，它利用这种保护剥削他人，采用的手段往往不知廉耻。”（布罗代尔：340）

布罗代尔也谈到了具有现代意义的城市的自由。通过长距离贸易超越地方的限制，以及从宗教和贵族中或者通过斗争，或者通过交易等方法，城市获得了它一定的自治的权利，一定权限范围内的自由。类似地，布罗代尔再次指出：

“城市自私自利，一直保持着足够的警惕，残酷无情，随着准备未来捍卫它的自由与世界其余的部分进行斗争，市场对别人的自由不

表示任何关心。城市之间血淋淋的角逐是后来出现的民族国家斗争的先声。”（布罗代尔：345）

进而，随着市场野蛮竞争和现代战争的出现，民族国家压制了城市的自由、宗教和贵族的力量，“每一个现代国家都希望自己是独一无二、不受控制和自由的，国家的理由成了最高的法律。这是西方政治制度脱离传统的王权及其家长制的和神秘的腔调，朝着法理学家的现代君主制演变过程中的第一个阶段迈进”（布罗代尔：346）。除了宏观的状况，布罗代尔进一步讨论了个人的自由。随着市场经济的发展，新旧社会组织的变迁，“在日常生活中，个人重新发现了某种选择的自由。但是与此同时，现代国家机器强加给他们一种严格限制这种自由的秩序。个人对社会负有义务，必须尊重特权和享有特权的人”（布罗代尔：349）。

在这种情况下，17 世纪以来，在“一个城市的、已经资本主义的、迷恋效率和秩序、按照同样的精神，为了同样的目的塑造国家的社会”，“不仅对穷人，而且对社会中所有‘无用的’部分，对所有那些不参加劳动的人，实施了一种严格的‘培训计划’”（布罗代尔：349），自由地限制这些下层人员身体移动的自由——一种最基本的自由，将其限制在各种各样特设的机构中（如医院、工场、济贫院、教养院等）并强迫他们劳动。

布罗代尔也谈到了经由拿破仑的“在法律面前人人平等，废除封建特权”，各种自由转变成了一种自由；进而自由主义变成一种合法或被滥用的信条。类似地，布罗代尔指出：

“事实上，‘资产阶级’的自由主义首先是针对贵族旧制度的一种防御行动……换句话说，资产阶级对自由主义的支持绝非它表面显现

出来的那种样子，而与昔日真正目的在于寻求特权的集团争取自由的斗争极为相似。”（布罗代尔：353）

当然，最后布罗代尔也谈到，经过了英国光荣革命和法国大革命后的自由主义，一种反对专横独裁的政治信条，不只是特定阶段的产物，“对西方文明来说，它是一种高尚的理想；不管它已经在多大程度上遭到玷污或者遭到背叛，它依然是我们的遗产和语言中的一部分”（布罗代尔：354）。

通过布罗代尔对欧洲历史过程的简要解读，可以得出以下几条结论：

第一，在历史过程中，自由的概念发生着变化。自由与空间边界的变化相关。局部空间内的自由（如封建领主领地内的自由、城市的自由），逐渐被更大的空间范围内定义的自由所替代（如民族国家）。[①]

第二，自由的相对性。自由是一定空间边界内的集团或者利益群体的自由，这种自由是此空间之外的群体的不自由。

第三，对于个人而言，获得一种自由的同时（意味着解放旧有的束缚），陷入新的更大的限制——马克思在《德意志意识形态》中讲，创造了新的条件却反过来被这些条件所塑造。

第四，自由本意尽管遭遇各种挪用，却仍然是现代性的核心。

---

① 一个潜在的，也令人深感兴趣的问题是，是否有可能出现完全同一性的“全球空间”？如果可能，那么与空间尺度和边界相关的自由及其内涵，又会是什么样的呢？

1.3 我们的现代性

我们的现代性——中国的现代性，如果承认存在着特殊的地方的现代性，那么它应起源于市场的全球扩张，资本积累的力量、工业化的力量(通过现代战争的力量)穿刺王朝边界的开始。从这一刻开始，“脱域”(吉登斯，2014) 便成为持续的进程，一个虽有停滞却未曾有停止的过程。

一种基于突出的历史事件的判断[①]，中国现代性意识可能来自 1840 年的第一次鸦片战争，而现代性的生产大概可以从 1901 年开始的清末新政时期算起。这一生产和大多数后进王朝、国家一样，带有一种急峻性，也许可以称之为急峻的、激进的现代性生产。我想用夏志清在《中国现代小说史》中对 20 世纪初以来的中国文学作品评价来讨论。文学作品是观念相对直接的表达，它的状态在一定程度上映射了社会的基本状况。夏志清认为，总体上，现代中国文学作品中表现出来的是道义上的使命感，是对国家进步的渴望、对社会黑暗的揭露和批评，它更多是指向内部现世状况的。这和西方现代文学作品中表现出来的对于探讨现代文明的病源很是不同。他说：“英、美、法、德和部分苏联作家，把国家的病态，拟为现代世界的病态；而中国的作家，则视中国的困境为独特的现象，不能和他国相提并论……这种‘姑息’的心理，慢慢变质，流为一种狭隘的爱国主义。”(夏志清，2005：359)

相近的例子是，原来强大的、荣耀的奥斯曼帝国解体后成立的现代民族国家土耳其同样面临着东西之间、传统与现代之间冲突的困境，这一困境弥漫在日常生活之中。面对这种状态，奥尔罕·帕慕克说

① 现代性的出现与生产不会突然出现，是历史过程的产物。之后关于现代性出现与生产两个节点的判断，是基于较为突出的历史事件为时间节点。

道：“我认为，西方并不是一种概念……它一直是一种工具。只有在将它当作工具时，我们才能进入‘文明进程’。我们渴望我们自己的历史和文化中不存在的东西，因为我们在欧洲见到了它们。我们用欧洲的威望来证明自己要求的合理性。在我们国家，欧洲的概念使诉诸武力、激进的政治变革、无情的割断传统成为理所当然的事。大家认为西方强调上述的欧洲概念，反映实证功利主义。有了这样的想法，很多东西，包括从增加妇女的权利到违反人权，从民主到军事独裁等，就变得合情合理了。在我的一生里，我看到我们所有的日常习惯，从餐桌上的举止到性道德，都受到了批判，发生了变化，因为‘欧洲人是那么做的’。这些事情我反反复复地在收音机上听到，在电视上看到，还曾听母亲说过。这种论调不是基于理性，而是排除了理性。”（帕慕克，2011：244）

对于处在现代流变过程的个人身份认同，帕慕克深刻且很有意思地指出，“西化者首先为自己不是欧洲人而感到羞耻。而有时，他又会对自己为了成为欧洲人而做的事情感到羞耻。尽管事情并非总是如此。他在努力成为欧洲人时，丢掉了自己的身份，他为此感到羞耻。他对自己是谁感到羞耻，对自己不是欧洲人也感到羞耻。他为这种羞耻本身感到羞耻。有时，他会抱怨，有时他会无可奈何地接受。当他的这种羞耻为大家所知时，他又会恼羞成怒”（帕慕克，2011：248）。个人如此，后进的民族国家同样处在类似的尴尬之地。

因此可以说，“我们的现代性”（“我们”首先就意味着一种空间的边界），对于后进国家而言，是一种普遍性的差异性和同一性。历史发展过程中，在资本积累、工业化（以及当下的信息化，应另文讨论）和城镇化共同构成的差异状态下，它指向一种与过去截然不同的状态，一种基于欧美发达国家呈现出来的政治、经济与文化状态，然而也是一种模糊不清、晦暗不明的总体状态（部分状况是帕慕克指出的它不是基于理性而是排除了理性）。因为落后，它的生产具有一种追赶性的急峻而具有普遍的同一性。如果说，先行的发达国家现代性的核心，是一种对于现代的反身性的、批评性的思考（吉登斯，2014），那么，对于大多数后进国家、发展中国家而言，这种人与现代世界间的关系的思辨可能更让位于对于“落后”的忧困、对于“进步”的焦虑。当下的状况是，指向的对象本身也出现问题后导致了新的秩序混乱。[①]

我想进一步追寻在历史发展过程中，“中国现代性”过程中的一段。总体上而言，1901 年以来的现代性生产是一种如前述的“激进现代性”。但是大致在 1911 年到 1927 年间，随着原有的整体空间解体，局部空间获得了相对的自由。这一时期，当然仍然处在“激进现代性”的总体情景下，但局部空间之间产生了一种以“自治”为关键词的、试图重建空间主体意识的“竞争现代性”。

也大致在这一时期，是早期中国民族工业博兴的阶段，是现代知识与技术广泛引入与应用的时期；是资本加速积累的时期，快速再结

① 高全喜在《百年中国与保守的现代性》中讨论道：从现代性的演变逻辑来看，我们 170 年来亟待解决的问题，对应的是早期现代时期即西方 17—19 世纪各民族国家曾经面临的现代性问题，而我们现在所必须应对的国际秩序却是 20 世纪和 21 世纪的世界新秩序，因此，中西方的现代性进程在时间上和任务上是错位的。这就使我们面临着两难困境：一方面我们要建设一个全面现代化的民族国家，而且是一个民主宪政的政治国家，这是西方各现代国家用了 300 多年的时间才完成的；但是另一方面，西方现代社会的政治状况却逐渐出现了去国家化的趋势，民主宪政的现代国家的弊端以及国际秩序的不合理、不公正弊端日渐显示出来。也就是说，我们的国家建设以及现代化道路遭遇后现代政治的狙击，建设民主宪政的国家的正当性和开放的现代社会的合理诉求，面临后现代社会和全球化的挑战。此外，我们又是一个文明古国，三千年来的政治文化传统使得我们建设国家的任务必须解决好与传统体制的关系问题。因此，诸多复杂纠结的问题，需要我们审慎地处理中国特色与世界格局、现代模式与多元主义、历史传统与普世价值、本土资源与异域制度等多方面的关系。

构了社会组织，生产着社会分工和阶层分异；这一时期，也是城乡关系发生剧烈变化的时期，城市的繁荣与农村的败落形成鲜明的对比。各个亚空间中如布罗代尔描述中世纪各邦国的状态“野草般自由成长”（这当然是一种竞争状态下的“自由成长”），但却是内容相对一致性的发展。

在物质层面，模范市场、模范住宅、公园、博物院，以及一波三折的拆城筑路等成为各亚空间内普遍性的现代化议题和实践（也有部分亚空间首先意识到农村问题对于中国，或者说对于本身的重要性，着手研究和实践农村问题的解决）；在社会组织方面，一方面大力扶持和促进地方的社会自治（尽管总体而言这是“由上而下”的行政性工作，但同时也是地方新士绅介入政治和行政的一个通道）；另一方面，出现了新型的以“市政”为关键词的一系列变革和相关机构，其中包括“市制”的探讨和摸索（始于1908年的《城镇乡地方自治章程》，见杨宇振，2009）、“商埠督办”“市政府”的出现及下属的警察局、教育局、工务局等具有现代意义的组织和机构的出现（国家和社会间新型关系的重要载体）；其中，也意味着经由组织和机构，新型的、现代的知识和技术获得了应用的途径和渠道，引发传统与现代之间的各种冲突；也经由这一过程，掌握有这部分知识与技术的人员逐渐被纳入国家管理的架构中，如彼时技正、技副的认定。同时，更为关键的是具有现代意义的法律体系的建立。比如，1921年的《广州市暂行条例》等，经由这一基本的条例及其模范性实践，影响了之后国家的市制制定，影响了更大范围地区城市的物质和行政实践。当然，这一阶段有它的特殊性，却不能决然和之前的清末新政分开，也不能和之后的所谓“黄金十年”分开。但我想强调的是，这一“竞争现代性”的阶段，是早期现代中国现代性茁壮萌发的重要时期，它当然如前所述，有着共同的某种不甚清晰的“进步性”的取向，但同时却又有着对多种可能性的探讨和实践。

建筑，作为总体要素中的一种，是现代性载体的一种。中国建筑，作为总体状况的中国现代性（如果我们承认它的特殊性而存在）的分形，它不仅是形态的美学或者社会学问题、不仅是知识与技术应用的过程和产生的问题、不仅是自身领域内的组织与制度架构问题，也不仅是观念和话语的问题。它当然有作为“建筑”这一名词差别于不同名词的内部特质（如建筑的生产方式、材料与技术、空间组织与形态的变化等），但弥漫着总体现代性的状况，追随总体现代性在时间与空间过程中变化而变化。而这一地方的（中国的）现代性又落入更大的空间范围内的现代性，与之互动而产生形变。这一互动不是虚空之物，要回到资本积累、工业化和城镇化的过程中，回到资本、权力、社会、环境和日常生活共同构成的基本框架中来。如果说，现代性存在着某种普遍的指向，比如，前面谈到的反身性的、批评性的思考、对于人类自身生存状态的思辨，那么，建筑又如何回应这一现代性的主题呢？中国建筑曾经有过这样的探讨吗？

2. 激进现代性：近代中国社会住宅的生产

建筑与现代性的探讨可以从不同层面进行，比如早期比较普遍的从官方建筑形态的合法性表征入手，来讨论传统与现代、体与用之间的关系等。在这里我想以“社会住宅”作为讨论的对象，简要论述社会住宅生产的现代性问题。社会住宅作为一种普遍的现象，是资本积累、工业化以及城镇化带来的共同问题。资本积累促进了资本的流通、社会的分异；加大了社会的两极化；工业化是技术创新和劳动分工的结果，以泰勒主义、福特制为典型组织模式，它是一种生产方式，也是形成社会关系的主要力量；城镇化是包括资本积累、工业化在内的要素与过程、与地方的“国家——社会”状况相结合产生的状态；对它的本质有不同的解读。笔者的理解是，城镇化的核心是促进交易效率，降低交易成本（不仅是商品的交易，也包括知识与技术的交易）的产物，是历史过程中一种基于追求“交易效率”而形成的人类生存状态。相比较资本积累和工业化以资本、知识、技术为要素的高流动性，城镇化是在地化的，是与一定空间范围内的人群和社会生产与再生产相关的过程。它一方面是流动性的结晶，却依附在地方的地理、历史和社会的状况中。社会住宅的应对和处理集中地反映了资本积累带来的社会分异和两极分化、工业化的劳动分工以及城镇化过程中国家与社会之间的状况，与现代社会中一般人的生存生活状态相关。

“社会住宅”是一个通约的提法，它指向主要为社会一般人群提供集中的居住场所，以下讨论中包括了历史情景中较为普遍使用的“平民住宅”“劳工住宅”“新村”等词语。社会住宅的问题随着城市化进程的进展，在清末新政时期已经开始出现，但较大规模的应对是在 20 世纪 30 年代。以下使用的主要历史文献集中在 20 世纪二三十年代间。

2.1 平民住宅作为现代问题：权力合法性的困境

平民住宅不是新政府遇到的最早问题。如何从细密的、传统的城市肌理中突破出来，新修马路、建设模范住宅（往往在城郊）通常是最初的物质实践。这些增量性的建设，需要由新机构来执行，通过新语言来表达。比如在 1928 年的《广州市市政公报》上有一则报道谈道：“市政府为发展交通、扩充市内区域，特规划展筑模范区、建造模范住宅……市民领略清新空气，不独精神愉悦，且卫生上亦受利益。”然而随着都市产业发展和人口的持续密集，一般民众的住宅问题便成了棘手的问题，它是资本流动性、权力的地方性以及劳动力流动性及其再生产冲突的产物。

对于地方政府而言，财政的捉襟见肘与必须处理不断涌现出来的社会问题是一对尖锐的矛盾。从目前的历史文献上看，建造平民住宅的时期主要集中在 1928—1937 年间，主要的建设城市在广州和南京（作为南方军阀前后两个不同时期的都城）、武汉、上海等，然而建设的规模都很有限。新政权的合法性至少需要体现在两个方面，一是促进资本积累（彼时主要体现在以工业化为依托的现代化过程）；一是改善民生的问题。① 改善民生当与促进积累关联在一起，但对于地方的新政权而言，主要体现在“市政”实践，尤其通过改善公共服务与设施为主要内容，平民住宅是其中构成。如有报道：“上海市政府平民住所委员会自去年八月于闸北全家庵路及沪南两处，建造平民住屋五百间，近已完工，由码头工人及人力车夫等一般平民迁入居住，在最近复将添平民住屋一千间……并设公共礼堂及民众教育馆，籍便发扬党义，宣传文化。不久即将兴工。市府当局能努力于这种下层工作，脚踏实地地做，实非空嘴说白话，高唱民生者所能望其项背，我们以为各地市府及行政当局应视为模范，勿让上海府专美。”（佚名，1930a：105）

大概在 20 世纪 20 年代，彼时欧美盛行的社会民主思潮被广泛介绍到国内，其中有大量讨论平民住宅的建设。国内的大都市，如上海、广州等，都面临着住宅紧缺的问题。在一篇《房租问题与住宅协社》的文章中，作者讨论了上海房租的暴涨，虽然希望制定标准房租和加征土地移转税的政策，但其认为由于市场竞争的铁律和立法权操弄于资本家之手，使得这一政策没有制定之可能。他提出参照英国的租户组合（tenants’ co-partnership），通过小群体的内部运作（包括众筹、贷款等），为成员提供较低的房租；同时，通

① 更详细的讨论见：杨宇振．新型城镇化中的空间生产：空间间性、个体实践与资本积累 [J]. 建筑师，2014（4）.

过这一集体性的组织，提高团体生活的水平、道德与智识的水平（坚瓠，1921）。在另外的一篇文章《英美之住宅建筑合作社》中，作者认为政府执行的平民住宅政策是消极的政策，说道：“逝年来国内各新兴都市，如南京、杭州、上海等地，莫不有房屋恐慌之患。……住为民生问题之一，与衣食行三者同其重要。建筑之目的，既在民生，政府对于人们住宅之需要，自不能不有相当之处以。此所以有平民住宅之议，谓应由政府广筑屋宇，以容此无家之人也。然以今日政府度支竭蹶，微论力有不逮，就令广厦千间，以今日失屋之众，蒙其泽者，势亦难其普遍。”（修爵，1931：20）进而提出了合作建设住宅的模式，通过抵押贷款等多种方式筹集资金建设住宅。

也就是说，在广州、南京等城市的地方新政府，带着一种早期的社会民主的理想，试图努力去应对和解决社会住宅问题，但立刻就必须面对资本主义发展带来的普遍性问题，也是现代性的问题——资本流动性与劳动力再生产带来的居住问题；恩格斯曾在《英国工人阶级状况》中深刻而精彩地描述和讨论了这一困境。地方权力合法性来源的主要基础是促进资本与劳动力的结合（扶持经济发展，提高就业率），另一方面是维持和改善劳动力的生产与再生产。但其中的悖论和困境是，资本积累越有效（除了资本积累内部各要素优化之外，在高度竞争的状态下，往往还需要地方政府减免税收），就会带来越多的劳动力聚集，就需要更多的社会住宅、平民住宅，进而地方政府越无力处理这一问题。完全由政府提供的社会住宅成为一种少数人（绝大多数人的需要，却只有少数人有可能获得）的空间供应品，无法进入资本积累的循环中而成为不可能完成的任务。

如何建设平民住宅一开始就存在着不同的声音。完全由政府负责被认为是一种不切实际的想法，而通过局部空间的自组织，与更大范围的社会之间通过现代金融手段，来实践建设的可能是较多被讨论的议题。对于住宅的形式上，往往以“卫生、干净”，以“日照和通风”作为进步性的宣称；把西洋住宅称为新住宅，中式住宅称之为旧住宅。这亦即体现了一种基本倾向。又如，南京政府在指定平民住宅标准时，将其分类为甲、乙、丙三种（后来又增补了更低标准的戊种）（图1、图2）。另外，对于居住在“平民住宅”中的居民，集体生活和道德规训往往是潜在的指令（如前所述“发扬党义，宣传文化”），是布罗代尔说的某种自由下的强加秩序；最后，并非没有关系的是，在这一时期的文献中，很少看到有建筑师介绍平民住宅布局或者形态，但对于西式的高级“洋房”，对于西式房屋中的装饰是专业刊物《建筑月刊》《中国建筑》等中可见的主要信息。①

平民住宅的困境背后有深层原因，其中之一是公私关系，特别是土地产权的公私关系。

2.2 “涨价归公”的虚影：土地的公私产权关系

社会住宅建设首先遇到土地产权的问题。民国政府新政权承接的是一个由细密的私人产权与王朝产权（指的是包括国家行政体系所占有的土地和建筑物）共同构成的状况。民国初年的地方建设，往往是从占用王朝产权的土地和建筑物开始的。比如在重庆，把原有的重庆府衙改为蜀军政府财政部，进而改为重庆市商会，川东兵备道署改为民政司，后改为第一模范市场等。城墙的产权归属稍微复杂一点，因为它不仅是“王朝产权”，也关系到一个地方的安全、风水格局等，但终于还是在各种力量的推动下，包括新政权建设缺乏

① 这些刊物中有“经济住宅”的条目，但所谓的“经济住宅”均是西式独栋两到三层的房屋，与彼时平民住宅无关。

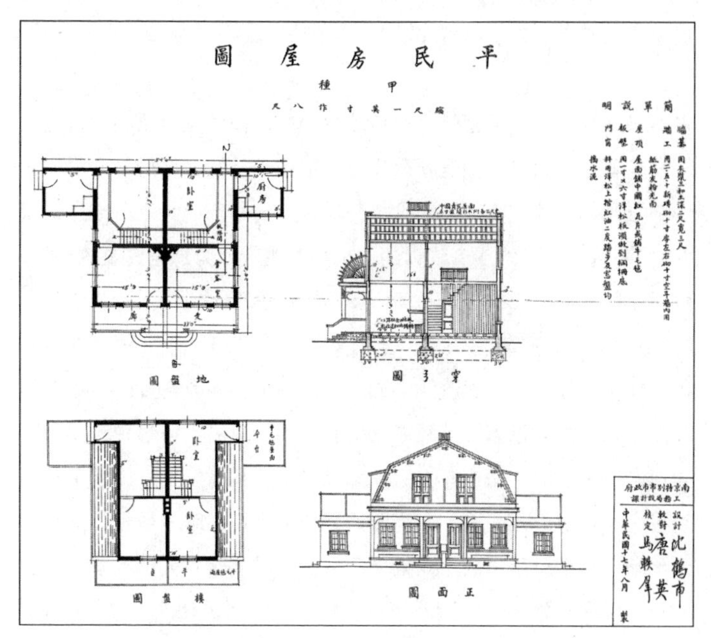

图 1　南京市工务局设计科制定的甲种平民住宅图样
[图片来源：南京特别市市政公报，1928 (20)：插图]

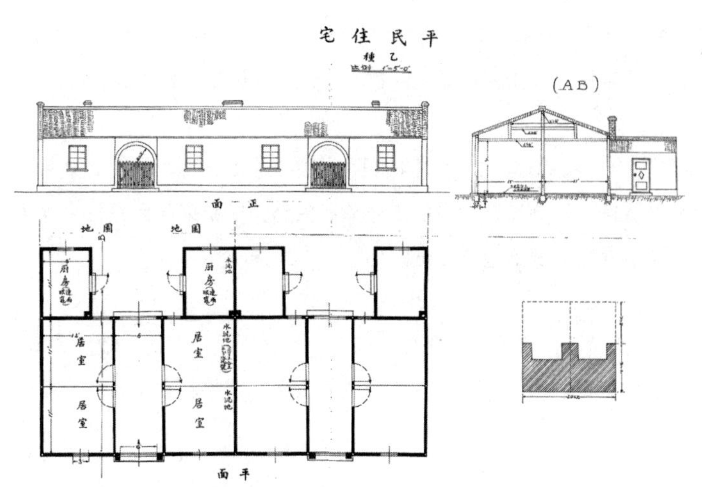

图 2　南京市工务局设计科制定的乙种平民住宅图样
[图片来源：南京特别市市政公报，1928 (20)：插图]

资金和需要空间的状况下，相当一部分被拆除用于筑路。[①]

占有旧政权的土地和建筑用于新政权的行政空间是容易的，也是民国初年普遍的做法。但是新政权更希望用新空间、新形态来展示权力的正当性和先进性。然而这立刻就涉及公私产权关系。于是，以“公共利益”为目的或者借口的“土地收用”成为加速建设的必须，然而也引起了社会的强力不满和反弹。有报道《强收民业》中谈道：“民业之保障，在法治国家，至为重视；故政府对于人民产业，非遇有特别用处……不能收用。诚以收用民业，流弊甚多，若不严加限制，则一方面无以杜绝政府之滥收，别方面亦无以维护人民之法益也。……试问广州市年来之收用民产也，果有特别之用途乎？则无有也。开辟近郊一事，即为收用民业者所持之唯一理由，然而郊外土地，收用之后，政府只知加高低价，转售诸别人，其于原日业主业权之有无损害，初固非所计及也。”（佚名，1933：122）对于社会住宅的建设，也是如此。尽管是为社会平民提供居住场所，仍然需要征用或者购买私有土地才有建设的可能。而也往往如《强收民业》中所说，最后以“公共利益”或者“特别用途”的政府建设，主动或者被动作价在市场上销售了，进而削弱了权力的合法性。

早在 20 世纪 20 年代，孙中山很可能受到亨利·乔治提出的“单一税”影响，认为城市地价的上涨非私人努力的结果，而是社会发达带来的变化，因此应“涨价归公”：

“所增之价，悉归于地方团体之公有。如此则社会发达、地价愈增，则公家愈富。由众人所用之劳力以发达之，结果其利益亦众人享有

① 关于城墙作为公共工程体现出来的国家与社会之间关系的讨论，可见：杨宇振 . 大型公共工程、国家与社会：清代重庆府城城垣维修 [J]. 城市地理，2012（S1）.

之。不平之土地垄断、资本专制，可以免却，而社会革命、罢工风潮，悉能消弭无形。此定价一事，实吾国民生之根本大计，无论地方自治，或中央经营，皆不可不以此为着手之急务也。”（孙文，1920：205）

孙中山曾经力邀在德国租界青岛以武力为后盾而执行“单一税”政策的主要执行人单威廉到广州协助孙科制定相关政策，但由于存量产权的复杂性，新政策引起剧烈社会反应而未能够执行。这一理念虽然保留在后来制定的《土地法原则》（1928年）、《土地法》（1930年），但终于还是没能够实践和落地，成为一个虚影。[①]

社会住宅建设背后与土地产权相关，而土地作为彼时最主要的生产生活资料，土地权属关系是社会关系的体现。进而，对土地公私产权关系（及其受益方式）的调整，本质上是对社会结构与社会关系的调节。彼时的新政权缺乏这样的能力。这一调整一直要到1950年以后，分别在大陆和台湾地区才出现新的状况。

2.3 “新村”实践：从观念到商品

“新村”与“平民住宅”相比，更重视集体的生产生活，而不仅仅是房屋本身。这一名词最早来源于1919年周作人对日本新村的介绍和引入。然而，泛意义上的“新村”最开始并不来自日本。它是传统社会在面对资本积累、工业化和城镇化快速发展的状况下，少数社会人群对人类自身发展的思考和实践。我们当然可以追溯到托马斯·摩尔、欧文、傅里叶、勒杜等人，也可以重读霍华德“田园城市”的理念和柯布西耶“光辉城市”的宣言。总体而言，在社会

---

① 一篇有讨论深度的文章可见：张景森. 虚构的革命：国民党土地改革政策的形成与转化（1905—1989）[J]. 台湾社会研究季刊，1992（13）.

快速转变的状况下，对于人类自身生存方式的思辨和实践大致可以分为两种类型，一种是社群主义的、分散的和向后看的；另外一种是全球化的、激进的和集中的。但不管是哪一种模式，寻找与当下的不同可能是共同的，“新村”是尝试的一种可能。

“新村”从引入开始便不断发生变化。它从最初的对于集体在社会转型时期的总体居住想象，逐渐分化，因着各种目的，变成对一部分人的居住方式的实践，各种“新村”日渐浮现。在 1933 年有一期《劳工月刊》中对“劳工新村”有着详细规定和描述。由民国政府工商部总务司编辑科拟定的《劳动新村设施大纲》，内容体现了新政权对劳工集体生活的指定和规训。在 1929 年《工商部筹建首都劳工新村》一文中谈到，建筑劳工新村的必要性，引用蒋介石的论述，认为生活环境不佳妨害健康，且无教育，进而在一个“商战之世”，工作能力低下带来的竞争力低下。也就是说，劳动新村建设的最终目的是为了提高竞争力，通过劳动新村的建设是为了促进劳动力的有效再生产。工商部还提出了一个空间模型（图 3），和模范新村对比，居住、教育和规训、娱乐是中心内容，生产的部分被排除在外（佚名，1929）。然而，从在南京的劳动新村生产过程上看，一开始就是潜藏着必然失败的迹象，因为它是依靠官员“捐廉”，为全国“观瞻”，没有纳入资本积累的循环中来。

另外的一个例子是卢作孚在 1934 年关于集团生活方式的想象，很显然有强烈的“新村”影子：

“我们的预备是每个人可以依赖着事业工作到老，不至于有职业的恐慌；如其老到不能工作了，则退休后有养老金；任何时间死亡有抚恤金。公司要决定住宅区域，无论有家庭无家庭的职工都可以居住。里边要有美丽的花园，简单而艺术的家具，有小学，有医院，

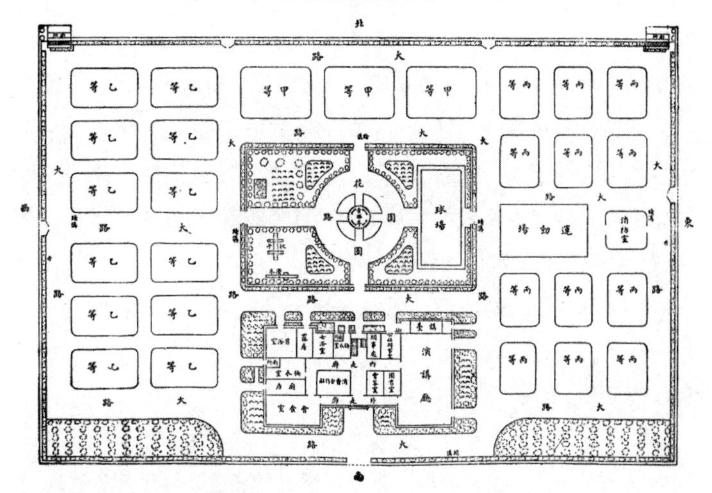

图 3　劳工新村总平面布置标准图样
[图片来源：劳工新村设施大纲 [J]. 劳工月刊，1933，2 (1)：16]

有运动场，有电影院和戏院，有图书馆和博物馆，有极周到的消费品的供给，有极良好的公共秩序和公共习惯。凡你需要享用的，都不需要你自己积聚甚多的财富去设置，凡你的将来和你的儿女的将来，都不需要你自己积聚甚多的财富去预备，亦不需要你的家庭帮助你，更不需要你的亲戚邻里朋友帮助你，只需要你替你所在的社会努力地积聚财富，这个社会是会尽量地从各方面帮助你的，凡你所需要，他都会供给你的。”(卢作孚，1999：339-340)

然而“新村”作为一种不同于“村”(传统社会支配性的集体生存方式) 的观念，一种回退到小空间的、希冀获得更多确定性的集体生存状态的观念，终于还是传播开来。在“新村”之前，叠加了各种形容词或名词，如“模范新村”“田园新村”“劳工新村”等①，成为一种

① 以及新中国成立后的“华侨新村”“地名 + 新村”(如曹杨新村) 等。新中国成立后计划经济时期的“新村”变成了一种分配品、一种“奖品”。

普遍性的认知。早期的新村建设，还将生产与生活结合一起的实践；然而这种模式受到流动性的巨大冲击，受到日趋深入和复杂的社会分工的冲击，如罗伯特·欧文的“协和新村”而消散在历史的过程中，成为一种乌托邦的记忆。后期的实践中，“新村”大多只留下以住宅为主的功能，成为“商品”，以“商品”的形式存在和流通，典型的如抗战时期由陶桂林营造的“嘉陵新村”（其中包括了杨廷宝设计的国际联欢社和孙科住宅圆庐）。

3.“建筑现代性”的可能

回到文章一开始提出的问题。是一种现代性还是多种现代性？现代性是单数还是复数？我的理解是，必须把现代性的本质与现代性的过程和表现形态区分开来。现代性的本质是在新的时期，人与世界关系的快速变化中对人自身生存状态的思辨，是一种对人自身解放和自由的不断追求。这一追求当然在古典时期同样存在，但是由于新时期时间和空间变化的加速，人认知空间领域的巨大拓展，获取它者信息的接近即时状态的变化、社会结构前所未有的转变、环境的巨变，促使对于人自身解放与自由的追寻更为急迫和必要。

对于欧美发达资本主义国家而言，这一过程大概启程于发现新大陆之后（新市场、原材料、劳动力等的开拓），繁盛于 19 世纪到 20 世纪中期；对于大多数的后进王朝、国家，卷入这一过程即是认知现代性的开始。也就是说，现代性必须依托要素、过程、相关组织等展现出来。如前所述，资本积累、工业化和城镇化共同构成了现代性的基质和过程要素。资本积累为了获取“利润”，是目的、工业化的技术过程，也是手段，而城镇化是促进交易效率、降低交易成本的过程和结果。最终，不同的要素组合展现了现代性的不同形态，而这一形态与空间领域占有、认知的变化而变化，存在于空间间性之中。资本积累（利润）是目的、工业化是手段，而城镇化是过程的结果，但三种都是抽象名词，它们必须依托具体组织才能实现，必须依托民族国家、社会和社会中的各种机构才能实现，通过不同空间的"解域""脱域"、扩展（或被吸纳）、结构和再结构的过程，现代性得以发展。

也就是说，只有一种、唯一的一种现代性。它的核心是人自身的解放和自由，从不断的被束缚中解放出来又被迫进入新的限制中，在这一持续过程中思辨和实践人的可能的理想存在。伴随着这一过程的，是吉尔·德勒兹提出的资本主义作为一种"公理"，不断对国家的"解域化"同时改变国家的形式和意义，国家（复数形式）成为"为实现超越国家的一个全球公理的诸种模式"，也是个体人不断被"机器奴役"和"社会服从"的过程（德勒兹，2008：157）。这种唯一性的现代性，是作为主体的人与变化的社会间寻找自由的可能性及其形态的过程和状态。这种唯一性的现代性也就并无具体、不变、固定的形态，它与时空变化联系在一起。

现代性的表现则和空间的变化状态关联一起，与现代化的过程关联一起，不同地区的地理、历史和文化过程呈现出现代性的多样表现。它们与差异的资本积累进程、工业化过程和城镇化状态相关，却通过全球与地区、地区与国家、国家与国家、国家与地方社会关系的调整，通过国家内部城乡关系的调整，公、私关系的调整，中央与地方关系的调整以改变个人与机构、社会间的关系，以及人与自然之间的关系。很有意思的是，德勒兹把资本主义作为一种"公理"，而把"公理"与"公理的实现形式"区分开来，认为国家是实现公理的模式，"这些实现模式虽然各不相同，但就它们付诸实施的公理而言应该是同形的……这种同形能适应最大的形式差异"（德勒兹，2008：157）。

文章中讨论 20 世纪上半期的社会住宅，是这一时期现代性表现的一种。它是前一阶段资本积累、工业化和城镇化共同带来的问题，是新兴民族国家试图促进劳动力生产和再生产的手段（提高商品竞争力），也是彰显权力合法性的表现，但却立刻面临地方的固定性和资本流动性之间带来的问题（有限的平民住宅既非通过市场解决，也无法解决普遍状况），遇到城市土地产权的社会调整（其本质是公、私社会关系的调整）。这些问题并非这一时期所独有，它们仍然是今天中国面临的普遍问题。它同时也体现了空间内部国家对于社会（在这个案例中经由社会住宅组织和实践）规训的强烈意图，却因为生产过程无法进入资本积累，进入市场而“昙花一现”。这一时期的社会住宅通过以周作人为主的论述和以胡适为主的论述，体现了两种极为不同的状况，一种通过与大社会隔离，生产小社群而“独善其身”；另一种是积极介入改变社会生产的条件而改变自身。

“建筑现代性”是一个模糊不清和多元意义的表述。“建筑”既可以是动词，也可以是名词（作为形容词）。作为动词使用时，它意味着对于总体社会的介入，对于人自身生存状态的批判性反思与实践。它与资本主义的发展历史、与全球化的过程联系在一起；与国家和社会间的变化关联在一起，对于每一个人而言，它存在于日常工作和生活的状态中。或者说，它一头连着宏观机制，一头连着微观实践。作为动词的“建筑”现代性，必须同时连着两头才不至于陷入或者狭隘，或者虚无的状况。

作为名词和形容词使用时，“建筑现代性”是作为动词的状态（一种是目的与方法，一种是手段）在建筑领域中的实践。作为名词的“建筑现代性”必须通过和借助动词的“建筑”现代性来生产，无法自身独自存在。必须指出的是，作为名词的“中国建筑现代性”，与其他类别的名词作为形容词的现代性（“某某现代性”）一样，如前所述，必须处理“同一空间中的我们”，往往被简化为“传统与现代”的论述；也必须处理与“不同空间中的他们”，往往被高度简化为“中与西”的论述；进而通过在时间与空间中的实践，获得一种独特性的，特别是合法性的身份辨识。

对于中国而言（也许包括大多数的后进国家），追求民族国家的建构，对于社会的规训支配了现代化的过程。城市与建筑空间的现代建构是生产“进步性”民族国家的一个重要内容；它们参与资本积累、工业化与城镇化的过程，介入了国家与社会关系的调整。但是，人的自由，对于现代性的核心和本质内容，对于人与自然间、社会间的关系，对于公共空间的属性与生产，对于激发作为主体人的批判性反思，和西方部分发达资本主义国家的状况相比，是相对匮乏和缺失的。

前面也说到，自由的内容与状态和空间范围紧密联系在一起。随着全球化进程的加速，空间属性的变化，生产着新的自由状态。如亨利·列斐伏尔、大卫·哈维的论述，空间是资本主义获得生存的重要路径之一。这一过程是从局部空间（如西欧）开始，向着更为广大的空间范围延展、扩散，通过空间范围的扩大，通过吸纳外部的要素（包括空间）来维持和生产内部的不均衡，来获得持续的生存。对于今日而言，资本主义空间的扩张依然在进程中，比如北非的国家已经开始成为资本主义蔓延的重要空间，然而可以预见的是，这一扩张有局限的可能性存在。在全球日趋成为一种空间的状况下，空间、自由与现代性的关系将会是怎样？作为主体的人在其中又会是怎样的一种状态？这仍然是一个巨大的问号。

（原文曾刊发在《时代建筑》，2015 年第 9 期）

规划展览馆中的城市再现与想象
（图片来源：作者拍摄）

One Kilometre City

Everyday Life, Crisis and the Production of Space

PART 2

第二部分 危机与空间生产

Crisis and the Production of Space

危机正日益严重地冲击劳动的资本分配，同时也反映到建筑领域……由于经济领域的缓慢变化，比如建筑界在结构上已经落后于时代……如果禁锢在樊笼中，无论怎样出众的表演都是徒劳，而建筑师们就关在这个天地中，在允许的一些通道之间绕圈子。

——曼弗雷多·塔夫里，《建筑学的理论与历史》，第四版序言

中国城市百年

历史、当下及判断

发展中国家植根于两个相对自主性的前提：面对全球经济的相对自主性使本国公司在国际领域具有竞争力，控制贸易和金融流动；面对社会的相对自主性……在生活水准的改进而非公民的参与上建立合法性。

——曼纽尔·卡斯特，《千年终结》，P293

1. 城市百年

我的面前摆着一本泛黄的、十二三厘米厚、超过1000页的书。这是一本中华民国十七年（1928年）出版、陆丹林编纂的《市政全书》。书的内页里用大字印列着一句口号："打倒旧城郭，建设新都市"。书名分别由谭延闿、马君武题写；于右任题字"建设之资"、

上海拆城之現象

The Demolition of the City Walls in Shanghai—actual work done.

西門城基

小南門城基

尚文門

大南門

1.—The City Wall of the West Gate.
2.—The City Wall of the Shiao Nan Men or Small South Gate.
3.—The City Wall of the Shang Wên Men.
4.—The City Wall of the Tai Nan Men or Great South Gate. Turned to be a thoroughfare.

上海拆城，1912 年
[图片来源：真相画报，1912，1（5）：10]

蔡元培题字“造我区夏”、许世英题字“市政津梁”、叶恭绰题字“树之风声”、黄郛题字“市政磁基”。书中有各国、各省市的市政建设介绍、有关于市政的基本理论和讨论、有国民政府市组织法、各省市市组织法规的内容，也有一些关于都市计划与筑路技术的介绍，以及彼时市政建设的各种书籍目录和刊物名称列表。书中有着不同类型的作者，包括张慰慈、张维翰、董修甲、孙科、吴英、赵祖康等。到了 1928 年，市政建设已经成为全国各大城市的风潮，成为建设一个进步的新国家的实验途径。

1927 年国民政府初步统一中国，在 1928 年 7 月 3 日颁布《特别市组织法》《市组织法》。全国各地的一些主要城市在接下来的几个月内或一两年内（1929 年重新修订了《市组织法》），逐渐完成市的建制。《特别市组织法》的第一条规定，特别市直辖于国民政府，不入省县行政范围；《市组织法》的第一条规定，市直隶于省政府，不入县的行政范围。也就是说，无论是特别市还是普通市，作为一种新的空间，将从连绵、细密的旧县的行政体系、空间范围、旧的地景中划分出来。这是一条十分重要的规定，使得市获得了相对独立的制度性空间。

然而这一划分并不开始于 1927 年。1921 年广州设市，30 岁的孙科任广州市市长。在他的回忆录中，孙科谈到他穷一夜之力拟就《广州市组织条例》（即后来的《广州市暂行条例》），随后得到陈炯明大力支持，成为广州市的组织法。钱端升在《民国制度史》中说，广州市为地方行政区域，直接隶属于省政府，不入县行政范围；市之脱隶于县，要自此始。《广州市暂行条例》还有一个特点，它的组织形式，在移植西方的组织制度过程中，没有选择代议制，也没有选择经理制，而是选择“变通”的委员会制度。其中包括，市长由上一级机构的省长委任；市长提名各局委员并呈送省长任命。这一由上而下的架构设置，没有得到广东省议会的支持，认为缺乏基本的自治精神，但却在陈炯明的支持和推动下得以通过，进而成为1928年国民政府制定《市组织法》的蓝本，成为全国各市组织的基本模型。

经由近20年的实践，在当时社会精英的普遍认知中，“地方自治”已经是深入人心的词语——尽管如何自治在具体过程中并没有找到很有效的路径；在更大程度上，它是地方精英寻求介入地方权力的一种路径和方式。经历几十年的内外交困后，“地方自治”成为清末新政的重要组成。1908清政府通过了《城镇乡地方自治章程》（1909年1月颁布），试图通过放权地方，放权城、镇、乡，促使地方民众辅佐官治，办理地方公益事业，包括学务、卫生、道路工程、农工商务、善举、公共营业等，改革“中央—地方”的基本关系，促进清国的活力。要求城、镇设置议事会和董事会，就本地的公产或者庙宇设立自治公所。议事会议员由地方选民选举产生，负责议决地方应行的兴革事宜、自治规约等；所决议之事交由董事会执行；议事会同时还兼有监督董事会职责。几年后清王朝瓦解，但地方自治顺应了瓦解后的地方需要，在民初设立的一些商埠等，一定程度上带有自治的色彩，市政过程中的重要事务需要向地方的参事会咨议。

我在《权力、资本与空间：中国城市化1908—2008》一文中，把1908年的《城镇乡地方自治章程》，看成近代以来中国城镇化的里程碑标志，看成中国现代城市产生的伊始。现代城市作为一种不同于以前的新空间，需要从旧有的行政体系和空间网络中切离出来。它往往既是新生产关系的结果，也是新生产力与生产关系最主要的空间。但它的开始，却通常在于旧体系对于这一新空间的赋权，试图通过赋权激发新空间的经济与社会活力，来缓解、应对旧有体系的各种危机——《城镇乡地方自治章程》就是这一赋权的开始。

作为新空间的现代城市依托于两个相互关联方面的发展。一方面是与外界的关系——这一层越来越呈现出支配性的状况。现代城市不是内部自给自足的静态空间，不是简单的城市与城郊或周边农村之间物质交换的场所，在更大程度上，它们是区域社会背景中现代交通结构和经济过程的节点，是流动性的节点。在孙中山的《建国方略》中，区域间的交通建设是其最有远见的构想。到了 20 世纪 40 年代后期，形成了全国基本的铁路网。铁路网主要分布在华中以东的地带，由东北至华南的地带。这一基本格局，构成了中国东西地区不均衡的基本架构。另一方面，是城市本身的建制与治理——处于一种与其他城市之间的竞争状态中。“建国必先建市，建市必先建制”是当时的一种认知。也就是说，要建设一个现代化的国家，就必须先建设现代化的城市，而建设现代化的城市，就需要建构一套合理的制度，包括合理的“中央——地方”间的制度、城市自身的现代化制度等。

就城市本身而言，1928 年的《市组织法》结束了清末至 20 世纪 20 年代初关于市组织形式的探讨，之后各地主要城市进入渐进的建设与治理过程。这一过程，不仅仅是物质建设，也是社会、文化建设的过程。但工务局对于旧城郭的拆建等是最显见的，最可感知的现象——“拆城筑路”成为彼时一个基本的建设模型，尽管过程一波三折（毕竟城墙是前工业时期中国府、州、县城的最大物质公共品，也是一个重要的文化象征）。建设新城市既需要破旧立新，以彰显新政权的正当性和现代性，也需要空间与钱财；而拆除城墙，销售城门楼木料、城砖、利用城墙墙基的空间用于建设新马路，符合了各种要求——某种程度上，西方城市如维也纳的拆除城墙，建设宏伟壮观的城市景观也提供了“先进案例”。在 20 年代，对于相当一部分主事者而言，现代城市的建设，就是马路、码头、路灯以及公园等的建设；到了 40 年代，随着城乡关系的加剧变化，城市生活的复杂化，社会分工的深化，各种城市问题的浮现，国外城市现象与理论的引入（包括苏维埃的城市），对于城市的理解一方面更加多样化和综合化（对于总体而言）；一方面却也更加的专科化和片段化（对于个体而言）。尽管战争影响城市的发展，市政管理的科层化、理性化却没有停止过基本趋势和实践方向。

建市过程中的“省市划界”“县市划界”也是一个令人深感兴趣和意味深长的问题。这是一个空间的问题，但又不仅是空间的问题。新市作为一种新空间，并不受县民的欢迎。现代市政建设必须从地方汲取剩余，县不情愿轻易丢失收益肥厚的地段，市的“纸醉金迷、霓虹闪烁”往往意味着道德的败落，市的混乱的各色人员流动潜藏着危险与不确定性。20 年代初，许多地方的商埠、市政厅行政的范围小，或者只是在旧有的城郭范围及其周边，或者是城郭外交通便利的一小块地段，因此不引起大的社会冲突。1928 年后各地普遍设市，立刻出现市的“治域”问题，出现与省之间的空间划界（特别市），与县之间的空间划界（普通市）问题。比如，广州、北平、上海、南京、成都、重庆等市都出现过省市、县市在划界过程中严重的社会冲突。这是新、旧空间博弈过程的一种。也可以从这一过程中看到，在现代化过程中新市的兴起和作为前工业社会基本治理单元的县的黯淡。主要大城市的划界问题从 20 年代末开始，一直持续到 40 年代后期，才算初步落定，构成了新中国城市发展的基本格局。

2. 城市四十年

1978 年后，特别是 1994 年实行一揽子改革后，城市化进程加速，城市建成区密度加大，用地规模扩张，城乡关系剧烈变迁，深刻地影响着每一个人的日常生活。这是中国现代化历史过程中社会最剧烈变化的一个阶段，经历这一阶段的人群既是他们（她们）难得的幸运，也是他们（她们）深刻的不幸。城乡物质景观的巨变，社会阶层的多元化和极化，价值观念的高度差异化，各种公共品的市场化，生态环境的退化以及地方历史物质载体的快速消失共同构成了急变、混杂和斑驳的社会景观。时空的加速变化和强烈的不确定性使得“焦虑”成为一种普遍经验。

20 世纪上半叶，城市的现代化是民族国家建设的希望与依托。在历史发展过程中，这一根本目的没有改变。尽管各种城市现象纷繁复杂、层出不穷和眼花缭乱，城市仍然是民族国家建设最重要的载体。国家需要通过城市的建设，生产全球化状况下的经济、社会和文化的竞争力。或者说，城市是国家的“骄子”而不是农村。

表 1 是一张新中国成立以来若干阶段国际与地区格局、国内经济形势与政策、面临的主要危机以及城市规划的应对机制间关系图，或者说是相关图。这是一张不完整的相关图，也是需要详细解释的图，但试图表达的是城市发展首先并不是，也不可能是自身独立的选择。国际（地区）与国家之间这一重支配性关系的变化、出现的危机，首当其冲传导到城市的生产；外部性的危机转换为城市内部的问题，也可能向更广的乡镇、村庄转移和扩散，经由空间和时间来稀释危机，缓解危机，化解危机。外部性危机的出现往往并不可预测，是复杂的总体运动、总体矛盾在某一特定时间在局部空间的表

表 1

国际（地区）与国家之间关系、危机与城市规划的应对

<table>
<tr><th></th><th>国际与地区格局</th><th>国内经济形势与政策</th><th>核心危机</th><th>城市规划</th></tr>
<tr><td>20 世纪 50 年代初期</td><td>朝鲜战争与苏联援华</td><td colspan="2">民族资本主义向国家资本主义的制度转变；“城市中国”的国家资本主导的工业化经济与“乡土中国”的小农经济对立，形成城乡二元体制</td><td>“工业城市规划和重大项目选址。为配合重点工业项目建设，全国十几个大中城市开展了大规模的城市规划编制工作。”大量引介苏联城市规划理论与实践</td></tr>
<tr><td>1958—1960 年</td><td rowspan="2">苏联的大规模外部性投资的终止</td><td>地方财政支出比重骤升；中央政府增发货币；高额赤字；农村集体化</td><td>赤字危机；城市经济萧条与就业岗位减少；偿还苏联的国家债务</td><td rowspan="2">·“三年不搞城市规划”
· 人民公社规划</td></tr>
<tr><td>1961—1962 年</td><td colspan="2">· 第一次城市青年上山下乡，危机向农村转嫁
· 农村集体化政策的调整</td></tr>
<tr><td>20 世纪 60 年代初期</td><td rowspan="2">外部全面封锁与周边地缘环境高度紧张</td><td>生产原子弹、国家“大三线”、地方“小三线”建设</td><td>赤字危机；彻底偿还苏联债务；城市经济的危机</td><td></td></tr>
<tr><td>1968—1970 年</td><td colspan="2">第二次城市知青下乡，危机再次向农村转嫁</td><td></td></tr>
<tr><td>20 世纪 70 年代初期</td><td>布雷顿森林体系解体（1971）中美关系恢复</td><td>引进西方成套设备的“四三方案”</td><td>国家扩大再生产的投资能力严重不足；财政赤字危机</td><td></td></tr>
<tr><td>1974—1976 年</td><td>（1972—）英、美为代表的新自由主义兴起</td><td colspan="2">第三次大规模的城市青年上山下乡，危机再次向农村转嫁</td><td></td></tr>
</table>

续表

	国际与地区格局	国内经济形势与政策	核心危机	城市规划
20 世纪 80 年代初期		· 价格双轨制 · 主要在城市的“两个严打”农村集体化开始解体；允许农村家庭承包；乡镇企业异军突起 · 城市企业“拨改贷”“利改税” · 中央与地方见财政“分灶吃饭” · 促进发展沿海地区的国家政策	知识青年返城，成为城市萧条经济中的待业青年，危机无法如过去转嫁农村，在城市中爆发	·“截至 1986 年底，全国 96% 的设市城市完成了总体规划的编制” · 特区（如 1982—1986 年的《深圳经济特区总体规划》）、城市经济开发区、高新技术产业开发区等的总体规划、控制性详细规划 ·《城镇国有土地出让和转让暂行条例》（1990） ·《城市规划法》（1990）
1988—1989 年	中国受到国际经济制裁	温铁军说的长期计划经济导致社会矛盾突出	物价闯关失败，诱发抢购挤兑和高通胀；滞胀危机；反官倒反腐败	
20 世纪 90 年代初期	1991 年苏联解体、社会主义阵营解体	· 1992 年放弃票证制度 · 1992 年邓小平南方谈话	出口产品严重挤压；经济萧条中央财政与地方财政比重的失衡	
1994—2000 年	· WTO 取代 GATT 成为进入全球化标志（1994） · 亚洲金融危机（1997） · 网络经济泡沫出现 · 全球出现新的地区经济合作	· 一揽子改革（汇率制度、金融制度、分税制财政制度、国有企业改革） · 教育、医疗等公共事业市场化 · 地方政府的财政收入日趋依靠土地财政，成为推动城市化的主体 · 住房制度改革，住房市场化（1997） · 开发大学城		·《中华人民共和国城市房地产管理法》（1994） ·《城市房地产开发管理暂行办法》（1995） ·《城市规划编制办法实施细则》（1995） ·《土地管理法》（1998） ·《个人住房贷款管理办法》（1998）

续表

	国际与地区格局	国内经济形势与政策	核心危机	城市规划
21 世纪初期	· 中国加入 WTO（2001） ·美国 9·11 恐怖袭击(2001)；“反恐”成为 21 世纪以来的常用名词 · 欧元正式流通（2002） ·《北京共识》(2005)	· 启动西部大开发，通过投资拉动 GDP 增长 · 启动东北老工业基地振兴（2002） · 四大国有银行商业化改制基本完成 · 全面取消农业税（2004） · 提出新农村建设战略（2005）		· 竞争中的城市与城市空间发展战略规划 · 城镇体系规划 · 大学城规划与建设 · 概念性城市设计与控规调整 · 分期建设规划 · 各种专项规划 · 新农村建设 ·《土地管理法》(2004) ·《城乡规划法》(2007)
2008—2017 年	· 美国次贷危机 · “We are the 99%”反抗新自由主义运动 · 世界金融危机与经济萧条 · 国际贸易保护主义浮现 · 哥本哈根世界气候大会 · 英国脱欧 · 特朗普当选美国总统，提倡“美国优先” · 民族主义抬头 · 东亚地区军事形势日趋紧张	· 4 万亿元救市（2009） · 加大对中西部基本建设投资 · 区域性高铁建设 ·出口退税补贴农民，扩大内需；“扩大内需”“提高竞争力”“城乡统筹”、产业“腾笼换鸟” · 加强“社会管理” ·“改善民生” ·“回购公共服务” · 三家巨型互联网公司“BAT”（百度、阿里巴巴、腾讯）影响，甚至左右社会生产与日常生活 ·“新型城镇化” ·“供给侧结构性改革” ·“一带一路”	· 2008 年国际金融危机与经济萧条以来，东部沿海大量外向型企业倒闭 · 外部市场萎缩，内需不足 · 社会极化日趋严重 · 城乡生态环境恶化 · 国际战略格局发生明显变化 · 地区战略格局紧张	·《城乡建设用地增减挂钩试点管理办法》(2008) · 区域规划 · 主体功能区规划 ·“新区”规划 · 城乡土地流转与新农村规划 · 保障房规划与建设 · 乡村规划、城乡风貌整治 ·《国有土地上房屋征收与补偿条例》(2011) · 国家级新区（2010 年以来密集设置）、自由贸易区（2013—） · 大数据与智慧城市、海绵城市、韧性城市 · 城市双修、城市设计、空间规划 · 特色小镇 / 传统村落

[根据温铁军的《八次危机》、杨宇振的《权力、资本与空间：中国城市化 1908—2008》《产权、空间正义与日常生活》、黄鹭新等的《中国城市规划三十年（1978—2008）纵览》等整理]

现。不可预测性随着全球化步伐的加快、全球互联的复杂性而加强，表现为越来越频发的突发性危机（不仅仅是经济危机），进而转化为城市需要短时应对的具体实践。

为了达到这一目的，和清末与民国时期相似，城市必须是一个被赋权的空间。城市需要在“中央—地方”的制度性框架下实践。这一制度性框架的设置，很大程度上决定了城市可能的发展前景。从改革开放后的历史过程上看，不断地增裂“新空间”是一种显见的模式。设置广义层面的、各种类型的“开发区”从未间断（尽管中间有过波动），包括“特区”“高新技术开发区”“国家级新区”“自贸区”“免税区”等，本身就是一个持续的赋权过程，它们构成中国城市化的一个显著的特点。它们既可以看成是旧城的空间扩展，或者是空间质量的提升，也可以看成是新的空间增量。但更准确的，它们应该被看成是异质性空间，与原来老城不同的异质性空间——因空间中政策的差异。相比较旧有的空间，这些空间具有更大或者更自由的权、能。从地方政府的角度看，在高度政治与经济竞争的状况下，尽可能扩大这些空间的容量与质量，是其重要的工作。这一模式在开始之初由于其制度的差异性而产生效能，但随着设置数量增加和制度性差异减弱而效能降低（制度供给能效降低）。应对这样的情况，只能通过不断赋权，不断经由赋权生产制度性的差异空间，来生产可能的更高的效能。

1994年的“一揽子”改革，特别是财税制度与金融制度的改革意想不到地推动了城市政府的土地经营和空间经营，与1998年的住房制度改革等，生产出一个巨大的房地产市场，史无前例地改变了中国城市社会的物质与人文景观——进而也使得城市住房问题成为一个严重的社会问题。仍然是在“中央—地方”制度性变革的框架下，在垂直树状向上级负责和水平同级竞争的状况下，地方被迫主动性地经营城市，销售城市，是一种政治与经济实践的路径选择；地方城市政府普遍从之前的管理型政府更多地向经营型政府转变——各种类型的城投公司已是政府运营城市的重要组成。

土地营销成为一项重要的收入后，城市政府在政策框架（也可能冒着风险溢出政策的限制）下，通过调整土地利用和城市总体规划，尽可能扩大土地规模；通过基础设施的投入，生产高溢价的土地。吸引各种（高新）产业落地生产，仍然是城市政府的基本工作。在这种情况下，在过去一段时间中，相当数量的“撤县设区”成为许多大城市增量的一种方式——这不由让人想起一百年前“县、市的划界”，市已然强势得多，庞大得多，结构复杂得多。如果相对简单地把“市”看成是一种新空间，看成是新生产力与新生产关系的新空间（“新”的定义本身在不断变化），把“县、镇、乡”看成是小农经济的空间，百年间市、县的权、能与空间规模的变化过程也可以说是中国现代化的过程，是逐渐将低效能的小农生产转变为现代生产方式的过程。

2008 年以来，欧美经济的萧条影响中国商品出口，随之转换为严峻的城市经济压力（受控于外部市场的压力与危机一直存在，并不开始于 2008 年），生产“市场”成为新时期的一种急迫的必要；城市社会从之前的生产“生产”进入了更需要生产“消费”、生产“市场”的阶段——虽然在国际劳动分工中，中国仍然是最重要的生产国。欧美发达国家的现代历史经验表明，供求关系转变将带来深刻的空间生产范式的转变。半个世纪前的 1968 年巴黎“五月风暴”运动往往被看成是西欧社会转型开始的标志。大卫·哈维在《后现代的状况》中解释，欧美社会从之前生产流水线的“福特制”转变为更加灵活积累的生产方式，根据市场需要灵活定制的生产方式，因此也带来劳资关系的变化。

为了在国际或者国内市场中占据高利润产品的位置，在竞争中获得比较优势，“腾笼换鸟”的产业政策是相当一部分大城市的实践，也是受到国家鼓励的实践。高收益、技术驱动型产业（包括金融产业和互联网产业）在少数大城市的空间聚集，次级产业向下一级城市或地区的转移，进一步加大了城市间的分异，生产了社会与空间的不均衡发展——然而它并不开始于这一阶段，如前述民国时期已然出现。计划经济时期通过政策、劳动力、产业等的计划性分配（特别是“三线”现代历史建设时期），一定程度缓减了地区与城市间的不均衡发展。在向市场经济转型的 40 年间，资源（包括高端劳动力）随市场自由流动，在特定空间配置的可能性与可行性加大，资本、生产资料、劳动力、基础设施、发展政策等在主要的一些城市空间聚集，进一步生产了发展的不均衡。不均衡是促进效率的必要，却也带来一系列社会问题，成为中央与地方政府需要谨慎应对的棘手议题。

另外，土地供给的限度——意味着土地财政的限度，迫使城市政府需要生产出新的财税收入方式。一方面，它受制于中央政府对于财税的制度性安排；另一方面，如何从现有庞大的建成环境中，现有巨大的房产存量中生产出持续的财政收益，既挑战制度安排，也考验城市政府的执政能力——因为它意味着更加精细的社会管理，涉及应对各种不同产权主体间的矛盾与冲突，不再是简单的物质增量的建设问题。

3. 改变城市的权利

城市不是一个抽象的名词，而是一个生活其间的、具体的、可感知的形态，一个影响众多市民日常生活的空间。一百多年间，中国的城市一直处于不断变化之中；变化机制与形态存在于越来越成为支配力量的外部性状况与内部的能动性之间。也就是说，如果想要洞察城市不久未来的形态，更加可能的路径在于讨论那些支配性的外部状况与条件，而不在于如科幻片中凭空想象出一种或几种逼真、有画面感的样式。

3.1 城市在网络社会的形变与新空间范式

信息网络社会的兴起挑战当前的城市形态。信息网络技术使得在相对小的一定空间范围内的逻辑连续行为（也是相对稳定的过程），可以在不同的、差异巨大的空间内根据需要快速重组和再结构化。在工业社会，城市正是由于它与农村相比，各种生产资料、劳动力、市场等资本生产与再生产的各要素的相对空间聚集，有较低的交易成本、较高的交易效率、较大的交易量而在民族国家的建设过程中浮现出来，成为支配性的空间。信息网络技术超越和颠覆了工业社会时期的生产与消费手段与方式、知识与技术的生产方式，信息传播中也可能内蕴着价值观念或意识形态。从长远看，很可能将在全球与地区层面重新建构出一种新的空间类型——既可以称之为网络时期的新城市，也可以用另外的名词来表述这一全新的人类的生产、生活形态。这是一种新的空间范式，它毫无疑问将使得信息的传播超越城市的范畴（进而意味着对现有城市而言是一种新的外部性出现），但它有可能完全超越民族国家的范畴吗？这是一个新时期的新问题。

借用卡尔维诺在《看不见的城市》中的一种描写，在信息网络社会中，将存在着互为依存的两个城，一个物质的城，一个网络中（湖面镜像里）的城。物质的城里人的一切活动都将在网络中（镜像里）纤毫毕现，因此人们通过观看网络里（镜像中）的自己和其他人的行为举止，来修正、调整自身的行动与实践。最终网络（镜像里）的城市，一个人类自身构建出来的信息城市，支配了物质城市的生产。然而，真正的、真实的城市恰恰是物质实体的城与网络城的共体而不是单独的任何一种；生活在其中的人也同时生活在物质的城和网络的城。

3.2 社会极化与呼唤公平、正义的斗争

社会极化不仅是城市中的情形，是整体社会的状况，也是全球的总体运动形态。只不过社会极化在城市中演绎得最剧烈，社会阶层间的差异景观在城市中表现得最明显。过去的四十年间，社会阶层出现多元化；从总体上看，伴随着出现数量越来越庞大的社会底层人群，全社会的资产越来越集中在少数人的手中，四十年的过程中，双轨制诞生了一批新的社会财富拥有者、城市化进程中的巨量房地产开发造就“地产大亨”群体、两千年后互联网技术的勃兴又创造出一批新技术与运营精英。在全球加速的资本生产与再生产过程中——加快周转速度越来越成为资本应对危机的手段，对于生产过程中的各种要素（包括劳动力）的持续创新，加速创新成为一种必须，进而加大了劳动力的分异。曼纽尔·卡斯特尔曾经指出，在网络社会的时代中，将出现劳动力的二元化，一种是进入网络社会的精英（却有因无法赶上技术创新的速度随时被解雇的风险，之前的经验已经成为一种障碍而不是优势），一种是可以随时被替换的普通劳动力，可以分时工作的普通劳动力。

这是一种酝酿中的张力，一种暗流涌动的张力。2017 年联合国人居三“新城市议程”中提出的口号，借用了列斐伏尔的“进入城市的权利”——城市应该是一个人类的包容之所，但城市社会的极化，包括各种住房与公共品的昂贵，事实上使得基层市民难以享受作为

人类文明重要载体的城市，反倒困顿其中、潦倒其内。2008 年纽约华尔街的“We are the 99%”运动，世界各地大城市中因住房问题引起的大规模的示威游行，越来越多的反抗社会不公平、不正义的运动都是社会极化状况下的反极化表现。和世界其他城市一样，中国城市的一种突出状态，将存在于促进社会极化与反抗社会极化的持续斗争与矛盾冲突之中。

3.3 新制度安排与城市政府实践

城市是一种被国家赋权的空间，赋权中潜藏着权力者的意图、限制与激励的框架。百年城市历程之后，城市作为建设民族国家最重要载体的状况没有改变。某种程度上也可以说，建设城市，就是建设民族国家。从四十年的历程上看，存在着两种赋权的方式。一种是增量型的赋权（如各种开发区、大学城等），不断地赋予城市新建设内容的许可；一种是结构性赋权（如中央与地方的财税制度改革）。增量型赋权随着同质权增量增加而降低了制度供给的效能，只有通过不断地增设新内容的许可来应对效能衰减。结构性赋权涉及面广，无须如增量型赋权往往需要一事一议，一事多议，增加了变革的交易成本；同时，良性的结构性赋权，作为一种激励机制，有可能使得城市政府在结构性框架中，主动地寻找到发展的新空间。增量型赋权与结构性赋权将仍然持续存在。其中，特别是结构性赋权的变革——一种新制度的安排，在日趋激烈的竞争和危机中，将左右城市政府的日常实践，进而改变城市的形态与面貌。

顾炎武曾经在《日知录》中讨论了中央与地方的关系，认为这一层关系影响王朝兴衰，认为从唐宋以来，中央集权加强而地方日趋羸弱。他提出的策略是，寓封建之意与郡县之中。或者也可以转译解释,在基本的国家政策框架指导下,要给地方（城市）更大的自由度,使得数量众多的城市能够发挥主动性、能动性。这也是 1908 年清政府通过《城镇乡地方自治章程》的意图；提倡“地方自治”也是一种结构性赋权。

3.4 不均衡发展与城市文化差异

经过 40 年的发展，中国的地理空间中已经形成巨大的不均衡发展。这种不均衡存在地区之间，如东部与西部；也存在城市之间，如地区的首位城市与其他城市；同样也还存在城市的内部，在枢纽区位地段、风景优美地段，毗邻高质量公共服务地段等与其他地段之间。地区间与城市间持续的不均衡发展，直接的结果是形成“城市的极化”，即一端是相当数量城市的萎缩，一端是超大城市、都市连绵带；一端是接轨国际的大都市，另外一端却是停滞不前甚至萧条败落的中小城市。这已然是当下的一部分状况，也是可以预见的未来。

城市作为人类的一种建成环境，影响着身在其中的人对于世界的认知（从日常饮食到知识的生产），对于“什么是好”的理解。地区与城市间不均衡发展，形成了物质基础差异巨大的地区与城市，形成地区之间、城市之间的人群对于价值认知的差异，生产、生活方式的差异，以及日常生活状态的差异；地区的经济差异使落后地区与城市的人群难以向上流动，发达地区的人群难以在落后地区扎根，进而固化和增强了差异格局。这些差异贯穿在地区或城市的生产之中，经由时间的过程，形成了日渐分异的文化形态。如何能够超越基于经济等级形成的文化形态，挑战与考验着地方城市。如何应对地区与城市的不均衡格局，面对各种差异巨大的价值认知，制定出合理的发展政策，则挑战中央政府的智慧。

3.5 身份认同危机与历史

身份认同危机浮现于快速变化之中，出现在哈维指出的“时空压缩”状况中。个体身份的认知与认同来自于相对长久的和稳定的社会实践过程，在其间建立与地点、人群、生产生活过程之间的联系。集体（如城市）的身份认同，却需要生产出集体对于地方独特性的感知、认知和认同。资本加速生产与再生产，使得地方成为资本积累的要素和空间，削弱了人与地方间的紧密关联，进而生产了个人与集体的身份认同危机，使人产生一种“无根感”和焦虑感。城市能够使得市民获得一种身份认同吗？一种城市的自豪感吗？这将成为新时期城市间竞争的一个重要内容（图 1）。它需要城市实质性的改进，如促进经济繁荣、维持社会稳定有序、提供更多的社会福利、优美的建成环境等；也需要公共事件的营造。但这些改进，往往是一种在我《焦饰的欢颜：中国城市美化运动》一文中讨论到的“千篇一律的多样性”——它需要依循资本积累的规律，将城市的独特性资源，转换为可售的独特性商品。于是在这一过程中，城市历史往往就成为具有独特性与差异性的优质资源，被重新生产出来，再现出来。这既是当下的状况，也将是未来的情形，不同的，只是生产的技巧和手段。

支配性的外部条件不止前述五种，比如日渐严峻的环境问题，将同样影响城市的生产（环境的修补将被挪用为应对资本积累危机的新手段和新内容）。城市的未来，将在这些支配性外部条件的作用下发生形变和演化。可以说，城市的未来，就是人类的未来。如果期待“美好生活”，不仅要呼唤“进入城市的权利”，还需要具有历史的视野，需要批判性思考和创造性实践在支配性外部条件下“改变城市的权利”。

（原文曾刊发在《文化纵横》，2018 年第 2 期）

图 1　丹麦哥本哈根的城市节日庆典（Copenhagen Pride）
（图片来源：作者拍摄）

PROUDLY SUPPORTING
PRIDE IN COPENHAGEN
TUBORG
COPENHAGEN

所谓现代社会会处在内外威胁之中：崩溃、衰落、自我摧毁的威胁；会面临不计其数的挑战；会暴露在持续不断的攻击下。……这种危机不是社会的痼疾，而是社会的常态，是社会的健康状态……“危机”实际上是在实践中的批判性思维。“危机”取代和实现了批判性思维，把批判性思维作为认识包围起来，于是，批判性思维不再是抽象的，而是具体的。

——亨利·列斐伏尔，

《日常生活批判》（第三卷），P576

2008 年美国次贷危机·波士顿街头海报
（图片来源：作者拍摄）

危机、理性与空间

一种解释

据说我们正在进入的这个新社会将会被组织化、被系统化，因而被“总体化”。谁将执行这个任务呢？不用说，将会是国家和国家中的特殊群体——技术专家。他们会成功吗？他们之间不是有分化吗？他们不是代表不同的利益吗？他们不会因在国家资本主义的公共部门活动还是在“私人”资本主义部门活动而相互区别吧？他们难道不会不解决旧的矛盾却又引入新的矛盾吗？在国家的合理性和技术的合理性之间存在完美的一致吗？

——亨利·列斐伏尔，《马克思的社会学》，2013 年，P139

理性是对问题的回应，思考与行动。问题有当下、长远与永恒之别，也就具有考虑不同时间维度的多种理性，复数的理性，也就没有单一的理性。但一定时期的社会总问题具有某种综合后的普遍运动趋势，因此一定时期的总体理性可能具有某种特性。受限于问题的空间维度，在某个空间维度中的理性很可能在更大或者更小的空间中成为非理性；因此理性具有辩证性。理性涉及社会公平、正义，理性亦就具有合法性的悬疑。

问题与危机产生在社会过程中。从西欧北美历史上看，近 500 年以来，社会过程中的问题逐渐为生产过程中的问题与危机所支配（进而是过度生产带来的市场稀缺引发的危机）；大部分发展中国家，包括诸如土耳其与中国，则是近 100 年间的状况，尽管中间有诸多波动。问题的尖锐化即是危机。危机的应对凸显理性的状态，它的基层价值与内在深层问题，它可能的从容或者捉襟见肘的应对，剧烈危机的出现及其应对往往带来近期理性范式的转变，产生出另外一种理性范式。

空间中包含社会问题和冲突，是问题发生之处；对空间的介入、改变（切割或合并）、界定、调节、关联或隔离是应对空间中问题的一种手段和方法，也是一种理性过程（但在另外空间层级的角度看，也许是非理性过程）。空间规划就是这一手段和方法在一定空间范围内的工具。也因此，危机、理性与空间，与空间规划之间产生了某些关联。下文首先简要讨论资本积累过程的空间及其危机，进而论述管理型政府与经营型政府主导下的空间生产，并结合较近的历史过程讨论；最后阐述理性规划作为危机的应对工具。

1. 空间与危机

最剧烈的危机产生于生产方式的转换之间。从小农的生产方式向工业化过程转换中，引起洲际、区域、城乡、城市内部空间结构的转变；引发转变过程中新旧生产方式、新旧知识与技术、新老阶层、新旧机构等一系列的冲突，特别是环境损耗问题。拿破仑三世和奥斯曼改造巴黎，按照大卫·哈维的解释，除了要创造出一个壮观的城市与伦敦竞争，最根本的是要生产出一个新空间，将中世纪的巴黎开肠破肚、通体改造，通过新城市空间吸收过剩资本，以应对资本积累的危机。在马克思看来，问题内生在资本生产与再生产的过程中。

经由资本、组织管理、劳动力、生产工具、生产资料要素理性组合的生产过程，产出劳动产品，进而在市场销售流通，获取货币。货币需要支付生产与消费过程中的各种支出，余下部分即为剩余价值。剩余价值进而再以资本的形式投入扩大再生产，形成资本积累的循环。如果我们把资本生产与再生产过程中的每一种要素看成都需要占据一定的空间，立刻就会出现克服空间距离成本的基本问题。它是早期工业化中需要应对的基本空间问题，其过程的常用方法和手段成为特定时期的空间理性模型。“克服空间距离成本”涉及空间使用内容（空间属性）的定义和不同属性之间空间关系的两重相互关联的基本问题。而每一种空间属性内部，随社会分工深化，衍化出各种亚属性和亚空间，进而形成“克服空间距离成本”问题的高度复杂性。在一个相对静态的模型中，水平方向上，某一亚空间既存在着与同属性的多个亚空间之间的关系，也同时存在着与不同属性的多个亚空间之间的关系；垂直方向又有着与不同等级空间之间的关系。①

① “每一种要素看成都需要占据一定的空间”——这一表述可能会引发疑问。容易理解的是劳动力、生产工具、生产资料、劳动产品这些有形的物。有形物需要占据空间。资本、组织管理、市场与货币，这些抽象的名词和概念，又是如何占据空间的呢？资本、组织管理、市场与货币作为一种被概念化的社会存在，必须依附于某种实体，如人或机构，才可能发挥作用。如资本需要依附在资本家的个体和群体，资本运作机构等才能够发挥其流动的功能（更准确地说，资本附着于生产与流通过程的每一个要素中）；组织管理需要依附在知识与技术人员、相关管理组织机构；市场同样需要人、机构，特别是交易场所。

资本积累危机出现在生产与再生产的每一个流程中，不仅是市场总体萎缩导致的总体危机。任何两个或者多个要素间不能有效组合，就是危机出现之时。如资本找不到劳动力，或者劳动力找不到资本；或者生产资料无法有效转变成劳动产品等。空间规划的核心目的之一是促进各要素间的有效结合，形成资本有效积累。但空间规划却越来越难以应对这一目的（或者说，基于工业时代的空间规划模型）——根本在于物质空间的相对固定性与资本流动越来越快的速率之间的不可调和的矛盾。

由于资本、知识与技术等这些无形物（尽管需要依附于有形的个体与机构）的流动，相比较大量劳动力、重型生产工具、生产需要投入的大量生产资料等的流动要相对容易。也就意味着在早期工业化中（劳动密集型的生产是其基本特征），劳动力、生产工具与生产资料之间必须紧密结合，尽可能减少空间距离成本。其中，生产资料的不可移动性往往成为支配性的因素，引发资本、组织管理、劳动力、生产工具等向生产资料所在地移动——一个在彼时权衡之下的理性实践，形成早期的工业化空间模型，也是早期由工业化引起的城市化模型。从这一时期开始，由于各地区生产资料的比较优势，如 A 地区能够产出比其他地区优质的羊毛、B 地区能够产出比其他地区高质量的煤等，经由资本积累的竞争过程，开始快速生产地理的不均衡发展和地方性的新景观——一种由生产资料类型引发的差异性景观——进而作为下一个阶段发展的问题与资源（地方历史于是成为生产独特的空间商品的生产资料）。

作为危机的形式——市场的竞争引发两种基本的空间变化。第一，调节生产流程中各要素的空间关系，减少生产过程中可能的空间交易成本。这是生产端的对策与措施。这就与各要素的市场价格相关，与各要素共同形成的综合生产成本相关，进而形成多种空间模型。

比如，其中一种是，核心要素，资本、管理者、技术人员（除了大量普通的体力劳动者），乃至生产工具和生产资料都是外来，只是在当地生产，产品不在当地销售，而是对外销售，市场在外。改革开放后的东莞发展是该模式典型的一种。这一模式，因前面提到的不均衡地理发展导致的格局而形成——或者说，它继续生产了这种地理不均衡的格局。

资本逐利的本质，使其自觉优化积累过程中的要素配合，提高市场竞争力（它需要通过创新来提高生产的竞争力和生产出新的、更高附加值的产品和市场）、减少成本（生产与消费成本），获得更高的利润。如果市场规模不变或萎缩，而地方不能为其提供市场（此模式中市场往往原来就不在地方），加上生产要素价格的上涨，如土地价格的上涨、劳动力价格的上涨、地方生产生活资料的上涨等，势必导致资本的地方撤离，寻找更适合积累的地点。这是东莞等东部沿海城市在 2008 年以后发生的一般性状况，形成产业的空间转移，向中国内陆、东南亚或者印度等国家和地区的空间转移——内陆地区的重庆、河南等部分承接了这拨产业的空间转移。

第二，哪里有大规模的市场，在权衡成本与利润关系后，就将生产本地化，减少产品与消费者之间的空间距离，以占领市场。这是消费端的对策与措施。这一模型中往往是外来资本、知识与技术，其余都是本地要素，利润则是外输的（最后也很有可能转变为本地资本等；核心是利润外输）。曼纽尔·卡斯特尔多次谈到，西方公司看中中国的不仅仅是廉价的劳动力等生产要素，由于中国巨量的人口规模，更看重的是它无比庞大的市场；“多国公司的目的是要穿透中国这个市场，扩张散播未来投资的种子……它们需要自由地创造自身的供给和分配网络”（卡斯特尔，2006：280）。中国各城市的大型超市“沃尔玛”是该模型典型的一种。

现实的情况是，前面提到的两种模型相互作用，共同构成生产实践的理性。一方面必须调整生产内部的要素——包括各要素空间之间的距离成本，以提高生产效率——它们是市场残酷竞争的必须；另一方面，需要拓展市场，从规模、类型、交易速度上开拓新市场。货品经由市场后资本者获得的货币，在竞争的压力下，需要用于提高交易效率，即包括交易规模、交易利润和交易速率。更具体说，它首先需要用来支付交易成本，也因此它需要尽可能促进降低交易成本。这导致大概是过去一个世纪中最令人激动却又无比烦恼的变化，很大程度改变了人类的存在方式。机械交通速度的提升、密集航线的开辟、电报电话特别是互联网的兴起，使得市场的空间范围（规模）和空间密度（交易种类与交易可能性）大大增加，它既增加了交易的速率、生产了新的交易类型，也促进了生产者、经营者更大可能发现消费者；按照哈维的说法，这是一个“时空压缩”的时代。这一进程还将持续下去，在工业时代形成的空间规划模型——作为一种空间理性范式——在现在与未来，在降低交易成本的创新驱动下，在信息时代面临着前所未有的挑战。一个基于地方的相对静态的空间规划模型，要面对高度流动性的严峻挑战。一个由水平与垂直向各层级亚空间关联构成的空间矩阵，其中的某些亚空间由于受到资本的青睐而冲击原有空间矩阵的稳定性。

货币还需要支付管理成本、生产工具、生产资料损耗和劳动力的工资。这意味着资本者需要通过制度与知识创新来减少管理成本；通过技术创新提供更有效率的生产工具；通过到他处发现新的、廉价的生产资料（往往转移到后发国家或地区）、环境修补来应对生产资料耗用问题——环境修补成为资本积累的一部分；通过降低劳动力工资、将大量初级劳动岗位转移到低工资地区、生产大众消费和新类型的大众消费吸纳劳动力工资。

这一过程形成资本再生产的一部分。所有在一般商品生产的过程中造成的问题，都将成为资本再生产的空间，资本积累的新空间——资本能够从任何问题中嗅到生存和利润的空间。在一定空间边界内（如某一个国家）的资本积累，随着生产与再生产过程中带来的社会两极化，进而严重消费不足、市场大规模萎缩的状况，即是危机出现之时。应对资本积累危机只有两种基本方式。第一，如前所述，资本向外拓展，寻找新的同属性类型市场（规模扩大，或者转移，不是属性变化），如从发达国家到发展中国家。它通过“复制”生产过程，在地化生产商品；进而也就意味着它将很大程度“复制生产流程的空间”——可能结合地方的政策和物理现实而有所调整，进而产生生活方式和观念的变化——被众多学者指称为“移植的现代性”（Castells，2000：336）。[①] 第二，在一定空间边界内强化资本再生产的创新，通过技术、制度、市场等创新，来生产新的市场、新的消费空间。因此它必须摧毁原来的空间，生产出匹配创新的空间——New、Neo-、Post、Late 等词语或前缀是西方发达资本主义国家学术界用来表述新状况或不同前期状况的常见词语。

哈维进一步深化列斐伏尔关于积累危机与空间的讨论。他提出，危机的转移有几种方式。一种“局部危机”，在某一地区、某一部门内部出现；危机在地区内、在部门内部传递。随即是“转移危机”。当该地区或该部门内部无法应对危机时，就会出现从一个地区转移到另外的地区，如从东部转移到西部，从城市转移到乡镇；从某一部门转移到另外的部门，如从房地产部门转移到金融部门，从消费部分转移到生产部门。最后，当所有转移都失效时，就出

---

① 卡斯特尔认为改革开放后中国的高速发展部分地得益于较晚进入全球化经济（late arrival to the global economy）；随着时间流逝，这一优势将逐渐消失，逼迫着中国面对和它先行的邻国们相同的矛盾。见：Castells Manuel. End of millennium[M]. Oxford；Malden，MA：Blackwell Publishers，2000：336.

现“全球危机”。哈维还谈到了资本积累的三个回路（一般商品、建成环境、社会性花费三个不同属性的市场，也可以把它们看成是三个部门，进而形成前面提到的“转移的危机”）。在一般商品生产遇到危机时，资本将转移到建成环境，这一过程需经过政府对资本市场的调节；第三回路是进入社会性花费，如教育、警察等（Harvey，1985）。

2. 管理型与经营型政府

政府是调控市场与社会不可或缺的要素，政府本身也需要占据空间。政府通过对市场抽取税、费（这一过程也可以看成政府在市场交易其管理，获得利润的特殊形式），进而再投入到社会生产与再生产的领域，其中包括集体消费、发展政策、维护社会秩序、军事警察以及意识形态等。这是指的集体消费，是一般性公共品的概念，如公有的公园、公共交通、能源、公共安全以及公租房等。而大众消费则不同于集体消费，它是指在市场上销售的大众商品，如商品房。

所谓的管理型政府，它并不直接介入资本的生产与再生产过程中，尽管其收取税费可以间接投入资本积累过程。它只是经由对市场的管理（除了维持市场秩序，还有经由对不同产业的税率高低调节，选择和调节在地的产业类型），进而生产社会公共品，生产地方社会的生活舒适度和幸福感。

但是由于技术的快速发展，地区与区域交易空间成本的下降，使得资本可以快速进入与撤离，导致地方社会发展的高度不确定性，形成哈维指出的，从20世纪70年代以来，无论是什么样意识形态的政府，都从管理型的政府转向经营型的政府，以试图保证对资本的一定控制，进而生产可以预估的确定性（harvey，2000）。城市营销（urban marketing）成为一种普遍现象。1974 年成立的新加坡淡马锡公司、21 世纪初以来的重庆的“八大投”① 都是政府管理下的典型的经营型（资产、建设、投资、金融等）公司。这是在总体格局中，地方政府的理性选择与实践。

也就是说，管理型的政府既不介入市场，也不介入资本的再生产。但经营型政府，同样要进入资本积累的进程。这直接导致了空间属性的复杂性。在前一个阶段，公私关系相对明确。管理型的政府通过收取地方税费建设地方的公共品，也通过“筑巢引凤”，吸引私人资本投入地方生产；公的空间与私的空间属性与边界相对明晰；后一个阶段，往往形成公私合营，政府通过信用担保吸纳大量的私营资本，进而形成混合的公私股权结构。公共品的生产过程中有私人的资本，私人的空间商品生产过程中也可能有公的股权在其中。在经济全球化和新自由主义支配的情况下，理想的政府模型可能是经营型与管理型政府的结合。政府的经营是一种手段，不是目的；经营的目的是为了更好地管理，为地方民众提供更适宜生活的场所，改善公共基础设施、促进公共福利、丰富公共领域的社会生活。

管理型政府主导下的空间规划，往往是根据地方的等级、规模的空间计划性配给生产。一个典型的例子是二战期间德国的费杰尔提出的空间配给，这是一个极端理性的过程。他通过对德国 72 个小城

① 重庆的“八大投”是一个简称，包括不止八家市控公司。如渝富、地产、城投、交旅、高发司、开投、建投、水务、水投。渝富是金控公司，地产是地产运营商，城投是城建公司，高发司与交旅分别是高速公路与城市道路建设的运营商，开投是城市公交运营商，建投是能源运营商，水投、水务是水利与供排水运营商。

市的调查研究，提出2万人的城市需要什么样规模的行政、公用、生产等设施，相关建筑又如何布局、需要多少土地，等等。他甚至细致到所需的公共厕所、公墓和骨灰盒的数量，是一种均衡化的空间布局生产，更多考虑到空间的使用价值（图1）。这种方式存在的一个问题是，基于对过去的研究能否得出对于未来的设想。在相对静态的模型中，这个答案可以是积极的，它可以是基于过去的经验，优化过去的结构，得到更理想的空间布局与形态。但在高流动性的状态下，这个回答必然是否定的。对于过去的研究很可能转变为生产高附加值商品的一部分——它不是要遵循过去的模式，改良过去的模式以服务于地方民众，而是要将过去的模式转换为可以交易的商品，往往用于吸引外来者。

经营型政府主导下的空间规划，以“生产利润”为基本导向，是一种去均衡化的空间布局生产，更多考虑空间的交换价值，进而形成空间开发强度的曲线与市场竞租价格曲线的重叠，形成优质空间公共品周边高强度开发的基本模型。经营型的政府于是进入两重危机。一是本身成为资产者，进入积累的循环而面对可能爆发的资本积累危机，如前所述，它必须通过克服资本积累危机的若干种方法，包括向外的空间扩展（量）、内部空间的创新和结构性转变（质），来生产新的市场。如果我们把城乡看作两个不同的部门，不同生产方式的部门，当城市部门出现经济危机时，往往就出现如前所述的，一种向乡镇、向农村地区的转移；另外的一种，也就是“腾笼换鸟”，通过城市部门空间内部要素的调整，来生产更高的、更有竞争力的积累——但同时，如马克思所言，也生产着潜在的更激烈的危机。它还将面对资本积累带来的另外两个难缠的问题，即社会的极化及其公平正义和环境恶化问题，挑战权力的合法性。卡斯特尔曾经论断，“发展中国家植根于两个相对自主性的前提：面对全球经济的相对自主性使本国公司在国际领域

序号	公共设施数量	标志	=5 工作人员	用地面积	建筑底层面积 概略建筑尺度 建筑总面积 （每一单位长方体 =100m²）
1	娱乐中心		70	5000m²	依层数而异 4450m²
1a	初级法院		37~38	4000m²	600m² 1680m²
2	财政局		58	2800m²	700m² 1700m²
3	劳动局		48	1400m²	720m² 1450m²
4a	区行政局		a）60	4100m²	800m² 1950m²
4b	区储蓄所		b）33		
5	党部机关		5~6 6~7	1900m²	550m² 1100m²
6	公众会议厅		bewirtschaftung an unternehmer-verpachtet	4800m²	1600m² 2400m²
48	养老院		13	20000m²	1300m² 3000m²
49	公墓		1	130000m²	85m²（70~100m²）（70~100m²）85m²
50	炎葬场		（1）	1000~3000m²	按技术培训制造

图 1　二战期间德国建筑师戈特里德・费杰尔提出的 2 万人城镇的空间配给，1939 年（图片来源：A.B. 布宁 . 城市建设艺术史：20 世纪资本主义国家的城市建设 [M]. 北京：中国建筑工业出版社，1992：152）

具有竞争力，控制贸易和金融流动；面对社会的相对自主性则压制或限制民主，并在生活水准的改进而非公民参与上建立合法性”（卡斯特尔，2006：293）。

严重危机出现在空间中市场的萎缩；需要结构性调节原有的生产方式以应对危机。大致可以把 1968 年作为现代欧美社会较近的一次转型年，从一种总体理性向另外的一种总体理性的转型；从 1945 年以来的“生产型”社会、生产“生产”的社会向“消费型”社会,生产“市场”的社会转型的特定年份；从“福特制”转向“后福特制”的灵活积累的生产方式；政府从管理型向经营型转变的年份。三年之后，布雷顿森林体系的解体，意味着 1944 年以来的金本位、固定汇率以及和美元挂钩的国际货币体系无能应对新时期的状况。

规划作为应对危机的一种工具，按照尼格尔・泰勒的分析，在两个阶段表现出十分不同的状态。在前一个阶段，“1. 城镇规划是物质空间形态规划。2. 城市设计是城镇规划的核心。3. 城镇规划当然涉及编制‘总体’规划或规划‘蓝图’，这种蓝图应以统一的精细程度表达城市土地使用和空间形态结构，形成‘终极状态’规划，同时对建筑或其他人工结构环境进行调整，这种工作最好由建筑师或工程师来完成”（泰勒，2006：9）。而在 20 世纪 70 年代以后，则转向了系统规划、理性过程规划（一个把对象科学化，从系统角度理解对象的变化，一个从方法、手段、过程理解规划）；规划师从建筑师、专业人士转变为具有特殊技能的沟通者、协调者；规划师的基础知识从美学、艺术转向社会学、经济学等；规划从“艺术”转向了“科学”和“社会”，从技术理性更多转向了社会理性。根据温铁军的论述，当代中国社会在 2000 年左右，从之前的资本稀缺型社会进入了资本过度积累的社会（温铁军，2013）。泰勒对西欧社会前后两个阶段规划的论述、比对和变化分析，可以作为一种借鉴。[①]

3. 较近历史的解释

40 年间，大致可以分为三个时期。第一个时期从 1978 年到 1992（1994）年（1992 年邓小平南行，推进改革；1994 年时任副总理的朱镕基推动“一揽子”改革）。第二个时期从 1992（1994）年到 2008 年；第三个时期从 2008 年至今。

第一个时期（16 年）是管理型政府向经营型政府转变的过渡期。1988 年的《土地管理法》规定，土地可以作为生产要素进入市场，土地使用权可以依照法律的规定转让。1990 年颁布《城镇国有土地出让和转让暂行条例》，促进了城镇土地的市场化。1980 年设立深圳、珠海、汕头、厦门经济特区；1984 年进一步开放 14 个沿海城市；1988 年设立海南省级特区；1990 年开发上海浦东；同年颁布《城市规划法》并在随后的《城市规划编制办法》规定了控制性详细规划的内容和编制要求；新区、开发区成为各个城市开发的一种基本模式。以港澳台为主的外来资本、技术、管理带动珠三角地区的快速发展。财政包干制是这一阶段中央与地方的财政制度，一定程度上激发了地方政府的积极性，也带来中央财政收入比重下降的问题。

---

① 同时也应意识到中、西间的差别。从生产型社会向消费型社会转变、从资本稀缺型社会向资本过度积累转变具有一定的共同趋势，但各地方社会的政治、经济和文化的差异性，知识和技术的能力、对问题的批判和反思能力的差异等，都导致对问题认知深度的差别，进而是发展路径的不同。

该阶段市场要素虽然有所启动，但在社会生产与再生产过程中不占有重要位置。从规划层面上看，这一时期最主要是：（1）松动了“土地”作为生产一般性商品所需的生产资料的入市，并快速配合规划立法和相关编制办法，使得可以上市的土地转变为可以生产使用的空间；（2）“财政包干制”的中央与地方的财税制度，一定程度上促进地方政府，特别是东部沿海地区的地方政府（作为空间生产的主体）的生产积极性。因为处于过渡期，变革的理性做法是从旧有空间剥离出新的空间，产生新的经济、行政体系运行的空间，以获得更好的经济效益和效率。经济特区、沿海开放城市、省级特区、浦东开发区、各地各城市的经济开发区或新区，都是这一“裂生模型”的产物。但“裂生”的办法并不只是在这个时期才有，而是贯穿了整个 40 年间，特别在 2008 年以后遭遇世界经济危机后，各种国家级新区、自贸区等快速出现。彼时四处开花的开发区看起来似乎是一种不理性的空间实践，却恰恰是一种中央政府制定政策框架下地方政府理性行为的结果。此时地方政府仍然是典型的管理型政府，它要应对计划经济时期遗留下来的大量建设问题，一个不很恰当的比喻是，如西欧各城市地方政府要面对 1945 年二战后的大量建设状况。此时“市场”不是问题，提高生产效率和生产量才是问题。

第二个时期（14 年）是市场快速发展和进入经营性政府的时期。1994 年的汇率、银行、国企以及中央与地方的分税制等一揽子改革促进了中国的市场化进程。市场化的进程至少是在两个空间层级关系里完成的。第一在中国空间与全球空间之间。汇率、银行制度改革和加入世贸（2001 年）推进了中国的外向型经济，“出口”成为拉动中国经济最重要的三驾马车之一。“出口”的市场（外向型的市场）拉动了国内一般性商品生产的繁荣（往往在东部沿海地区，以减少商品运输的空间成本），促进了巨量一般劳动力的空间移动（往往来自偏远内陆地区，如四川、河南等；经济发展的地理不均衡使得在东部地区，一般劳动力能够在市场上找到更好的销售价格），形成世界独一无二的、疯狂的“春运”奇观——进而剧烈改变着原有的城乡关系。

第一个层级的贸易顺差部分投入到城市建成环境的投资中，形成了城市建设的繁荣。从其内部机制观察，有其独特的中国特征。分税制的改革和获取土地财政的目的促成地方政府成为地方开发的主体，促成其在政策（甚至一定程度突破政策，开始呈现一定的博弈状态）框架下，修改城市总体规划，以期取得更多的可建设用地（或者说，可交易用地）。该阶段的城市总体规划编制不完全再是上一个阶段基于对地方人口、土地、产业类型、布局等的预测基础之上（一个基于使用价值的过程），而是更多考虑市场的要素、考虑获得更多的土地指标，以及内部空间要素的市场化可能性（一个基于交换价值的过程）。此时的土地既作为一般商品的生产资料进入市场，又作为住房等建设环境商品的生产资料进入市场。需要注意的是，这一过程还配合住房制度改革、医疗制度改革等，将住房需求等推向市场，配合房地产开发制度、房贷制度，进一步完善了从市场、土地、空间、银行贷款等一系列的资本积累所需的流程。在行政集权与地方政府间高度竞争的状况下、在土地财政政策架构下的地方政府圈地行为是其理性的实践。温铁军称此阶段的体制是“中央承担最终风险条件下的地方政府公司化竞争”（温铁军，2013）。此时地方政府已经从管理型政府转向经营型政府；由于国内、外市场总体良好，增量型建设仍然是这一时期的主导状况。1997 年出现的亚洲金融危机、1998 年的网络经济泡沫等外部性的状况，促进了内部增量的空间拓展（应对危机的办法与危机的空间转移），包括提出西部大开发、促进东北老工业基地（区域层面）、农村与小城镇发展（城乡关系）、大学城建设（局部增量）。

2008年以来的世界范围经济不景气持续至今，影响深远。它导致产业在全球、地区和国家内部的空间转移（如从中国东部沿海地区转移到中西部地区；迫使内陆地区的城市政府制定相应的空间规划来承接这一波的产业转移），也促成了国际贸易保护主义的出现，导致世界范围民族主义（nationalism）的抬头。外部市场萎缩危机的理性反应是生产内部市场，亦即扩大内需。如前所述，基本方法只有两种，一种是量的增加，一种是质的提升进而带动新量的生产。“新型城镇化”的政策本质上是应对这一轮经济危机的国家理性实践，通过“量”和“质”的提升，来生产更大的市场。它期待通过重要城市的创新来生产优质市场；通过镇乡发展，来生产一般性市场的增量。“一路一带”更是试图通过促进内陆国家与地区的生产要素流动，来生产潜在的巨大市场。值得注意的是，此阶段三家巨型互联网公司，即百度、阿里巴巴和腾讯已经成为影响甚至左右社会生产与日常生活的重要力量。此时的地方政府仍然是典型的经营型政府，但面临更加复杂、尖锐和综合的社会问题；环境恶化与社会公平正义的基本问题在这个阶段更加凸显。“社会”要素在生产“资本积累”与“权力合法性”过程中的权重有所增加。

4. 应对危机的工具

马克思在《关于费尔巴哈的提纲》中谈道：“人的本质不是单个人所固有的抽象物，在其现实性上，它是一切社会关系的总和。”（马克思，2008a：56）从马克思的角度出发，作为一种人造物的空间也不是其本体的构成，而是存在于与各种空间的关系之中。现代性的特征之一就是，与外部空间（特别是与上一个层级的空间）的关联支配了内部（地方）空间的发展状态，地方不再是内生的发展，而是受制于外部性关联的属性、密度、速率和变化——此处将不同等级或属性的空间关联称之为“空间间性”（inter–spatiality）。存在着各种空间间性，问题与危机在空间间性中移动、传递、蔓延、爆发。空间规划同样也不是一个抽象的名词，而是与各种空间关系相关。作为应对危机的一种工具，规划至少要在以下四种空间间性及其复杂关联中实践；规划的理性状态存在于各种空间间性的问题、危机及其相互关系中，不能仅在规划本身内部谈论规划的理性或者非理性。

4.1 四种“空间间性”

第一种是“全球——民族国家”的空间间性。[①] 新自由主义鼓吹经济全球化（去政府管控），民族主义则提倡加大国家经济边界的控制。当经济危机从某一国家、某一地区爆发，进而通过全球经济网络蔓延到其他国家与地区时，民族国家自然就会理性收紧经济边界，以降低危机带来的破坏，进而造成地区、国家贸易保护主义的浮现[②]，新重商主义成为民族国家的一种政策实践。规划此时的功用，即是在国家空间边界的外部和内部，开拓市场，促进积累；如前述的“一路一带”就是国家层面的规划，作用于亚洲腹地与东欧的国家与地区。在经济日趋全球化的今日，此层空间间性变化，左右着各个民族国家内部的结构性空间生产。

① 此间性有多重含义与内容，包括文化、意识形态、军事等。本文此处主要讲经济关系。

② 民族主义的表现，还包括收紧移民，将非本国国民的低端劳动力驱逐出境等。

第二种是"国家——地方"的空间间性。作为民族国家内部的一组最主要的空间关系，此层受制于"全球——民族国家"关系变化的影响，却有自己独特的结构，如"联邦制""共和制"等。此处更强调中央政府与地方政府间的行政与财税关系。此层关系影响与左右各空间主体的作用，进而再作用于空间规划（如前述的 1994 年的中央与地方的分税制）。地方政府的规划是在此层空间间性约束下的理性实践。通常来讲，联邦制的国家比起集权制的国家，对地理的不均衡发展有更强的制衡能力。

第三种是"城市——乡村"的空间间性。对于发达的资本主义国家而言，城乡已经成为资本积累的一种空间而不是两种空间，是同一属性的空间。对于如中国等发展中国家而言，它们最本质的不同，是两种生产方式的空间——一种是资本积累的空间，另一种大多数仍然是小农生产方式的空间。城市中的经济危机往往通过转嫁乡村而得以缓解（温铁军，2013）。"城市规划"到"城乡规划"，是一种生产方式的空间规划试图向小农生产方式的乡村扩散的表现。农村的规划与建设已经成为近年来的热点；"特色小镇""传统村落"等已经成为资本下乡的空间。

第四种较为不同，不是如全球、国家、城市、乡村的不同空间尺度、范围间关系，而是不同空间属性间的关系，即"公——私"之间的空间间性。1994 年后的一系列改革，把部分公共品推向市场，即是"公、私"及其空间关系的一次调整。随着市场化深度增加，以及管理型政府向经营型政府的转变，公私产权关系的交杂、混合（如建设中的 BOT、PPP 等模式），使得"公——私"之间的空间间性比以前任何时期都更为复杂和不容易辨识。社会民主主义的国家通过对私部门的提取高税率，来生产高质量的公共服务与空间。而新自由主义的国家则尽可能减少公部门对私部门的管制，削减公共福利。不同的“公——私”间性直接导致空间规划的巨大差异（弗里德曼，2017）。[①]

4.2 三个“元危机”

前面谈到，危机越来越出现在资本积累的过程中，但这不是全部。资本积累引发两个直接问题：社会极化与环境恶化。资本积累危机、社会公平正义危机和环境恶化危机是三个“元危机”，其他的次级危机都是三个“元危机”在不同社会和空间亚领域中的分身。卡斯特尔在《网络社会的崛起》一书中谈到，信息技术广泛的社会应用，将进一步导致社会极化，这加剧了资本积累的危机和合法性的危机。

作为国家政策的“新型城镇化”，是一种调整城乡关系的空间规划。它旨在应对“元危机”。“它必须在全球和地区范围的技术更新、产业升级、生产关系调整的状况下，以及在来自其他空间激烈竞争的条件下，处理资本积累危机、社会极化和环境恶化的基本问题。一方面，它必须促进资本积累，提升交易效率和获得更高的利润率；第二，它必须应对资本积累、社会生产与再生产过程中出现的公平公正的问题，改善日常生活的品质；同时，它要面对最大的公共品——环境（地区与全球）恶化的困境。权力的合法性将建立在资本、社会和环境构成的矩阵中，在资本积累危机、日常生活和最大公共品构成的基础之上。”（杨宇振，2016：234）三个“元危机”经由时空过程在四层“空间间性”中运动和交互作用，形成各个尺度空间中的具体问题，成为空间规划必须应对的对象。

---

① 在较近被翻译的一篇文章中，弗里德曼提出了正对亚洲大城市空间规划三个空间层级，即针对整体巨型城市群落的系统性规划、大都市以及/或者市政层级的规划、邻里层级的规划。从笔者的观点，弗里德曼简化了空间间性的复杂性。见：约翰·弗里德曼．关于城市规划与复杂性的反思[J]. 城市规划学刊，2017（3）.

5. 破碎的理性及其未来

作为应对危机的一种工具，理性规划遇到对危机产生的理解与认知。只有认识问题的本质和根源，才有可能找到合理处理问题的方法和手段。由于“空间间性”的存在，在上一层级空间间性中产生的危机、应对的策略，是“问题——应对”的理性过程。在许多状况下，这一应对的策略、方法、手段，甚至是口号，在政府层面，经由上一层空间间性传递至下一层时，却往往不是应对问题的回答，而是移植的结果；加上地区的不均衡地理发展，很可能导致“削足适履”甚至是荒唐的状况。

如前所述，理性具有时空过程，有其辩证性。某一空间中的理性，很可能在同时性的或更大或更小的空间中，就是一种非理性。某一空间中的理性，也很可能在下一个时期，成为荒唐之举。现代性的一种特征是，地方空间的状态受制于更大的空间关联（即是一种空间间性）。某空间范围内的理性规划，需要认知更大空间层级中的问题与危机。某一阶段的理性，也需要具有内向的批判性，来审视该种理性可能存在的问题（鲍曼，2002）。①

当下的困境是，在空间与空间日趋紧密关联的世界里，在“时空压缩”的状态下，在资本加速的生产与再生产状况下，在信息技术史无前例的快速发展过程中，在消费社会中，在虚拟资本的数值不断惊人放大的状况下，在严重的社会极化和在全球变暖的状态下，尖锐问题的爆发层出不穷。此问题一登场不久，下一个问

① 齐格蒙·鲍曼在《现代性与大屠杀》中讨论了二战德国的集中营，谈到个人的理性却最终导致灭绝人性的大屠杀。

题随即出现，它们构成运动的场景，而不是静态的画面。[①] 长期的计划不再有效。应对一个问题的理性规划，很快又将被应对另外一个紧急问题的理性规划所替代。一个概念刚刚提出，瞬间又被另外的新概念所掩盖而黯淡消失。一个需要提出的问题是，局部的理性、片段的理性是构成总体的理性还是不理性？快速登场的、破碎的理性能导向人群的自由与幸福吗？理查·桑内特在《新资本主义的文化》中，回顾了 20 世纪 70 年代以前科层制的社会（生产）结构，一种工具理性生产出来的结构，一种僵化的组织方式（在后来人看来），却也生产着一种确定性和某种社区感，提供更多的公共福利（彼时被认为是“理所当然”的事情）。他进一步调查了新时期的中产阶级，基本结论是，旧的科层制被拆解后，资本的灵活积累，对短时利益的追求，不在意于过去的价值而更重视应对问题的能力（意味着劳动力需要不断地学习新技能），不断地追新，等等，带来的是更多的焦虑。他说：“我想与他们争辩的并非是关于他们所说的新资本主义的看法是否真实；社会机构、技能和消费模式确实发生了变革。我想说的是，这些变革并没有让人们获得自由。”（桑内特，2010：11）

重新回到“使用价值”（摒弃完全追求“交换价值”的观念）、回到对“日常生活”的关注、提倡专注和“匠人精神”（以及在此中得到的满足感和自我认同），或者回到小群体社区当中（在相互间更紧密的关联中——却亦即意味着一种限制——获得稳定感）、在快速变化中维持相对慢的实践等主张，是一些思考者提出的策略。这些策略

① 因此，在 20 世纪末，有西方学者林欧（Charles Lindblom）提出“混过去”（Mudding through）的理论；认为在充满复杂性及不确定性的公共政策环境中，既然决策过程无法完全合理化，决策者及规划者也不可能有完全足够的资讯与知识去做合理的判断，那么为了便于政策的制定及执行，有时候我们只要满足局部合理、短期阶段性目标的达成即可，有时甚至采取应对过去（Mudding Through）的方式也不失为一好的策略。

是局部的理性，可能短时可行，来应对当下与不远的将来的问题，以获得在“流动的现代性”状况下的身份认同和意义。它们既可以是空间规划的实践路径，来应对当下的各种问题，也可以是空间规划者（既作为社会人又作为专业人）自身实践的方向，以减少煎熬着的焦虑和无助。总体的理性，却是要指向社会和谐与人的幸福和自由——这需要的首先是社会与个体的批判性反思和内省。从这个意义上讲，理性启蒙仍然是一种必要。

（原文曾收录于中国城市规划学会学术工作委员会主编的《理性规划》一书，中国建筑工业出版社，2017 年）

空间是政治的……空间的生产就如任何类型的商品生产一样……右翼的批判主要集中在对官僚体制和政府干预的批判，指责这些干预限制私人动机，也就说限制了资本投入。左翼的批判同样也针对官僚体制和政府的干预，但是它批评的是政府的干预在规划过程中没有考量（或者说考量不周）人们和社会习惯，或换句话说，没有考量人民的都市生活方式。

——亨利·列斐伏尔，《空间政治学的反思》，P64

从帝国大厦楼顶看纽约。德塞图曾说，从帝国大厦顶上望去的纽约城，不仅是连绵的城市建筑景观，也是连绵的资本景观

（图片来源：作者拍摄）

危机应对

理解中国城市化与规划的第三种视角

现代国家要同时确保一切形式的生产和再生产。首先是保证整个社会的人口（生物学的）繁殖……同时要保证劳动力的繁殖……其次是保证生产资料（能源、工具、自然资源和原料）的再生产。最后是保证新的社会生产关系，也就是新的依赖关系……国家还有另外一个重要职能：使国内与国际上的各种市场协调一致……当调节器运转失调时，国家就要干预。

——亨利·列斐伏尔，

《论国家——从黑格尔到斯大林和毛泽东》，P13

过去的 40 年是中国社会发生剧烈变化的时期。这一变化既与国际、地区的政治、军事、经济格局的变化有关，也和中国自身内部的历史、政治、经济与社会结构有关。任何单方面强调完全受制于外来力量的影响，或者强调完全内生性发展的观点都有失偏颇。现代社会的形成是内部与外部（在全球与国家、国家内部中的城市与乡村，在城市之间，在城市内部的一个地段与另外的地段之间等的不同地理范围的空间层级中）经由持续的经济、文化、信息、人员、商品等的往来、互动而逐渐形成。

这一时期内中国的快速城市化，是中国历史上前所未有的阶段。狄更斯在《双城记》第一章“时代”中讲到“这是一个最好的世界，也是个最坏的时代”等一系列两极对置的评述，可以用来表述中国快速城市化进程中的众多状况。旧的秩序开始解体、分裂、坍塌，新的秩序还在形成过程中；网络社会的崛起加速了新秩序形成过程中的高度不确定性，以及风险和危机。

理解中国城市的变化，需要将其置放在后发的民族国家与全球关系的格局、中国城乡社会演变，以及更长时段的历史脉络中来观察。以下先简要回顾与论述约翰·弗里德曼的《中国的城市变迁》、黄鹭新等的《中国城市规划三十年（1978—2008）纵览》，再提出“危机应对”作为理解中国城市化与规划的一种视角，解释历史过程中的路径选择。在众多解释现代中国城市与城市规划文献中选择这两本（篇）的理由是，弗里德曼的《中国的城市变迁》是一本具有历史视野、现代观察与专业经验相结合的论著；黄鹭新等的《中国城市规划三十年（1978—2008）纵览》集中在30年间城市规划的具体政策与实践；两者共同构成了一个理解中国城市、城市规划变化的宏大景象与具体面貌。它们也一定程度体现中、西的城市规划学者讨论议题时不同的切入视角。本文的目的在于，第一，通过阅读、评述弗里德曼和黄鹭新等的著作（纪念他们的一种方式），揭示不同的理解现代中国与城市规划变迁的两种视角（尽管很显然两者关注点不同，弗里德曼更关注中国的城市和人本的问题，黄鹭新等更注重讨论城市规划应对国家政策的讨论）；第二，认为在这两种视角外，还有一种较少被关注的视角，即从“危机应对”的角度，来看城市规划、国家与地方问题等之间的关系。作者认为，危机的短时快速出现，使得各种规划穷于应付不断为应对大小危机制定的政策，“短期行为化”成为普遍状态。

1. 约翰·弗里德曼的视野与判断

落笔之前，弗里德曼如何构想《中国的城市变迁》的结构？不仅是书内的文字内容，书的章节安排与结构潜藏着他对于中国城市的理解、中国城市变迁的叙说逻辑。导言首先谈到中国正处在城市化进程中（becoming urban）。他简要回顾自民国以来的国家与社会进程，进而谈到经历1978年后的改革开放，中国进入了快速城市化阶段，在行政、经济、物质、社会文化和政治方面引起变化。他谈到，城市化是不均衡的空间发展过程，将不可避免地生产社会的张力、社会的冲突和爆发民众的抗议。

弗里德曼提出理解中国城市变迁的两种视角。第一种是全球化的视角，第二种是内生发展演化的视角。他采取的是第二种。弗里德曼认为，将“全球化”作为研究城市的分析框架，有赋予外来力量特权的倾向，可能忽略了地方内在的远见、历史过程和路径、内生的各种能力；其次，全球化的视角强调经济而排除了地方社会文化与政治的各种状况；以及对于中国而言，什么是“内”与“外”并不容易分辨。他举了一个例子，改革开放初期的“外资”，大部分是来自香港地区和台湾地区。他引证费正清的论断，“中国力量的中心在其内部，在中国人中；正是在其内部，在中国人里革命的星星之火积微成众”。在曼素恩（Susan Mann）的《中国城市化过程与历史演变》一书中总结美国学者对于中国城市空间结构研究最重要的三种范式，分别是以吉尔伯特·罗兹曼为代表的西方化城市发展演替传统城市模式、以墨菲为代表的主张地方发展模式，以及以施坚雅为代表的主张城乡关系重建的模式（Mann S，1984）。我曾经将其归纳为资本、权力与空间的不同指向以及讨论了三者间的关系（杨宇振，2009）。弗里德曼强调内生的视角可以更多放置在权力与空间的框架中。他谈到他的出发点是中国的历史，是超过 3500 年的文明史而非民族国家的短暂历史；易经中的阴阳辩证哲学、儒家的道德教诲、道家的内修，以及法家思想都是中国人的共同遗产。

《中国城市的变迁》主体共有 6 章，分别为：（1）历史的脉络；（2）区域政策；（3）乡村的城镇化；（4）新的空间移动性；（5）个人自主空间的扩展；（6）城市建设的治理。章节是由历史的叙述到区域的格局再到城乡关系的转变，进而讨论加大的流动性、个人的日常生活变化，最后谈及城市本身的管理与规划。[①] 历史的简要回顾贯穿在各章节议题中，往往先谈及民国前的一般状况，再到民国实践，再及计划经济时期，最后阐述和分析市场经济以来的状况与问题。威廉·施坚雅主编的《中华帝国的晚期城市》是弗里德曼在讨论历史脉络和区域格局的重要参考文献。和施坚雅的论断类似，他提出市场化后的中国加大了区域的不平衡发展格局，而如何应对这一状况已经成为权力部门需要谨慎应对的事情。在“乡村的城镇化”一节中，弗里德曼谈论的大多是东部中国地区的农村城镇化，认为有能力的地方领导、企业家、高密度的农村人口和过剩的劳动力、农村的选举，以及吸引外来投资的同时仍然具有极高的储蓄率

① 从我的角度上看，把“城市的治理”置放在“乡村的城镇化”后可能更加合理，再而谈论空间移动性和个人自主空间的拓展。也许是考虑与书名的呼应，弗里德曼把“城市的治理”放在了最后一章。但在导论中，他最后提出的关键问题却是紧密地与“个人自主空间拓展”相关。

等原因，推进了农村自发的、内生性的发展。城乡关系改变过程中户口制度的设立和松解改变着劳动力的城乡迁移状况；从农村来的劳动力在城市中形成了聚居地和某些非正规就业的状况，而劳动力区域、城乡间的移动将持续下去，随着区域经济格局变化而变化。

在最后的两章中，弗里德曼阐述了个人日常生活的变化以及城市建设的治理。弗里德曼谈到从计划到市场过程中，个人自主空间的扩展，拥有相对的更多自由，包括可支配的闲暇时间、自己拥有的住房、新的生活方式等。他在“导言”中特别提到，他并没有讨论处在转型期的中国，经济的变迁、城市的变迁是否会导致向多元化政治的转变；他更倾向于讨论个体获得的、实际的日常生活改善。在“城市建设的治理”一节中，弗里德曼回顾了前现代的县衙、民国时期的警察和孙科主导的市政建设和城市规划、计划经济时期城市中的“单位制度”和“单位大院”，以及市场经济以来城市的管理和经营、城市政府从管理者部分转变为经营者的角色。面对城市复杂的各种状况，如何规划城市的未来，如何“良治”是一个需要进一步深究的问题。中国城市变迁是中国现代化的一部分。此处我想进一步引述罗兹曼对于中国现代化的研究，进而再与弗里德曼的论述内容和结构进行比较分析。

罗兹曼提出界定现代化的若干界定性因素，包括“国际依存的加强、非农业生产尤其是制造业和服务业的相对增长，出生率和死亡率由高而低的转变，持续的经济增长，更加公平的收入分配，各种组织和技能的增生及专门化，官僚科层化，政治参与与大众化（无论民主与否）以及各种水平的教育扩展”；进而他提出中国现代化的五个方面及其相互关联的研究：国际背景、政治结构、经济结构与经济增长、社会整合、知识与教育。罗兹曼认为后发的国家发展需要面对多年的国际环境，需要被迫制定一个基本借鉴外国经验的大规模变革计划。他提出的问题是，中国深厚的历史与文化等是促进了现代化还是阻碍了现代化？这一问题，也是包括施坚雅、弗里德曼等人探寻的问题。关于政治结构，罗兹曼提出，是关于“一个社会为实现蕴含在知识增长（这最初来源于对外交往）中的各种可能性，而运用公营和私营体质以控制并分配资源的这一种能力的发展情况……政治结构对于现代化之所以意义重大，乃是因为它影响着决策，影响着决定执行什么政策并做出何种选择的协调和控制。它不仅意味着权力的行使，也意味着意志的动员。”他也提出，国家的行动，在多大程度上促进了现代化的进程；他也需要探讨对于现代化进程而言很重要的大众参与、权利和自由的扩大，以及各利益群体在形成并表达自己观点时所具备的机会。在经济增长的部分，罗兹曼探讨更多的经济与国家、与政策之间的关系，经由追求经济增长而产生的结构性变革及其效率。社会整合的问题涉及如何有效配置各种资源，包括空间资源、人力资源等的问题。如前对曼素恩的引述中，罗兹曼在该部分比较了中国、日本和俄国的城市体系，并认为在清末的中国不具备一个能满足现代化计划需要的城市网络，进而使得中央无法有效动员地方的资源用于现代化建设。最后一部分是关于“知识与教育”。罗兹曼认为“任何建设现代化的社会，都会优先考虑吸收并扩展现代知识与技术，知识与技术对于借鉴别国经验和建设的一个新社会来说，是必不可少的”。类似之前的问题，他提出中国历史悠久的传统和教育对于现代化的实践是什么样的关系？

面对中国历时久远的、持续发展的文明时，一个“拥有程度极高而造诣极深的多样化文化价值，拥有控制、协调和管理幅员辽阔而人口众多的国家的能力，拥有有效地把技术开发应用于生产的扩大并维持数倍于 19 世纪欧洲国家人口的组织天才”（吉尔伯特・罗兹曼，2003：15）的国家，对这一文明经历西方冲击和现代化过程时，两位作者都探寻了一个相近的基本问题，那就是，中国的历史与文明，比如包括儒学为主导的传统观念、政治生态、文官制度、区域结构、文化传统、家族式或地缘的社会结构、城乡关系与城市网络等，在多大程度上，在哪些方面可以转化或者阻碍中国的现代化进程？如前所述，弗里德曼从历史脉络、区域、城乡关系、移动性、个人的自由，以及城市治理几个方面，试图探讨新时期社会与城市的变迁。罗兹曼从国际关系、政治结构、经济结构与经济增长、社会整合，以及知识与教育几个方面来讨论这一国家与社会的变迁过程。历史、政治、经济是两位作者皆有讨论的议题，尽管深度和广度有所不同。我虽然同意从内生角度观察与研究中国的国家与社会变迁的重要性，但在当代全球地区、国家、城市、个人日趋互联的状况下，在弗里德曼引用卡斯特尔的"全球流动空间"的状况下，在罗兹曼指出的后发国家往往需要参照发达国家模型和实践的状况下，国际与国家间关系的分析与讨论是一种必要。弗里德曼从福建等东部沿海地区的农村获得的经验和认知，推导出中国农村地区城镇化的内生性发展，忽略了广大中西部地区农村在过去几十年中大量流失的状况（尽管他谈到了城乡间的劳动力移动），导致许多村庄中原有社会结构与组织的近乎解体。

弗里德曼最后判断，前进的路径上要避免出现导致僵化的极权主义与无政府主义两种极端，需要在两者间找到一种平衡。他不赞成使用哈贝马斯建构的国家与社会对立、公共领域与私人领域对立的概念来解释中国的状况，赞成黄宗智提出的"第三领域"。黄宗智认为，要破除将国家与社会二元对立的简单思维，中国的政治实践从未追求国家或社会的完全独立性。他认为"第三领域"正是国家与社会联合、合作的场域，也正是在这一场域，可能是更具协商性而非命令性的新权力关系的发源地（Huang，1993：213–240）。从黄宗智的这一理论概念出发，弗里德曼提出了"中国现实存在的市民社会”（China’s actually existing civil society），在现状条件下多元群体和力量共存的状况，进而在极权主义与无政府主义之间找到一条“中庸”的发展道路。

2. 黄鹭新等的解释

黄鹭新等对1978—2008年间的中国城市规划发展作了概要性回顾。和本文引用的其他文献相比，该文提供了更多的关于中国城市规划发展的细节。作者认为“自上而下”的体制形成了城市规划被认为是“国民经济发展计划在城市物质空间上的继续和具体化”，“标准规范准则+专家理性分析”成为普遍的规划决策方式。作者简要回顾了改革开放前的城市规划状况。城市规划主要发展在“一五”期间配合重大工业项目建设的工作，“二五”以后到改革开放前基本处于停滞状态。

从1978到2008年间，黄鹭新等将其分为了6个阶段，分别是1978—1986年的恢复重建期、1986—1992年的探索学习期、1992—1996年加速推进期、1996—2000间调整壮大期、2000—2004年反思求变期以及2004—2008年的更新转型期。基本的阐述逻辑是讲述各阶段的社会状况，进而根据不同阶段的情况叙述城市规划的机构设置、工作内容、颁布的法规以及作为城市规划内部的规划类型（如区域规划、总体规划、控制性详细规划等）。比如，在第一阶段中，在1978年召开第三次全国城市工作会议、1982年设立城乡建设环境保护部，国家建设总局并入并改组为城市规划局。该时期的主要任务是改善欠账多年的城市基础设施和生产生活空间。而这一时期特区的设立和农村地区家庭联产承包任制的展开对中国的城乡发展产生了深远的影响。又如在2004—2008年间的更新转型期中，谈到城市规划更综合考虑社会、经济和环境问题，更加关注社区构建、社会平等公正、公共参与的内容，更加关注城乡统筹和区域一体化。作者认为城市规划越来越成为一项调控城市空间资源分配、指导城乡发展与建设、维护社会公平、保障公共安全和公共利益的重要公共政策。决策者及其价值观和认知水平，以及决策机制、决策环境等都对城市规划的状况起着决定性的作用。

黄鹭新等阐述 30 年间中国城市规划变迁的方式是“分期 + 现象”，将 30 年根据历史进程判断分析其变化的子阶段，阐述在各子阶段中城市规划从机构、法规、实践、知识与技术以及社会过程等层面的现象与变化。这种典型的方式方法，提供了历史过程中一些重大事件和现象，以获得概览性的面貌和理解。其中的难点在于选择哪些而不选择另外的一些。弗里德曼关于中国城市变迁的阐述，先从方法论进入（从全球化角度还是内生角度），进而从不同的子类（历史、区域、乡村城镇化、移动性、个人自主空间以及城市治理）讨论城市的变迁，共同拼贴出一幅城市变迁的面貌。对于城市变迁、其内部某子类（如城市规划）变迁的讨论，可以有历年统计数据的分析、“分期 + 现象”的描述（如黄鹭新等的工作）、社会生产过程要素的讨论（如弗里德曼、罗兹曼的工作）；也可以将城市现象分为若干类进行研究（如 John R. Logan 主编的 *Urban China in Transition*[①]）。不同的研究方法、内容共同构成理解城市变迁、城市规划变迁的现象与机制。所有研究都需要收集、甄别历史过程中的各种资料，将其组织成有意义（如有解释逻辑）的叙述。其中的难点，是如何解释现象之间的变化关系。

① 该书分为四个主要部分，第一部分讨论单位制机构的市场转变和劳动力市场；第二部分讨论城市化进程与地方的变迁；第三部分谈城乡移民带来的冲击；第四部分讨论新城市中的社会控制。

3. 第三种视角

在马克思看来，周期性的资本积累危机是资本主义社会内在矛盾冲突的结果。理解危机的产生过程是洞察资本主义社会的一种必要途径。从 20 世纪 70 年代末以来，中国日益成为全球资本积累循环中的一部分，理解“危机与危机的应对”是理解中国城乡社会、城市以及城市规划变迁的一种视角。20 世纪以来的后发的民族国家，存在着普遍的焦虑感，这是一种竞争中的焦虑感。一方面，需要追赶发达的资本主义国家；另一方面，在追赶的现代化进程中又面临着自身内部的结构性转型。危机的产生，是一种主动性的生产过程的结果，它既存在于与国际范围各国间（特别是与各超级大国间）的关系（历时的变化过程），也存在于自身内部的城乡社会关系、城市和农村内部的尖锐矛盾中。从总体上看，随着全球化进程的推进，作为局部的民族国家危机越来越成为全球危机的组成部分。从危机的类型上看，从早期现代化中的一般商品生产的资本积累危机，越来越演化为金融危机、社会公平正义危机和环境危机。每一次危机都是对社会秩序的冲击、某些社会组织的解体或结构性调整，以及带来对权力合法性的质疑。危机的应对，就是通过对自身能够控制的资源（政策、财政、空间、劳动力等）进行调节，来减少危机的猛力冲击，来维持地方的秩序和日常生活状态。从这一点来说，城市规划（以及城乡规划）是应对危机的一种空间工具。危机具有空间地理属性，在某一地区的危机会向另外的地区转移或者转嫁（如东部到西部，或者城市到乡村）；危机也具有产业属性，在某一产业中的危机会向其他产业转移或转嫁（如金融部门到房地产部门等）。因此，危机的应对具有时空特征。

“危机”本身带有一种相互关系含义在其中，现代地区、国家、城乡、城市危机的产生是各种不同层级空间内外相互运动的结果，不是独立空间单元内部运动的结果。“危机应对”的视角不只在弗里德曼考虑到内生性发展，不只在黄鹭新等讨论的国家政策与规划应对的线性关系中，它倾向于一种批判性的视角，试图理解规划变迁的逻辑关联。比如，赵燕菁在《国际战略格局中的中国城市化》中讨论了新中国成立以来的城市化政策，认为中国城市化“不可避免受到国际战略格局的制约……许多现在看似无法理解的‘失误’……成为一种有意义甚至是不可避免的选择”（赵燕菁，2000：6）。赵燕菁在文中谈到了在 1952—1960 年间中苏结盟、1960—1979 年大国对立、1979—1997 年对外开放以及冷战结束后各个不同外部条件下（更准确说，在不同的危机状态下）的中国城市化政策。认为好的城市化政策是应对外部条件变化的发展战略；好的城市化政策在于审时度势，扬长避短——而这也就意味着危机应对（包括城市规划在内）的短时性。作为应对危机的一种工具，规划至少要应对“全球——民族国家”“国家——地方”“城市——乡村”“公与私”四种空间间性。

城市规划（城乡规划）作为中央与地方政府手中的工具之一，同时具有政策属性与技术属性。这一工具必须与其他工具共同使用，才能够完成具体的物质空间实践。例如，要将某一空间转变为商品，需要法律的许可、确权、金融信贷体系、空间的划定和属性赋予、市场交易体系等一系列商品生产要素和交易要素，城市规划是完成这一交易过程中必要的一部分。在经济形势总体向好时——在中国的政治与行政格局状况下（特别在 1994 年分税制改革之后），也意味着地方城市政府之间激烈的经济竞争，城市规划成为地方政府发展主义的一个重要工具。

支配民族国家发展轨迹的，是国家的经济危机（来自内部自身积累或者外部的转嫁），其他的危机是经济危机在某一社会生产与再生产领域的转移表征。温铁军在《八次危机：中国的真实经验1949—2009》一书中讨论了新中国成立以来到2009年间深重的八次危机，此处不转述。但城市规划（以及后来的城乡规划）的作用，很明显地可以在多次的危机应对中找到发展的脉络，进而获得浮现的各种空间现象及其时空变化的可能解释。比如，新中国成立后主要的城市规划与建设，与苏联援华建设重点工业项目紧密相关。1960年苏联资金、技术、人员撤走后，留给中国巨额外债，需要从城乡社会中汲取积累偿还。没有资本投入，城市建设也就无须城市规划（当时提出"三年不搞城市规划"，其实从60年代到70年代末普遍没有城市规划），而为了从农村汲取积累，需要通过农村集体化来达到减少交易成本的必要，形成了大量的人民公社及其部分规划。

城市规划的作用需要放置在城乡社会关系变化的脉络中观察，而城乡社会关系的变化又需要与民族国家在不同时期所处的国家战略与经济格局变化中来讨论。1978年到1980年初期的农村社会城镇化发展，按照温铁军的论述，是国家从农村社会的撤退，却形成了农村社会的蓬勃发展，是一段"科学发展"时期。也许弗里德曼就是观察和体验了这一段农村社会的城镇化（或者和这一段时期有类似状况的农村），进而提出内生性的发展。如果说中国的城镇化有内生的、自我演化的时期，80年代初期就是这一时期，其后随着国家与城市经济日趋接入全球化而为外部结构所影响和支配。随着国家政策向城市部门的倾斜，从80年代中后期开始，城市的发展日益接驳王建提出的"国际经济大循环"，日趋成为经济全球化的一部分，并因内部机制（如地方政府在1994年税制改革后成为地方土地开发主体的激励机制）生产了史无前例和巨大规模的快速城市化。

结合包括林毅夫等多位学者的论述，温铁军将2003年定义为中国从资本稀缺型向资本过剩型社会转变的年份。按照这一判断，1978—2003年间的城市社会发展[①]，是需求大于供给的阶段，是生产型的社会，也是从资本原始积累到规模扩张的过程。2003年后的城市社会发展，是供给大于需求的阶段，是有中国特点的消费型社会，也是资本从规模粗放型扩张向结构转型的阶段。循着这一判断，2003年前的城市规划（作为政策与技术），与其他门类的政策与技术一起，其主要的功用是将空间转变为商品的生产与交易，将各种生产要素从原来的计划性安排要素转化为市场性要素。通过对土地确权、土地上的空间确权、属性定义、数量的空间分布以及交易安排等过程和手段，既是一个探索性的过程，也是城市规划自身建构的过程，如黄鹭新等在文中的概览叙述，从行政机构设置、法律颁布、知识与技术传播，到实践机构设置和具体的工程实践的过程。由于双轨制的存在（它一直并未消失），以及城市规划天生具有公共政策的属性，除了将空间转变为商品的功能外，它还具有安排公共空间的基本功能。但随着地方政府从原有的管理型向经营型的转变[②]，公共空间的安排也往往是生产交换价值的重要手段，而不再单纯是之前的生产使用价值和改善市民的日常生活质量。这一阶段的危机，是应对如何从计划向市场转型的危机，以及生产不足的危机。由于缺乏市场运作的知识与经验，以及高质量的城市规划的知识与技术消费，只局限在很有限的少量城市中，进而形成了大量城市在快速城市化进程与城市空间政策与技术安排的错位。

---

① 温铁军谈的是整个国家的经济结构转变，但这些转变的各种特征强烈地体现在城市社会中。

② 见：Harvey，David. From Managerialism to Entrepreneurialism：The transformation in Urban Governance in Late Capitalism[M]//Malcolm Miles，Iain Borden，Tim Hall，(ed.). The City Cultures Reader. London and NY：Routledge，2000；赵燕菁. 从城市管理走向城市经营[J]. 城市规划，2002（11）：7-15.

2003 年后的城市规划，面临的核心危机是市场不足，它的核心任务是生产“市场”。它既需要优化既有存量，减少存量内部的空间交易成本，提高存量的空间经济效益，也需要进一步拓展空间增量，将存量生产中的危机转移到更大的空间范围中，通过空间的扩张来缓解危机爆发。因此 21 世纪以来，在城市内部各种新区如雨后春笋式的增长（这是之前政策路径依赖的结果，通过放权来生产更有生产效率的空间单元）在城乡社会之间提倡新农村建设、新型城镇化。通过提高人口数量众多的农村的收入来生产市场，以缓解接驳全球经济后城市经济的高风险。为配合这一国家政策，城市规划在 2007 年改为城乡规划。温铁军曾经提出“城镇化的本质是去城市化”——他只说对了一半。新型城镇化的一半是将城市中消费不足和生产效能低下的危机向更大的空间范围扩散，特别在与县、镇、乡的空间层级里（杨宇振，2015b）（从这一意义上说，温铁军说对了；城市中原来的生产可能发生空间转移）；另外的一半，却是要优化城市中的空间经济效益，通过制度创新、技术创新、“腾笼换鸟”、产业的更新换代等来降低交易成本、提升交易效率、提升原有空间存量市场规模和更高等级的市场品质。“城市规划”或者“城乡规划”此时已经不能指示这一内涵，“空间规划”日益成为常用名词。

在两个阶段中，又存在突发危机，如 1997 年亚洲金融危机和 2008 年美国次贷危机引发的经济萧条。外部经济危机引发内部的应急处理，往往通过增发公共投资来生产市场，以确保相对稳定性。1997 年和 2008 年后，为应对外部市场严重萎缩的状况，国内分别启动了开发大学城（住房、医疗、教育等公共事业市场化也是这一过程的一部分）、新型城镇化、供给侧改革等实践。这些特定时间阶段的政策或实践在很大程度上左右了城市（乡）规划的短时实践。

第二阶段城市社会面临的问题更加复杂和综合。周期性的经济危机关联着社会公平正义危机、环境危机、日常生活意义的危机。在一个大卫・哈维提出的“时空压缩”的时代，由于资本积累周期的加速和网络社会的浮现，在社会生产与再生产的过程中，大大小小的各种危机频发，使得规划作为应对危机的一种工具，越来越多地出地现各种应对危机的专项规划,越来越多的各种指向特定内容的“某某规划”，正成为普遍现象。

4. 危机中的规划创新

危机是创新之母。创新往往出现在不同生产方式转变之间——生产方式的转变即是最大的和持久的社会危机。从计划主导的社会向市场主导的社会转型过程中，规划作为一种空间实践的工具，本身就必须经历转型，从生产空间的使用价值为主向生产交换价值为主转变。转型中具有主体能动性改变即是创新。从资本稀缺型社会向资本过剩型社会的转变，同样面对库恩指出的“范式”的转变。欧美社会在 20 世纪六七十年代处在这一转型的阶段。

当代中国的社会日渐进入资本过度积累的社会。规划需要从之前的计划型范式（并未完全消失）、生产型的范式，转变为以空间为手段的更具有能动性的，结合其他学科共同应对和处理复杂的、多变的城乡社会问题的新范式。规划的理论与实践创新就在这一转变的过程中。其中的一种，是将空间现象与空间生产的机制更紧密和有效地结合起来。[①] 作为社会生产与再生产的一种工具，规划需要处理日常的、短时段的“冲击—应对”式的具体事务。但规划的创新存在于理论创新与日常实践的相结合，基于对城乡社会中长期的观

① 如赵燕菁的多篇文章，探讨有交易成本的现实世界的城市规划。

察与思考基础上。从这一点上说，弗里德曼的《中国城市的变迁》提供了一种更加宽阔的视野；规划创新还存在着目标的指向，弗里德曼提出的“个人自主空间的扩展”始终是规划实践的核心要义和基本目标之一。不管外部如何变化，规划最基本的功用，仍然在于使尽可能大多数人获得更大的自在，更美好的生活。

（原文曾刊发在《国际城市规划》，2019年第1期）

注：谨以本文纪念中国城市规划学会国外城市规划学术委员会的两位重要同仁。约翰·弗里德曼教授多次参加国外城市规划学术委员会的年会并做主题报告。2010年年会的主题是“全球化视野下的中国范式：城市发展与规划”，弗里德曼在报告中谈到了中国巨大的人口压力与城市化之间的关系；会后与他讨论并一起游历深圳，之后的年会中也多有交流。2017年三月间邀请德国多特蒙德大学的克劳斯·昆斯曼教授来重庆大学建筑城规学院演讲，私底下聊天时谈到弗里德曼。他说弗里德曼在庆祝90岁生日时，开玩笑说他持续学习和研究到90岁已经够了，该休息了。很遗憾6月间就听到弗里德曼教授去世的消息。黄鹭新同志是国外城市规划学术委员会的秘书长，年会能够持续多年成功举行，是他和团队共同努力的结果。记得他充满活力的模样，也十分愕然他的突然去世。我想，对于逝去的学者最好的纪念方式就是阅读他们的著作、文章，从他们的著作和文章中获得启发和思考。

困惑状态与日俱增。这种困惑状态形成了我们的一部分世界，困惑状态在这一部分世界里体现了它自己。也就是说，我们制造了一个让我们自己困惑不解的世界。我们如何消除困惑状态呢？日常生活研究还可以成为让我们绕出现代社会复杂性和积淀的一个引导线索吗？……不能把日常生活定义为一个较大系统的子系统。相反，日常生活是生产方式的“基础”，生产方式通过计划日常生活这个基础，努力把自己构造成一个系统。

——亨利·列斐伏尔，

《日常生活批判》（第三卷），P578-579

空间与焦虑

近代中国新村生产及其问题

资产阶级解决住宅问题的办法由于碰到了城乡对立而显然遭到了失败……住宅问题，只有当社会已经得到充分改造，以致可能着手消灭城乡对立，消灭这个在现代资本主义社会里已弄到极端地步的对立时，才能获得解决。

——恩格斯，《资产阶级怎样解决住宅问题》

1492年哥伦布发现美洲大陆，揭开了全球史新的一幕。欧洲的贸易中心，从地中海向大西洋转移；从经由如威尼斯、热那亚等城邦国家的商队，由东罗马帝都君士但丁堡特许，沟通与亚洲的贸易，转向多国间的欧洲、非洲、美洲间的贸易。这一贸易更绕过好望角，随时间发展延伸至西亚、中亚和东亚。此时中国正处于明朝，并无接纳外来贸易之意象。但彼时章潢的《图书编》中即有一幅全球地图，准确地描绘了各大陆间的基本空间格局。

大概可以说，从这一时期开始，西欧社会开始面临“旧村”与“新村”的问题。“新村”开始是一个较宽泛的概念，是对“旧村”日渐消逝的缅怀和挽救，也是在新的生产方式下，探讨和实践想象中的集体存在方式和美好空间，如罗伯特·欧文的“新协和村”。“旧村”是地方的小农社会生产方式、宗教信仰与世俗权力相结合的产物，是经由中世纪漫长的人、地间磨合的产物，是长期相对确定性的产物。与外部不断的往来解构着旧村，改变着旧村的生产方式、世俗权力结构，甚至是宗教的信仰，冲击着生活在其中的每一个人的日常生活。马克思和恩格斯在 1848 年的《共产党宣言》中精彩地描述了这种前所未有的巨大变化，“资产阶级在它已经取得了统治的地方把一切封建的、宗法的和田园般的关系都破坏了。它无情地斩断了把人们束缚于天然尊长的形形色色的封建羁绊，它使人和人之间除了赤裸裸的利害关系，除了冷酷无情的‘现金交易’，就再也没有任何别的联系了。……生产的不断变革，一切社会状况不停的动荡，永远的不安定和变动，这就是资产阶级时代不同于过去一切时代的地方。一切固定的僵化的关系以及与之相适应的素被尊崇的观念和见解消除了，一切新形成的关系等不到固定下来就陈旧了”（马克思，恩格斯，2008a：274–275）。旧村正在死亡，不确定性一日超过一日，陌生人渐多，各种新事物比以前更快更频繁出现；在一定空间边界内长期体验以获得善、恶、美、丑的认知，被空间之间快速的流动性摧毁。失去判断、身份、方向和存在的意义，成为普遍的焦虑。

怎么才能够消解焦虑？什么是可能的、新时期人理想的、更有意义的生存方式？它是过去 500 多年间，特别是工业革命以来的核心问题。和一些古老帝国，如奥斯曼帝国相似，中国在 19 世纪末 20 世纪初被迫进入了资本主义的生产体系，面临与西欧社会之前类似的难缠问题和同种焦虑，还沉重地负荷了追逐的、“赶超”的焦虑。

新村作为一种集体存在的想象与实践，一种社会与空间的组织方式，作为总体焦虑的载体之一，在 20 世纪初的中国浮现出来。

1. 生产焦虑：新村的观念与争论

1919—1920 年间，媒体上出现讨论“新村”的众多文字。值得注意的是，王统照认为“新村问题”的讨论是新文化运动的一部分（王统照，1920：1-3）。这一讨论开始于周作人 1919 年在《新青年》发表的《日本的新村》，引介日本武者小路实笃的新村建设。此间还有李大钊在《星期评论》上介绍《美利坚之宗教的新村运动》，潘公展在《东方杂志》上介绍《英国的新村市》。

潘公展引介的“新村市”（Country-town），基本就是霍华德提出的“田园城市”模型。为了组织新村市，“特设立了一个‘新村市会议’，……另外他们组织一个合作的团体叫作先发信托有限公司，来帮助他实行种种的计划，使经济上可以发展……这本书中所说的方法，大概是属于都市规划的一种，而参加新村市的意义，与日本的新村并不完全相同，然推究他的宗旨，也无非要使人类的生活成为互助的生活，与日本新村运动的宗旨简直是没有什么两样”（潘公展，1920：64）。新村市的目的是，潘公展引用 W. R. Hughes 编辑的这本书中原话，“要设备那正当的环境，使创造的精神可以自由。同时就是那创造的精神的自身，方可以建设和保持这种环境。并且这种能够产生新村市中美满生活的环境，不单是新鲜的空间、清洁的食品和适宜的家宅，他们最要紧的，是要使身体的与心智的劳动与人类的精神都有一种团结”（潘公展，1920：66）。潘公展进一步阐释道：“无非一面要使人能尽量发展自己的个性，一面要使大家为社会公共的利益而共同作业。简言之，他们是要把两种相辅的理想——就是我们叫作'个人主义的'（individualistic）与社会主义的（socialistic）——互相结合起来罢了。"（潘公展，1920：66）他进一步谈到，新村市是之前各种社会主义的总和（synthesis），是通过组织团体的办法（method of communities）来经营公产，为大多数人谋取幸福。

李大钊在文章的引言中谈到，随着产业进步带来的社会两极分化，形成资产者和无产者两大阵营，带来了社会进步的同时，也带来各种苦难。因此，出现了各种"社会主义"反对彼时的经济组织的精神和运动。他列举了在美国——一个远离西欧大陆各种限制的地方——的两种社会主义："一是乌托邦派；一是历史派。乌托邦派，是离开现在社会组织的一种理想的社会，示人以合理的生活模范。欧文派和傅立叶派都是此类。历史派是在现存的社会里把无产阶级联合起来，为阶级战争，纯以马克思的学说为经典。乌托邦派有种种的新村运动，以试验他们的理想；历史派有种种的政治运动，以达到他们的目的。"（李大钊，1919：1–2）他在之后的文稿中简要说明了包括欧文派、傅立叶派在内的四种乌托邦派的新村，重点介绍了宗教的新村。①

比较有社会影响的是周作人引介的新村。他提倡要过一种"人的生活"，"提倡协力的共同生活，一方面尽了对人类的义务，另一方面也尽各人对于个人自己的义务；赞美协力，又赞美个性，发展共同的精神，又发展自由的精神，实在是一种切实可行的理想"（周作人，1919：266）。他在一次演讲中重新阐释了新村的概念，并把当时国内的三种类型，一是南京的启新农工场有限公司；二是北京的平

---

① 1920年李大钊还在《民国日报·批评》上介绍过《欧文（Robert Owen）底略传和他底新村运动》。1920年瞿秋白在《新社会》上发表了对李大钊文章的回应——《读〈美利坚之宗教新村运动〉》。

民新组织；三是龙华的新村进行比对讨论。他认为，认股入村的模型不是新村；处于指导者位置去改良平民生活的模型不是新村；有行政、司法、警察科的模范町村模型不是新村；“新村的理想，是使人努力做一个模范的人；模范町村的理想，是使人努力做一个模范的国民，这是极大的异点”（周作人，1920：133）。

新村的观念引起广泛讨论，声浪日高。它得到许多赞同，也得到了一些批评。周作人和黄绍谷在 1920 年有一次书面上的讨论。黄绍谷质疑新村建设经费的困难，在旧社会（旧村）基础上建设的事实上的不可能、社会改造的缓慢，以及难以推广普及。周作人承认其困难，但指出，“新村与别的社会改造不同的地方，是想和平地得到革命的结果；新村并不是社会改造的唯一正统的路，是气质相同的人们所共同赞成，是适合于他们理想的一条路”。（黄绍谷，周作人，1920：2–3）

其中，最有影响的反对声音当属胡适 1920 年发表的《非个人主义的新生活》。他认为周作人引介的新村，是一种独善的、个人主义的新生活，是一种跳脱出现时社会的新村生活。胡适认为，“新村”的模式是避世的，不是积极介入的、奋斗的；是极度不经济的，也就无法经由物质的获取来达到精神的自由，而困于物质生产；同时也是方法错误，不能经由“独善”来改变社会，而应通过改变造成个体的各种社会条件、势力来积极改变社会。因此他认为，应当通过一点一滴做社会改造，通过“时时刻刻存着研究的态度、做切实的调查、下精细的考虑、提出大胆的假设、寻出实验的证明。这种新生活是研究的生活，是随时随地解决具体问题的生活”（胡适，1920：475）。

19 世纪末到 20 世纪初是霍布斯鲍姆提出的资本主义的黄金时期，

是自由主义充分发展的阶段。伴随着资本主义的自由增长和矛盾激发，是各种思潮，包括各类社会主义思潮的出现和传播，对于激发的尖锐社会矛盾的可能路径探寻。是否有可能走一条和平的演变之路？还是只能通过战争来解构、重构社会？作为集体的人类和作为个体的人在这种社会组织和生产方式下，又应该走向哪里？这些问题是欧战前西欧各国广泛讨论的社会议题。1898 年霍华德出版的书即是《明天——通往真正改革的和平之路》。1914 年欧战爆发，是资本积累危机与民族国家间矛盾的产物，在使用新武器状况下死伤无数，为二战前英法的绥靖政策打下伏笔。欧战间的 1917 年俄国爆发“十月革命”，建立了第一个社会主义国家，震惊资本主义世界。积年的资本主义纵横发展（引发的社会极化）、民族国家观念强化与相互间竞争、欧战的惨烈和苏联社会主义国家的建立，是理解 1920 年代初中国社会思潮的外部条件。

20 世纪初的中国社会，特别是东部地区的通商口岸城市，已深受资本主义的影响，也已浮现资本主义带来的各种困难问题。社会加速分化，老的土地贵族正在失去权势，新的国家政权仍然没有建立，各地军阀林立和互斗，农村日益破败。在国际国内各种问题复合纠缠的情况下，什么是社会发展的理想模型？什么是个人存在的理想状态？彼时“新村”的引入——尽管必须说，这是一个复数的名词，多义的名词，一个可能如李大钊介绍的宗教的新村、潘公展介绍的新村市，也可能是周作人转介的武者小路实笃提倡的新村，它们并没有同一的路径和模式，却有着高度同一的焦虑。在面对风云变幻的国际、国内形势下，对于人类社会，特别是人个体存在的高度焦虑，应对这种焦虑的基本方法，是将自身和某一群体，从更大的空间范围中隔离开来，分割开来，生产异质性的空间（新村），来试图抚慰焦虑，获取安宁，获取确定性。这种胡适批评的“个人主义的新生活”的模型，由于断裂了社会大分工，断裂了与外部性的关联而注定不可行，沦为一种悬空的乌托邦理想。提出“新村”的概念，赞美“新村”的模式，目的是为了抚平焦虑，事实上由于其不可行或者被概念挪用，而加剧了这种焦虑——事实上它在生产而不是消解焦虑。

这种悬空的乌托邦理想，由 1920 年代精英知识分子提起，却无力实践。现实的情况是，一些公司、机构、团体（如周作人演讲中指出的公司、平民组织和龙华新村），在自身可能控制的范围内，通过强化内部的组织（认股、改良、训导），来增强局部的、集体的凝聚力，来抵御外部的流动性和不确定性。这已然和周作人的理想差去极远；和潘公展等希冀的，在个体自由和集体组织之间保持一种和谐，和周作人希望的“赞美协力，又赞美个性，发展共同的精神，又发展自由的精神”已然差去太远，然而却日渐可行——因为它们积极介入社会。但它们失去了在个体与集体之间保持平衡的可能，使得个体受制于集体的组织，缓解了个体迷失在集体之外，面对高度不确定性的焦虑，却使得个体必须接受组织的规训，增加了个体在集体内部的焦虑感。

如果我们把这个“集体”放大到民族国家范畴，到了 1927 年后，随着国民政府初步统一中国，集体内的主要焦虑，或者说，权力合法性的焦虑日长，逐渐取代了 1920 年代初个体的焦虑。其医疗焦虑的基本办法是移植西方的现代化。费正清谈道：“南京政府制定的现代化规划几乎就是全盘西化。受过西方教育的官员们也有‘学以致用’的想法，但他们制定和执行的政策反映的都是西方工业化国家的管理体制、技术和生活方式。”（费正清，2002：544）

然而个体的焦虑依然存在，也一直长久地存在，只不过是黯淡了讨论的光亮。个体日渐进入社会分工的位置中，进入日复一日的工作中，进入更关心物质的得失（它也是一种焦虑），隐暗了对于个体应该如何存在的思辨。此时的支配性焦虑，是民族国家中国家权力的焦虑：一方面作为落后的发展中国家，急于进步和追赶欧美发达国家的焦虑；另一方面，却又是如何获得国民认可，获得权力正当性、合法性的焦虑。它必须引入欧美的知识和技术（却并不必然是意识形态和生活方式），或者说，发达的生产力，来增加国家内部的资本积累（困境在于，新的生产力应需要新的生产关系和新的空间）；它又必须规训国民，前面提到的"使人努力做一个模范的国民"；提高国民的知识和技术量（作为劳动力的必须）；它需要为国民提供福利，特别是数量众多的贫穷国民提供福利，来生产和增加合法性。在这样的情况下，新村于是从追求"人的生活"转变为一种治理的工具。另外一点值得注意的是，"新村"的概念，原本并无城乡之分别，它只是一种理想模型；甚至一开始它就只是对小农农村的改造；但到了 1927 年后，随着城市发展（1920 年代，许多地方设立的商埠改为市政厅；1929 年国民政府市组织法颁布后，各地的城市在行政意义上逐渐成立），和城市中社会极化、住房问题危机、城市政府追求合法性、正当性以及越来越多知识分子迁移至城市中，"新村"更多地成为城市中的话语，日渐远离农村。它来自"旧村"，却成为新城市中的一种追求理想，或者，一种被概念挪用后的实践，一种工具。

2. 新村、模范村和平民住宅：空间及其变化

"新村"首先是一种关于集体与集体中的个人存在方式的观念、理想和想象；"模范村"是一种现实实践，可能也冠"新村"之名；住宅，特别是平民住宅却是构成"新村""模范村"的最基本单元。观念的实践，由于各种不同社会力量的左右和支配，往往改变了最

初的模样和意图。瞿秋白阐释李大钊关于“宗教的新村”的文字中谈到，试图改变而不是逃避社会的新村运动，往往“是假定一种理想社会去试验，又常常因为是外界的关联、外界的影响、外界的压力，使他们试验中的成分性质、份量都不正确，就是他所试验的不是他们所理想的，成了不是他理想的功，败了不是他理想的罪”（瞿秋白，1920：8）。新村在随后的实践中，更多成了两种力量的工具。一种是权力的治理工具，一种是市场的工具。无论是哪一种工具，都需要经由工程设计落地。因此，它也是设计界的名词。另外，值得注意的是，早期的新村许多是由华侨投资建设的。

1922 年的《道路月刊》上出现了一篇关于“模范新村”的社会组织和空间模型构想的文章。这可能是早期现代中国最早的一篇关于新村具体空间安排的文章。作者吴山认为，只有通过乡村自治，将模范村作为普遍的自治单元，才是改造中国乡村社会治本的办法。[①] 他提出用地规模约为 2 万亩，可供壮丁 400 人（按照每人可耕种 50 亩计）；按照其各类详细项目的计划，村中约住有壮年成年人 700~800 人，老年人 200~300 人，婴儿、儿童、青年 700~800 人，共约 1500~2000 人的规模。也就是说，2 万亩用地 2000 人的规模，人均 10 亩。[②] 村内的空间安排（也是一种社会安排），从中心的大演讲堂开始（图 1）。这是一个要求所有成年人参与的，每天从晚上 7 点半到 9 点半，是接受再教育，“授与自治常识，及革除恶习与改良工作之训练等，凡关于德智群俭四育与卫生等演讲，均于每星期日酌定时间讲之”（吴山，1922：3）。接着从育婴堂、幼

① 目前关于吴山并无太多资料。但 1922—1931 年间的《道路月刊》上可以看到他不少撰著。另外，1931 年出版的《市政全书》，一本详细编辑该时期市政知识的书籍，陆丹林是总撰者，吴山是鉴定者。

② 和霍华德提出的“田园城市”模型做一个对比。霍华德提出在 66000 英亩中居住 25 万人。其中有 9000 英亩住 32000 人和 12000 英亩住 58000 人的两种类型。一英亩大致为 6 亩。也就是说，“田园城市”人均用地约 1.6 亩，核心区约 1.2 亩。

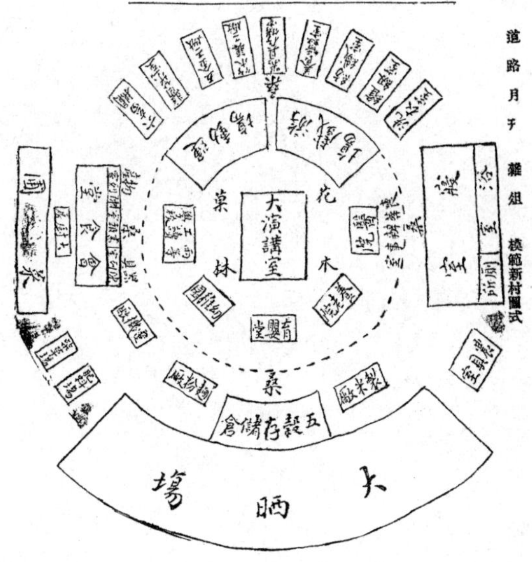

图 1　模范新村图式
[图片来源：模范新村图式 . 道路月刊，1922，3（1）：2. 香港大学工科学士高履贞绘制]

稚园、学校到养老院、丧葬办事室等，安排了人的一生所需的公共服务设施；进而配以各种生产型设施和所需田地。地方自治，从清末新政以来，已经成为一种普遍共识。清末颁布的《城镇乡地方自治章程》，是这一认知的国家政策的确定和实践。[①]“自治”的实践中，民众的教育是其中最核心内容。“模范新村”模型同样体现了该思想，试图通过再教育（disciplined）的方式，将传统劳动力改造为具有现代知识、技术和“协力”或者服从的劳动力。“新村”的这一目的，不管是谁，是哪一种社会主体力量在支配，一直都是其核心构成。

① 只是如何启动发展地方自治，在什么样的空间规模中举办地方自治，并无明显成效。更多的情况是官办自治而非民办自治，其中最有成效和示范作用的当属 1920 年代初孙科治下的广州市。

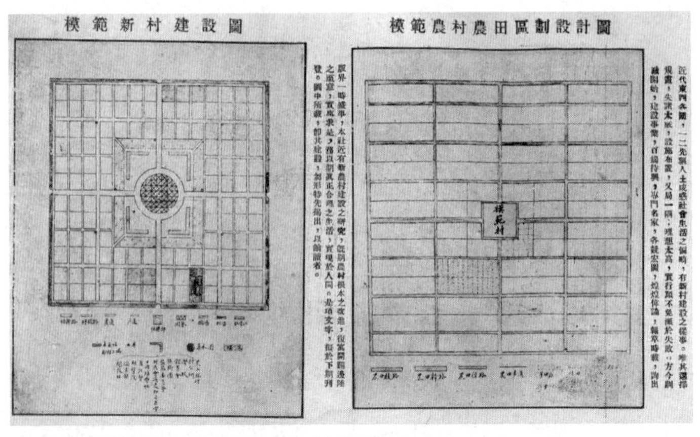

图 2　模型新村农田区域设计图及模型新村建设图
[图片来源：三民半月刊，1928，1（6）：1]

因为只有通过这一方式，才能够凝聚空间内部的力量，使其成为一空间，使得这一空间成为不同于其他的空间。

我们还可以再提供两个类似案例。1928 年《三民半月刊》刊载了一个新村的模型，“期农村根本之改进，复寓开闭边陲之至意，实事求是，务以期真正合理之生活，实现于人间”（图 2）。这一模型和 1922 年《道路月刊》上的模型没有根本的不同，在技术和空间格局上更加清晰。右图“模范农村农田区划设计图”，由多条道路纵横交错，模范村居于田中央。左图是“模范新村建设图”，此图颇有中国古代小城市的基本格局。村有村墙，把聚居人群护卫其中；村墙围合，开有东西南北四门；井（作为一种公共品）均衡分布其中，村中也是道路纵横，村中心是各种公共服务机构，包括农工银行、村公所、学校、体育会、监察委员会、村民会议及传习者堂、阅报社、图书馆、村医院、日用品消费社等。1937 年侯仁之对段绳武的河北新村进行了详细的调查，文章中附录了新村的标准图（图 3）。类似之前模型，村中心是包括学校、村公所、合作社等各种公共服务机构，以及运动场、公园等公共开放空间，比较特别的是中间还有一个警钟台。村有四门，四角有炮台，村内四处有井。（侯仁之，1937）

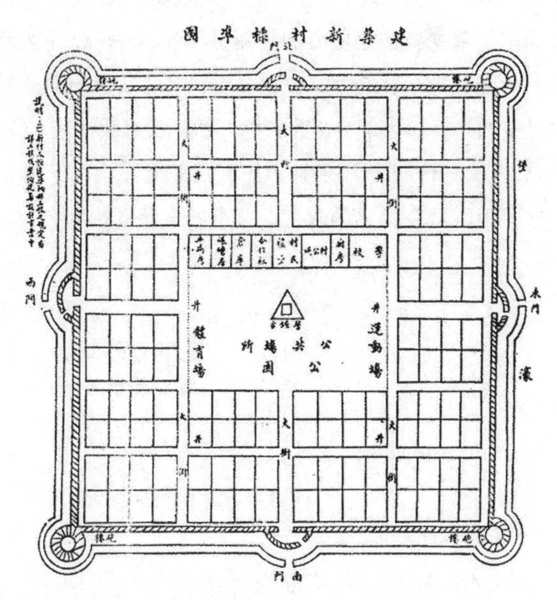

图 3　段绳武的河北新村之标准图①
[图片来源：侯仁之 . 河北新村访问记 [J]. 禹贡，1937，6（5）：62]

① 1951 年在《人民教育》上有篇文章《“创造新村”的做法对吗？》，是读者来信与编辑部回答的方式，讨论段绳武的新村建设。读者对于钱俊瑞提出的段绳武“依耕地农有之原则，实行集体生产，以期造成共同劳动平等享受之社会，而且事实生活教育以期创造新乡村、建立新文化”是否是一种好的做法有所质疑。编辑部的回答是，钱俊瑞引用这段话的用意是，有人“还没有撇开乌托邦式的‘新村’，而还在提倡‘实施生活交易以期创造新乡村’的改良主义”，认为用改良主义的方法来改造旧社会，蒙蔽了人民斗争的目标，麻醉了人们斗争的意志。“新村”在此处被定义为改良主义的一部分。

也就是说，作为一个完整“模范村”，其构成理应有三部分：第一是作为现代生活所需的各种公共服务设施（特别是需要一个大的演讲厅），以劝导、引导、再教育村民，以塑新民；第二是居住的部分和单元；第三是支持新村经济的生产部分，包括农业和工业设施。

“新村”概念由于其提供的美好梦想而被挪用。1922 年浙江省立第一师范附属小学校发表了一个“新村区域图”（图 4）。此新村并无居住内容，最主要的是中心的“新村议会”——一个大空间会堂，辅助于警务处、交通处、公共食堂等各种公共行政或服务设施。但更多的“新村”是“企业新村”和“政府新村”。这两类新村大概从 1927—1928 年在各种媒体上频繁出现。1928 年后各地逐渐设市，地区城乡关系的改变，城市的日渐发达和农村日趋萧

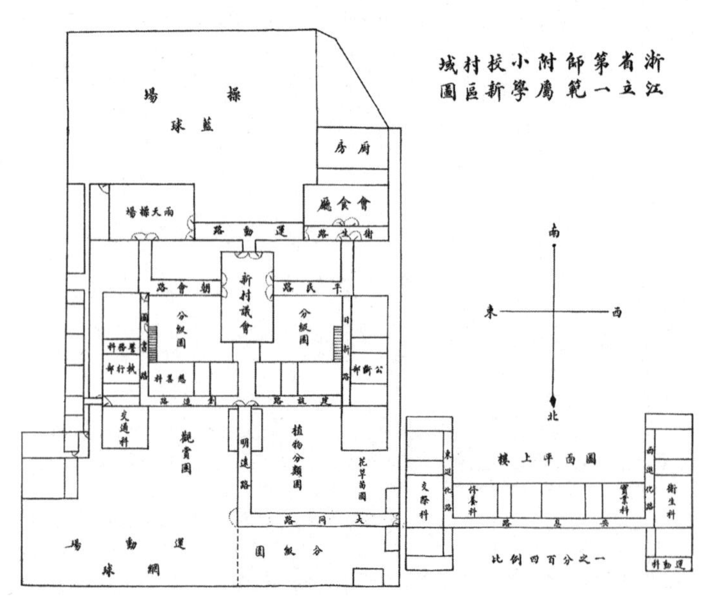

图 4　浙江省立第一师范附属小学校新村分区图
[图片来源：浙江省立第一师范学校附属小学校一览 [J]. 1922（1）：33]

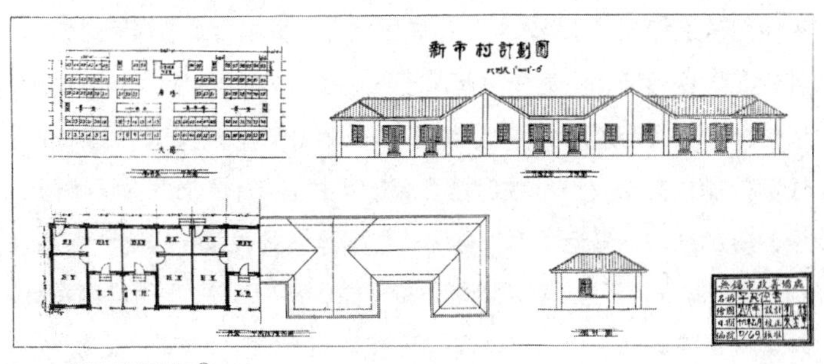

图 5　新市村规划图①
[图片来源：无锡市政，1930（6）：58]

条，城市中各种问题快速出现，其中之一就是住房严重短缺。各地新城市政府的职责之一就是解决居住问题。此时的“新村”已经削头去尾，既已经不再追求“新村”最开始讨论的“人的生活”的目标，也无法完成“模范村”的格局和规模了，它已经转变成为住房的问题，特别是底层民众的住房问题。在“模范村”的三个构成部分中，它只能尽力去完成住宅的部分，在必须的时候，添加一点最基本的公共服务设施。比如，在 1930 年无锡新市村的这份规划图中，很显然就只有大量住房和基本公共服务配套（图 5）。这已经是普遍现象。这一时期广泛出现的此类指向的名词，除了“某某新村”，还有如平民新村、劳工新村、平民住宅、社会住宅、劳工住宅等。

较早和技术较现代化的社会住宅建设出现在孙科治下的广州。从 1920 年代初到 1930 年代，“革命策源地”广州的市政发展，一直都是普遍关注和学习的对象。广州“一切设施，内为全国之模则，

① “新市村”之名词，其实比“新村”更符合其发展的状态。随着城市化进程，住房的问题变成“新市”中的巨大问题。“新市村”比“新村”更恰切地表达了处于城市中的集体居住模型。

革命建设之标准，外扬本党（指国民党）之力量，以邀国际之信仰，若仅此居住问题，不能先事解决于三民主义发祥地者，不唯本党无以信人，且将无以自信也”（方规，1932：27）。广州试图解决社会住宅问题的方法是开辟住宅区和建设平民住宅，“市府对于宅区建设，赓续推广，最近尤为积极……住宅区线路由政府辟建，各建筑物，由政府规定标准，建筑者需依规建造，毋得参差，同时杜绝投机，与买地置闲等弊……诸事当迎刃而解矣”（方规，1932：26）。图6是1929年广州工务局负责的平民住宅区建筑图。其中可见平民住宅区主要由住宅、小学校构成，配以公共厕所、草地等。为了彰显市政的进步，市政府和工务局还建设了“平民宫”（图7）。平民宫由刘克明设计，程天固审定，已经是一个现代的建筑。平民宫除了住宿，还有饭堂、浴室、阅报、会议等活动室，共可以容纳三百多人。

1928年作为首都的南京计划建设平民住宅，“筹筑民居五处……十分之二建筑小西式房屋，附带小花圃为甲等；十分之三建筑中式三间两厢一栋为乙等；十分之五建筑平民住所为丙等……此案已经市政府议会通过，并由工务局着手建设”（佚名，1928a：14）。1930年南京又提出“建筑市民村（即平民住宅），业经工务土地两局，会同调查测量完毕，但因市库支绌，不能扩大工程，暂时在高一塘附近，建筑戊种平民住宅五百间，以安民居”（佚名，1930b：5）。建市后的上海也提出了类似的计划。1935年的市政建设，建筑平民新村即为其首要之任务。“上海市政府同人今年的工作，第一就是建筑平民新村，以解决他们的居住问题……我们现在的计划，拟先……建造平民住宅三千间，以五百间为一新村，每一新村设一学校……每一个新村内，还有一个简单治疗所，有一个小规模的托儿所，并开一空地，供贫苦儿童游玩，此外每一新村里，还有一个公共的浴室……随着平民生活的改善……可以使上海的市容，大为改善，而全市的公共卫生，也可以借此多得一层保障。因为都市里有

图6　广州市西村附近平民住宅区建筑图
[图片来源：方规．广州市政总评述 [J]. 新广州月刊，1932，1（6）]

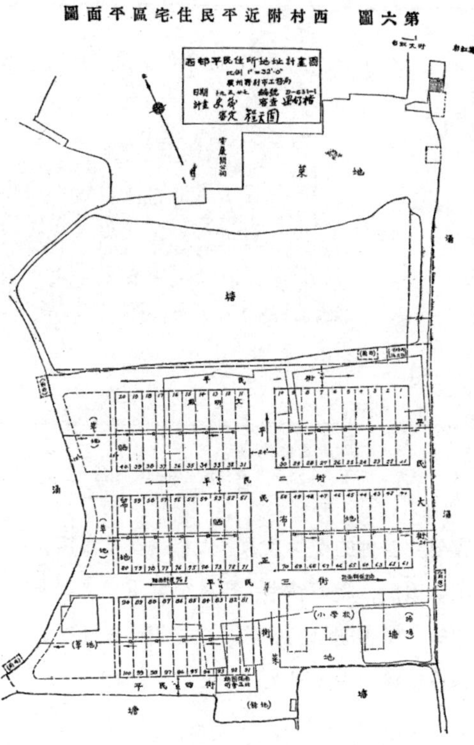

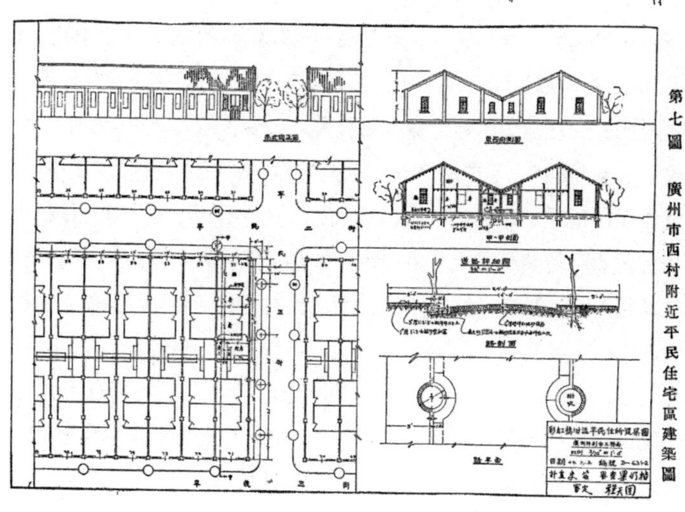

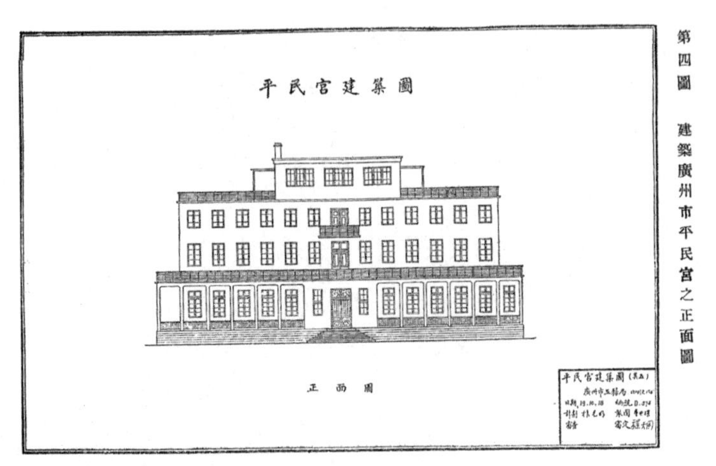

图 7　广州市平民宫建筑图
[图片来源：方规 . 广州市政总评述 [J]. 新广州月刊，1932，1（6）]

害公共卫生的疾病之源，大都是在贫民窝，所以如果将这些贫民窝改善以后，我们整个都市的公共卫生，以及一般市民的健康，就可以有一个很安全的保障。故建筑平民新村，是上海市政府今年社会建设中第一重要事业。”（吴铁城，1935：3）

还有一种稍有不同，是政府鼓励民间自发组织的非营利新村。比如 1935 年有报道讨论上海青年会组织的劳动新村，“鉴于现代上海社会与居民生产能力不合，有力图改良之必要，随有浦东劳工新村之设，凡合乎时代化需要的建设，如公共游戏场、民众夜校、劳工小学、幼稚园、壁课、村友自治会、阅报室、旅行团，应有尽有，使村中居民思想行动蒸蒸日上，为创造社会善良环境的先锋，为上海新村的鼻祖”（张鸣钦，1935：15）。劳工新村得到了蒋介石的题字“村舍新模范，社会新仪型”。

实际的情况如何呢？广州的一个平民宫对于广州的大量平民是“一毛之于九牛，一粟之于太仓，杯水车薪”（方规，1932：27）。上海

南京市历年建筑各种平民住宅一览表（自民国18—23年） 表1

房屋名称	所在地点	所数	总建筑费（元）	平均每栋建筑费（元）	完工日期
乙种平民住宅	光华门外	平房100栋	56000	560	民国18年1月
丙种平民住宅	武定门内	平房200栋	53899	270	民国18年1月
戊种平民住宅	武定门外	平房270栋	29249	108	民国20年6月
	中山门外	平房8栋	830	104	民国22年12月
甲种平民住宅	宫后山	楼房6栋 平房24栋	88231	2941	民国23年9月
共计		平房602栋， 楼房6栋			

[根据同名表整理，资料来源：南京市政府公报，1935（159）：194]

青年会的劳工新村只有24栋房屋，人口80余名，并需要不断地要求社会的赞助方能维持（杨仲麟，1935；佚名，1934）。另外以南京市为例。表1是南京市1929—1934年间建设的平民住宅数量统计。到了1934年，仅建设平房602栋，楼房6栋，而类似“财政支绌”的文字常见诸政府的市政公报中。从这一统计表中我们也可以发现，在平民住房建设中存在的巨大社会阶层差异。甲种住宅的每栋建筑费用是乙种住宅的5倍多，丙种住宅的近11倍，戊种住宅的27倍多。1940年，孙宗文发表了一篇详细的平民住宅调查文章（表2），其中对战前各地劳工新村建设情况进行了统计（孙宗文，1940），可见当时其十分有限的状况。

地方政府为了生产合法性和正当性，仍然必须持续建造平民新村、劳工新村、工人新村等——尽管可能通过不同路径，如除了自己主导建设外，从各种政策上鼓励私人投资或者合作建房。抗战胜利后，南京市政府在1948年计划“决定于本年内建筑平民住宅，以逐渐解决居住问题，初步计划中将建造房屋二千零四十宅，完成后依照

战前各地劳工新村建筑进行状况[1] 表 2

地点	主办机关	完成栋数	备注考
南京	市政府	平民住宅五处	每月租金 4 元
上海	市政府	平民新村四处共计 1200 间	
杭州	市政府	平民住宅三处共计 400 间	
武昌	市政府	尚未全部完成	
北平	市政府	平民住宅 150 间	
广州	市政府	将市内已封闭之庙宇 29 所作人力车夫宿舍	
北平	石景山制铁厂	劳工住宅 65 户及单人宿舍 1 户	
汉口	市政府	平民住宅 900 栋	
太原、九江、成都、重庆			正在筹建中

[资料来源：孙宗文 . 平民住宅政策 [J]. 建设研究，1940，3（2）：39]

原造价（公共建筑造价和地价公家负担）分别售予住户，对象以一般公教人员为主……第一步计划完成并售出后……然后再购地筑路，另建新屋，如此更番再建，除公共建筑及地价补偿外，现时估计最后可建成一万零八百二十五宅（内甲种四六一五宅、乙种三二一零宅，丙种三零零零宅），可容五万人”（佚名，1948a：10–11）。

另外的一类，当然是借由都市中产生的需求牟利的地产开发。这里应该稍做区分。一种是企业为自身员工建设的“新村”和住房。这在西欧早期现代化时期也是比较普遍的现象，比如英国的索尔泰尔工厂工人居住区，位于德国埃森的著名的克虏伯工人住宅区等；如表 2 中北平石景山制铁厂修建的劳工住宅。另外一类，也是数量最多的一类，是住宅市场的开发。各种以“新村”之名的住宅商业开

① 这很可能是一个不完全的统计，但可能是一个比较主流的统计。

发日渐繁盛。如 1923 年上海计划开发浦东用以建设“模范新村”。“沪上生活程度日高，交通不便。拟在浦东购地五千亩，建筑模范新村，并在董家桥建大铁桥一座，以沟通上海与浦东之交通，定名为浦东新村、浦江转桥。”计划中详细讨论了住房布局的基本格局和住房的功能构成，是一个详尽的商业计划书。计划书最后描绘了一幅美好景象，“阳光列为第一，坚固宽敞视为要图。屋以两层为以，且更易平顶，为半阁。租金以十金为率，兼可享优先之利权。设学校以端教养，设工厂以厚民生，设汽车以利交通，设泉井以洁饮料，设电厂以放光明，设银行以谋储蓄，设医院以重卫生，设公园以畅游息，设鸡场以裕鸡卵，设牛场以给牛乳，设菜场以供食物，设农村以良种植，设公礼堂以便婚丧，设戏园以娱情性，设预防所以备火患，设警察以保治安”（佚名，1923：9–10）。又如 1934 年《市政评论》报道，上海实业家“为减低大众负担，增进人生乐趣，毅然计划于上海附近交通便利之地，购地四百亩，以三百亩建设大规模的模范村，租金以平民化为准则，设备力求完善，一切公用事业均当义务性质。并将其余一百亩，为新创 ABC 中国的内衣织染厂扩充之厂基”（扬，1934：21）。抗战后，“沪西地皮交易，日来更见旺盛，大地皮十亩二十亩者，多数均为合股购买，据悉，上项地皮建造工厂者极少，大多均为平民住宅，以建筑业兴建为多，散户次之，地皮居间商之介绍费，有高至一成以上”（佚名，1948b）。

这一时期因为城乡关系，特别是城乡空间关系的变化、“新村的变形”，有着大量的讨论和批评。“最近中国新城建设社发表宣言，提倡于本市近郊建筑新村，主张房产合作投资。……我们感觉到都市生活的机械与紧张，很难找到养性怡情的机会，目前社会合作的方式，来倡导近郊新村建设，此种工作显然有它内在的意义……然而就整个社会来说，这种新村不过是农村建设中的一种形态，还谈不上是严格的新村建设。……我们一方面希望从事于新村建设的人们，不要以建筑近郊新村为止境，另一方面，尤愿社会认识今天的农村建设的对象，宜以大多数农民福利为前提，而绝不同于过去土豪劣绅鱼肉乡民的'林泉之乐'啊。"（时新，1935：8）这是谈城市的蔓延侵占了农民的土地、农民的利益。"因为都市人口的拥挤，寸金寸土，生活极感畸形，于是大家提倡着'新村运动'，以调剂都市生活的恶化，那么什么是新村运动呢？简短说来，就是把居住租界的高等华人，小有资产阶级一类的人物，从租界圈套里退到另一个美丽精致的住宅，那是一个物美价廉，得到种种的便利，精神上亦受到无上安慰的一个小家庭组织，这就是甚嚣尘的'新村运动'。……资本家，建筑公司，市政府费去了几十百万元建筑新村，新村落成之日，当然是进一步替有钱者解决了住宿问题；但另一方面，上海几百万住民中，占了十分之六以上的苦力、贩子、小商人。……何以建筑公司，市政府就不替他们打算多造几栋平民新村来改善他们的生活？……平民居住，这是一个很急切的问题，因为新村这一类的屋子，还是小资产阶级以上的人士可以住得起。"（强，1934：154）这是谈城内的巨大社会分异和社会底层的困境，"新村"此时已经成了一个奢侈的代名词。

在那一时期，建筑师又是如何回应"新村""模范村"、劳工住宅、平民住宅等问题的呢？与建筑师有关大量各地城市市政公报中的"某某新村工程说明书"——这些说明书，作为一种表征，体现了当时建筑设计与工程行业的一般性面貌（当时建筑师与结构工程师等并不如今日决然分开），在知识与技术层面上的状况。图 8 反映了当时新村建设的一般性内容。还有一些是建筑师的想象或者回应需求的设计图样。1931 年在《工程译报》上有介绍荷兰 Rotterdam 的 Kiefhoek 新村；1936 年在《建筑月刊》介绍有一则英国 Evelyn Court 新村；这些当时五层楼高的伦敦东区贫民新村，大概不太可

類別	名稱	說明	數量	單位	每單位建築面積	總計建築面積	約計居住人數
住宅	甲種住宅	起居室一間大小臥室四間廚房浴室各一間約可容 12 人	15	棟	100	1500	180
	乙種住宅	起居室一間大小臥室三間廚房浴室各一間約可容 10 人	20	棟	104	2080	200
	丙種住宅	起居室一間大小臥室四間廚房浴室各一間約可容 12 人	15	棟	140	2100	180
	丁種住宅	起居室一間大小臥室三間廚房浴室各一間約可容 10 人	60	棟	121	7260	720
	戊種住宅	起居室一間大小臥室四間廚房浴室各一間約可容 12 人	24	棟	140	3360	288
	己種住宅	起居室一間大小臥室一間廚房浴室各一間約可容 7 人	55	棟	64	3584	392
	小計		190	棟		19884	1960
公共建築	善救集會堂	可容 100 座禮堂一座供住宅區公共集會之用	1000	平公			
	善救宿舍	兩層建築內設臥室 40 間可供無眷人員臨時寄宿內設公共食堂浴室及新村管理室等	1	棟	1800	1800	50
	善救小學	大教室 8 間並設辦公室禮堂圖書館教職員室什屋等可容學生 480 人	1	棟	2250	2250	20
	善救醫院	大小病房 16 間並設門診處可收容病人 30 人	1	棟	800	800	45
	合作商店	舖面四間經售日用品另附設菜場可容 30 攤位	4	棟	80	320	20
	公廁	每四棟住宅合建公廁一所設男女廁位 8 個	48	所	20	960	
	小計		55			6130	135
道路及溝管		幹道寬八公尺支路五公尺三公尺不等並設洩水溝管	4000	公尺			
綠地佈置		道路兩旁空地廣植樹木草皮佈置花園並附設紀念物	3000	平公			
什項工程		遷坟平基土方晒衣場圍牆打灶等包括在內					
附註		本新村住宅區西接公共運動場故運動場免建					

图 8　新村建设的一般性工程内容：以长沙善救新村建筑计划为例
[图片来源：佚名 . 长沙善救新村建筑计划概要（附表）[J]. 善救月刊，1947，(20)：47]

能移植到中国来。[①]1935 年在《建筑月刊》上有一篇无署名的文章，可以用来说明部分建筑师对于当时新村运动的一些看法，也体现了彼时新村形变的普遍状况。作者认为都市问题深重，提出“新天地者何？曰，建设新村。这里所谓新村，并不是像银行或地产商投资在市区较远的地方，划出一片田地，建造起许多火辣辣的洋房，招人购买，并制定分期付款办法的那种新村。也不是什么村呀、邨呀，出租给人居住的那种里弄房屋。更不是顶着建设新村的名目，在乡

① Evelyn Court 新村可以算是介绍平民住宅的一例。但从各种建筑类刊物或者与建筑设计相关的文章中看，建筑师（包括建筑工程师）作为一种社会分工中出现的新职业，对于社会住宅这类问题并不太关注（林徽因在 1945 年曾经发表过《现代住宅设计的参考》，讨论到低租金住宅）。总体来说，如何结合中国的现实，创造出满足新时期社会需求的建筑研究和讨论不多；更多的是技术和案例的引介。

区里购进一片土地，计划成了各种建筑图样，叫人去选择任何一种房屋，预先缴付定洋货造价百分之几的定造住宅，造成之后完全付清，或分期付拨”，作者最后论断：“城市中的表面，虽则异常的欢乐，但精神上所受的痛苦，非常的深刻呢！……建设新村，唯一的目标是救济灵魂……我希望负有改进人类居住责任的建筑界，把目光转移，向建设新村的大道迈进，来尽谋人类居住幸福的使命。”（佚名，1935：42-43）

建筑工程师钱冬生在 1948 年发表了《闲话新村式的住宅建筑》。这是一篇比较全面介绍和讨论当时住宅与新村状况的文章。作者谈到，“现所流行的‘新村’式，这乃是一种集体式的住宅建筑。由数栋乃至数十栋的房屋构成，每栋房屋约可容纳六七家乃至数十家不等。房屋以外，照例需留有相当大小的空地，籍作‘村’内居民儿童游戏散布之用。现今所发动建筑这一类型集体住宅的，或是市政府，或是公司机关，或是银行，或是地产公司。这些房屋的式样，大抵以西式为主，但在厨房、楼梯、门窗等各方面，有时却还保留些中式的作风……照近代都市文明进步的趋势看来，这种式样，应该是最值得提倡与推进的一种”（钱冬生，1948：3）。作者进一步批评了新村的设计和建造，认为它往往采用的是一种专家型的非民主式的方式，“有些机关只知道把他们的计划，委托给若干‘专家’建筑师去代为设计。这些‘专家’建筑师，只知道各骋所长，凭着自己的想象，抄袭一点现成的图样；对于其日后住户的生活习惯，既不求有所明确认识，当然也不会详加考虑……‘专家’建筑师，只知道为少数富豪‘伺候’的作风，应该有所转变。代之而起的，应该是一批深知民间疾苦，同时又愿意为社会大众服务的民主化了的工程师”（钱冬生，1948：4）。钱冬生的讨论，涉及日趋高度社会分工状况下，建筑师的职业与其设计使用对象具体使用之间的分离，以及如何抵抗这种分离，很显然是个现代性的议题。标准图样就是这一类问题最典型的代表。1929 年上海特别市工务局业务报告中的一份详细说明，为应对都市中的住宅问题，征求房屋标准图样，要求“经济、卫生”和“需采用西洋建筑之长而乃不失东方风味”。获得第一名的李锦沛、张克武的方案，可以用于观察其如何回应这一历史过程中既是普遍又很特别的要求（图 9）。

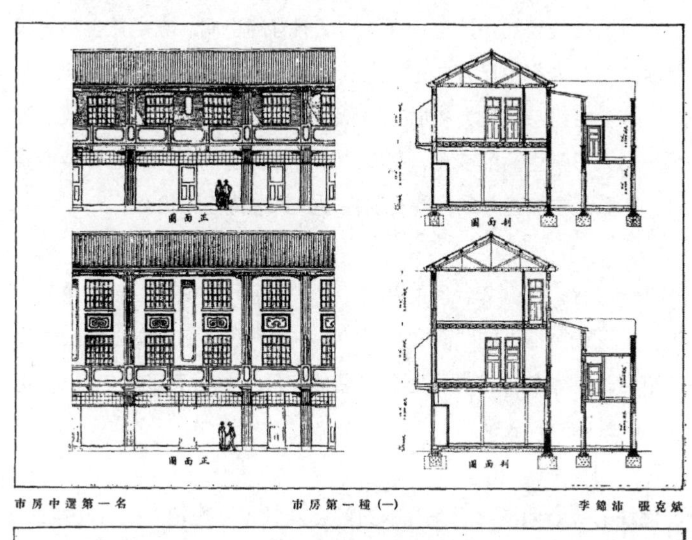

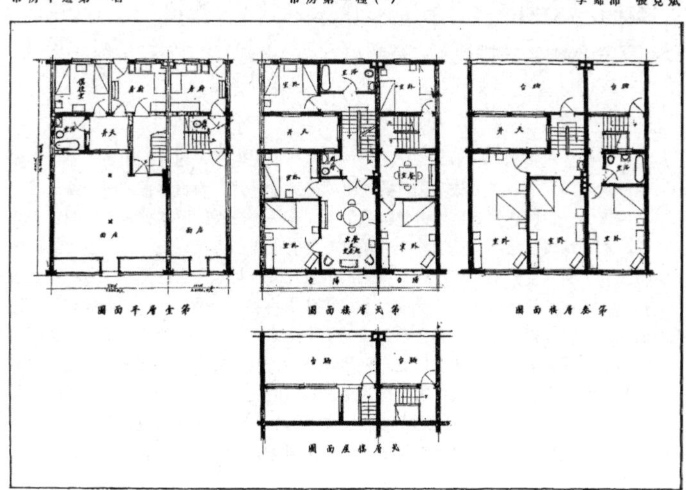

图 9　获得第一名的李锦沛、张克武的平民出租房方案
[图片来源：上海特别市工务局业务报告 [J].1929（2~3）：181]

3. 空间与现代性的生产：一个未完结的问题

现代性是时空的弥漫过程，从 15 世纪末至 16 世纪初的西欧发展开来，在大洋彼岸的新土地上另开新枝，在和欧亚非大陆各古老帝国的较量中显现出来。它在根本上是一种新的生产力和生产方式，通过前所未有的新的生产力，再结构了旧有的空间。它当然也不仅仅是新的生产力和生产方式，它是总体和地方社会的根本性变化，观念、社会组织与结构、物质空间和形态、环境的巨大变化以及涉及每一个人日常生活的变化，每个个体存在自由的变化。在分裂中整合，在整合中加速分裂，就是现代性的基本特征和状态。①

1920 年代到 1950 年代间的新村，是诸多急于"破旧立新"中的一种，是王统照指出的"新文化运动"中的一种。它是试图解决现代城市居住问题的方法，但它既是新的空间（尽管有多重含义），也是现代性的一种表征。

现代性的核心问题之一是，权力的合法性（它是地方的、塑域的）受到了资本积累的挑战（它是超地方、去域的）。如何在前所未有的、

---

① 通过时间的再建构，它消除各个地方的、多样的时间观，建立并销售了一个全球共同的时间表盘；它促成了民族国家之间的竞争，伴随着资本在空间中越来越快速的流动；进而它生产了地方性的权力实践与去地方性的资本积累之间的复杂关系，在各地展现出不同的面貌。残酷竞争是它设下的游戏规则，永不停止的技术更新和创新、生产的快速组织与再生产更快速的去组织是它的基本状态。它既解构了旧有的空间，也生产了新的空间。它使得旧空间分裂成为无数多的碎片，进而再使用黏合剂（一种社会生产的机制）把这些碎片拼接成新的空间。它将庞大的古老帝国分裂成许多民族国家；使用同一种机制，它迫使民族国家通过促进资本积累和理性化、秩序化地方治理来生产权力的进步性和合法性——从全球范围看，这是一个至今远未完成的过程。由于资本积累、技术更新的加速、流动性的增加，它生产着极化的社会和高度的不确定性。简言之，通过新时间和新空间，现代性生产了一个动荡不停、流变不止的新世界。

强大的解域力量下维护权力的地方治理是个全球化的问题。对于20世纪初的国民政府而言（或者也可以说，对于许多后发的发展中国家而言），在面对国际的民族国家竞争格局下，它必须促进资本积累，来获得空间内部的资本增量，以启动和加速现代化的进程。[①] 在这样的情况下，一方面，它必须生产出完全不同于过去的新空间，来促进资本积累；另一方面，它又必须处理新空间中的新问题——社会的极化和社会底层的住房问题就是其中最难缠的问题。[②]

也就是说，新空间的生产，是资本与权力共同渴求的，是民族国家政府与各种企业、公司共同主导和支配的。新空间一方面是新权力生产与资本生产所需要的，是它们运动的依托和必要；另一方面，又是它们生产的结果和产物。因为有着两个主体，新空间一开始就呈现出并非不相关的两种状态。[③] 资本积累通过不断的技术创新、生产关系与技术的空间扩散等来摧毁旧空间、生产新空间——新空间又很快变成了旧空间，成为被消除的对象。资本积累过程中越来越急于生产高度流动性的要素（意味着更高的利润），如金融、技术、组织管理制度等（尽管这些要素的使用要受到地方的制约），而把其他相对低度流动性的要素，如劳动力、生产资料等留给地方政府去组织和管理；也把这一生产方式带来的问题，包括住房的问题，交由地方政府来处理。或者也可以说，资本一方面生产和制造“问题”，却又从这些问题中谋取利润——比如，生产住房稀缺问题，却又从这一稀缺中牟取巨额利润。这是资本的双重谋利的过程，也是对于劳动力的双重剥削过程。在大卫·哈维的“资本三回路”理

---

① 在孙文处，从与外部关系上，他希望通过引入国际资本来建设中国（international development of China）；从内部关系上，他希望通过三个不同阶段，即军政、训政、宪政来达到建设现代国家的目的。

② 在新的时期，环境问题加入了这一阵营。

③ 更具体的讨论见：杨宇振．权力、资本与空间：中国城市化 1908—2008[J]. 城市规划学刊，2000（1）.

论中，资本向一般生产资料和消费资料的生产性投入，亦即一般商品的生产是资本积累的第一回路；而建成环境，包括住房作为商品成了资本获得利润，应对积累危机的第二回路（Harvey，1985：7）。

1920 年代初的“新村”是一种对于新社会的想象，是面对急变社会产生的焦虑的一副药方。它希望把旧时的美好（往往是一种经验）与新时期的需求、新时期的好（往往是抽象的理性）结合在一起。但现实的结果证明这种方式不可行。罗兹曼在《中国的现代化》一书中谈到，“新模式的引入也会彻底改变旧模式所赖以获得其稳定性的那种环境。有意识地把‘旧的最好的东西和新的最好的东西’结合在一起的企图，无论其动机是多么美好而善良，都将由于现代化模式和社会其他结构相互之间的奇异依存性而注定要失败”（吉尔伯特·罗兹曼，2003：4）。

它也是一种社会组织的想象，它需要通过生产一种新空间来实现这一新观念和新组织。在周作人看来，他希望新村组织是自觉的，组织中的人是自觉的，他希望集体与个体之间能够存在着一种高度和谐；而他想象的新村空间是从总体社会中切割出来的空间，孤立的空间，在其内部并无具体模型。这一空间由于其孤立而得到胡适批判。胡适认为要改变社会，必须从改造形成这一社会、这一空间的各种条件着手，从发现问题、思辨问题、大胆假设、小心求证着手，而不是避世的、“独善”的方式。或者说，对于胡适而言，个体的自由是在社会实践、斗争的过程中获得，无法通过“逃避”获得。

从 1920 年代到 50 年代，新村的概念从追求人的美好生存方式萎缩成提供基本的居住需求，这是显然的路径变化。作为观念的“新村”如乌托邦美好而不可企及，但它随即转换为政治的词语与商品的代名词。新的权力借助于生产“新村”（尽管数量极其有限），来生产一部分的合法性和进步性。对于新权力而言，它的困境在于，一方面新空间必须从产权细密的旧空间中生产出来，生产新空间意味着对旧有产权关系的调整、财产关系的调整，进而对社会阶层关系的调整。这是一个漫长的过程；或者说，如果要在比较短的时间中实现，只有通过巨大社会变动（也可以说，通过革命）才可能实现。另一方面，它永远无法提供足够数量的廉价住屋（无论出售或者出租）应对资本积累过程中越来越多的底层劳动力的需求。因此对于民国政府而言，只有可能建设少量的劳动新村、平民新村，通过新闻媒体扩大概念传播的方式，来生产其社会影响，获得可能的合法性——这是一条最为便捷的路径。① 另外，从其颁布的劳工新村规则中可以看到，对于劳动力的社会组织安排和规训是新空间中的核心内容。作为革命策源地的广州明确提出，"当局设宫（指平民宫）之意，住与养之设想尚小，而训练之作用为大……此种民众，固需利用之，然不经相当训练，乌合之众，适以偾事而已，训练民众，为本党重要策略"（方规，1932：28）。接着又谈到平民散漫无归，"训练之方，从何施受，故本市平民宫与贫民住宅之建设，其意旨于消极方面使无归宿者有所归宿，而积极方面则本党谋所以训练民众之机会者也"（方规，1932：28）。这句话十分清楚地表达了空间与现代性之间的一种关系，需要通过新空间的生产来获得新权力运行的场域，进而来生产现代性。旧村中的旧民众，为了获得新时期的益处（它却已然是一种存在必需，包括住房在内），需要在空间上被聚集和组织，以减少接受规训的交易成本；新空间中弥漫着无处不在的权力意识。

新权力需要新空间，新空间需要新知识、新技术、新的组织制度、新的形态和新人。从这一意义上说，"新村"的模型，或者说更准

① 更具体的讨论见：杨宇振．焦饰的欢颜：全球流动空间中的中国城市美化 [J]. 国际城市规划，2010（1）.

确地说，政府主导的“模范村”模型，提供了具体而微的新社会治理样本——尽管它缺乏足够的能力，生产足够的样本；而试图使全社会成为“模范村”是其长期的目标。另一种状况是，作为住房的“新村”成为大宗商品，成为资本追求利润的工具。福柯曾经讨论到，从 17 世纪以来，对于性的调节，已然成了一种新的话语。借用福柯的写作，把其中的“性”改为“居住”亦无不可，“在国家与个体之间，性——（居住）成了一种目标，一种公共的目标。围绕着它形成了一整套各种话语、各种知识、各种分析和各种命令的网络”（福柯，2015：17）。“新村”的问题本质上就是现代社会的居住问题，彼时“新村”就是关于“居住”的一整套话语、知识、分析等的核心内容。

也就是说，作为新空间的“新村”的出现，是现代性的表征之一，是资本积累带来社会的系统性变化的结果。它最初在英国、法国、日本等发达资本主义国家出现，进而在 20 世纪初，作为观念（一个复数的名词）和知识被引介到中国来。某种程度上讲，这一观念的空间传播过程，象征着资本主义的空间化过程。它的概念随即很快被借用和挪用，变成权力的工具和资本的利器。它有多种变形。它的一种是民族国家追求现代化的实践，通过有限的实践，结合媒体的正向宣传，来生产权力的合法性和正当性，也用于训政“新村民”，养成模范国民。它另外的一种，也是更加普遍的一种，是成了奢侈的空间商品，进而成为生产社会分异和极化的工具。它也需要通过高度的社会分工，通过技术专家系统——建筑师是其中的一部分，来实践新村的营造。然而，权力试图通过“新村”的建设来解决现代社会，特别是城市社会中的贫民窟问题（及其产生的公共卫生问题）和严重住房短缺，但却不能应对不断涌出的此类问题。资本试图通过“新村”的建设来谋取利益，但往往因平民无力购买而生产严重过剩。对周作人这类个体而言，他在现代化之初面对的急剧变动的社会状况并未改变，不确定性日增；他追求的“赞美协力，又赞美个性，发展共同的精神，又发展自由的精神”已然黯淡了灵光，并无实现之可能。自觉的协力变成了社会大分工的机械协作，个性被定义和固定在社会分工的角色中；共同的精神在社会分化的状态下难寻其踪，自由的精神在物质的压力和权力的规训下消失了光芒。

因此，生产“新村”，并没有带来一个期待中的理想空间。从更本质上讲，它是回应彼时复杂社会问题中生产着高度的焦虑。这一焦虑在现代化之初出现，并未随时间流逝而消亡；其间存在的深层矛盾与冲突，随时空变化或形变或潜隐，却从未完全解决或消失——这是一个远未完结的问题。“新村”作为一个具体而微的社会治理样本，其间个人与集体、公与私之间的新关系体现着一种仍然需要继续追问的现代性的状态。而作为一种“理想生存方式”的概念通过包括媒体在内的各种工具被不同支配性社会力量的转移、挪用和实践，已然成为一种意味深长的现代性构成。新村物质空间生产的日趋高度社会分工化，量化生产和新技术使用，使得设计者通过想象、规定使用者的空间，使得生产环节中的每一个部分（每一个人）不再是直接应对使用者需求，而受制于生产链上下环节的制约，已然成为支配性生产模式。进而构成现代性生产的普遍方式。回顾早期现代中国新村生产的历史价值和探讨其间的诸多问题，是理解1950 年代后至今各种新空间生产的必要。

（原文曾刊发在《时代建筑》，2017 年第 3 期）

20世纪中叶前后，我们还有可能在日常生活的核心上把握想象（超常的、超自然的，魔幻的，甚至是超现实的，所以，是否定的）。许多年以后，想象成了无源之水、无本之木。这种想象是强加于人的：照片、电影、电视被渲染成一种奇观的世界。正是那个时候，想象被发现了，然后，缓慢地但确定地成为时尚……矛盾：想象毁掉了想象力；在毁灭想象力的基础上，构造了对想象的崇拜。

——亨利·列斐伏尔，

《日常生活批判》（第三卷），P569

两种生产体系下的建筑，福建漳州
（图片来源：作者拍摄）

乡土景观与乡土建筑之死

建造体系的现代转型与建构

旧行业的消失、新行业与新所有权结构的兴起、信贷机构的出现、投机事业的支配、时空感的压缩、公共生活与公共景观的转变、粗野的消费者主义、移民与市郊化所造成的邻里不稳定——这些都产生了令人不安的失落感。

——大卫·哈维，《巴黎：现代性之都》，P277

1. 乡土景观的死亡

乡土已经死亡了，乡土景观已经死亡了，但我们还依然依依不舍，还仍然留恋着乡土的气味，想象着乡土的宁静、期待乡土的永恒。于是对于乡土的想象与欲念成为支配新时期空间生产的一种力量。这种力量背后有纯粹的追念和挽留——它们毕竟距离我们当下还不太远，还有一些人体验过乡土之境；却也有借着投大众所好来产生利润的无数行动。

但是乡土的确已经死亡了。“乡”是一种传统中国农业社会的基层组织。在一个基本单元中，它往往聚族而居，农业生产的土地就在生活场所的周围，一定土地的产出供养生活场所中的一定数量的人群。几个乡、村之间形成约定俗成的集市，一三五或者二四六的市期，用来交换剩余农产品或者手工制品等。在大部分汉化的地区，儒学已经成为乡中教导人群的基本知识，“天地君亲师”的牌额高悬在堂屋正中。“土”因“乡”而活，因乡民的活动而改变景观，在乡民的拓荒过程中，在年复一年的精耕细作过程中而存在。人们因为“土”的慷慨而深怀感激，缺了“土”，在土地上长大的人群就不能生存——既包括物质上的，也包括行为上的；“土地神”在众神中大概是排位最后的，微不足道的神仙了，他（她）的形象不可得知，但在《西游记》中就是常被孙悟空为了处理棘手问题而招之即来、挥之即去的老态龙钟的矮个子，却对地方无所不知，无所不晓。然而这一微不足道的神仙，却也可能是受到供养最多的神仙，田间地头往往就树立着一个小小的、两三尺宽高的小庙，供奉着这一微不足道却又极为重要的土地神。[①] 乡里的人乘鹤西去，也往往埋葬在不远处的土丘里。祖先的灵魂于是便和活着的人群共存一起，观看着活着的人群的一举一动。“祭祖”既是一种哀思的追溯，也是对集体感的再塑，对个体行为的约束。在私塾里读书，结婚生子，在天地间劳作，渐渐老去，或者，偶有状元及第的状况引起乡村的轰动，

① 段义孚在《地方与空间》中谈道：“古希腊人和古意大利人相信排他性。空间有其神圣不可侵犯的边界。每一处田产都在家庭神明的看护之下，并且有一条未经耕作的地带标出来它的界线。”他还进一步谈道：“对于故乡的深深依恋似乎是一种世界性现象。它并不局限于任何特定的文化或经济体。”见：段义孚．地方与空间：经验的视角 [M]. 北京：中国人民大学出版社，2017：126.

然而天上白云悠悠，世代与世代之间并没有什么大不同。行脚商人、旅行的过客带来的消息往往只是茶余饭后的点心。

乡土景观的死亡首先是“乡”和“土”的死亡。因为血缘、宗族关系而聚居一起的“乡”、千年不变的“乡”在崩溃，在资本流动性的冲击下解体。最初变化是乡村的经济结构。普遍的农村已经不能依靠农闲时生产的手工制品来和土地贵族交换，获得必要的生活补充。生产—消费的基本循环圈已经出现断裂、不能保持持续运转。土地贵族最初开始消费舶来的、廉价高质的棉纺织品、工业品，替代农村的产品；之后城乡经济关系开始发生变化，城市因为较低的制度、知识与技术、劳动力、交通等的交易成本，利于发展工业，并向乡村反倾销工业制品，进一步形成了对乡村资本的吸纳，引起乡村空间中资本量的急剧萎缩，导致乡村经济的严重衰败（杨宇振，2015b）。

20 世纪二三十年代中许多经济调研报告中的结论是“都市进步、农村解体”。[①] 经济结构的变化是导致社会组织关系变化的基本原因。经济的逻辑（以“利润”为一切，讲究契约精神、讲究效率等）冲击着秩序的逻辑（维持社会等级、以人伦为序等），冲击着“天地君亲师”。乡村的社会生产与再生产不再完全依托于曾经可以信赖的土地，可以依托的土地，曾经一切可以出产的土地。相反，与流动性相关的一切，都成了时代之需。最开始科举考试中四书五经还在，但已经增加了“策论”，督促学子思考国家如何才能强大。而最终科举被废除，意味着社会阶层流动的途径已然发生了巨变。乡

---

① 见：李鸿球．巴蜀鸿爪录 [M]// 中国社会科学院近代史研究所编辑．近代史资料集．总 85#．中国社会科学出版社；千家驹．中国的歧路 [J]. 中国农村，1935，1（7）：1-14；吴景超．发展都市以救济农村 [J]. 独立评论，1934，118 号：5-7；陈序经．乡村建设理论的检讨 [J]. 独立评论，1936，199 号：13-18；等等。

里的孩子，只要家里有经济条件的，一定会送出去，送到省城，或者是东边的日本，西边的欧洲或大洋彼岸的美利坚，以得“风气之先”——要学习的已然是另外的一套知识和技术系统。乡的经济和社会组织形成的基础已然不复存在。土地呢？它不再是牢系人们的场所，年轻人早已经向往那灯红酒绿、霓虹闪烁的都市，向往着解脱的自由和变化的自由。“土里土气”已经成为讥诮人的话。摸捻一下田间泥土的湿润，看看天边的云就知道下不下雨的经验已经日渐消失，替代了温度计和电台或者电视台中的天气预报。人们已经和土地之间没有情感交流，它就是产出口粮或者利润的工具。乡间的人死亡后，虽然也想入土为安，却需要运载到火葬场焚葬，据说是为了安全和节约土地。于是，祖先的灵魂失去了依托，只剩下忙忙碌碌之间可能的默念和怀想。隔了代，这种不再是如过往的定期的纪念，个人的默念便弥漫消散在空气之中。

段义孚在《空间与地方》中说，“地方意味着安全，空间意味着自由”（段义孚，2017：1），说到地方的狭隘性却同时是一种安全，而空间代表了开放、无限和自由，却是一种不确定性和危险。现实的情况是，地方在日益消失，空间的生产支配了地方的生产，就如马克思曾经的论述。马克思在《德意志意识形态》中精辟论述了工业化以来地方与全球之间的关系。马克思的确是“乾坤万里眼，时序百年心”，他说：“大工业创造了交通工具和现代的世界市场，控制了商业，把所有的资本都变为工业资本，从而使得流通加速（货币制度得到发展）、资本集中。大工业通过普遍的竞争迫使所有个人的全部经历处于高度紧张状态。它尽可能消灭意识形态、宗教、道德，等等，而在它无法做到这一点的地方，它就把它们变成赤裸裸的谎言。它首次开创了世界历史，因为它使每个文明国家以及这些国家中每一个人的需要满足都依赖于整个世界，因为它消灭了各国以往自然形成的闭关自守的状态。它使自然科学从属于资本，并使分工丧失自己自然形成的性质的最后一点假象。它把自然形成的自然性质一概消灭掉，只要在劳动范围内有可能做到这一点，它并且把所有自然形成的关系变成货币关系。它建立了现代的大工业城市来替代自然形成的城市。凡是它渗入的地方，它就破坏手工业和工业的一切旧阶段。它使城市最终战胜了乡村。……大工业造成了社会各阶级间相同的关系，从而消灭了各民族的特殊性。”（马克思，恩格斯，2008a：114-115）——乡土景观即是民族特殊性的内在和表征。

2. 传统建造体系的消失

乡土建筑作为乡土景观重要的构成，它的死亡是乡土景观死亡的表征。乡土建筑是维持乡土社会的生产和再生产的空间。乡土聚落的形态往往是儒学观念、风水理念、人伦关系的地方物质实践的结果。乡土建筑的存在依附于乡土社会。乡土社会的死亡即是乡土建筑的死亡；乡土建筑存在的社会和经济基础已经消失；特别是，乡土建筑的建造体系已经消失。

乡土建筑不是纯粹的物质存在，不是简单的一个房子，而是沟通天、地、人的一个介质。也就是说，作为人存在的一个依托，它和土地、上天、祖先、乡邻社里都紧密联系在一起。它首先必须告知天、地、祖先；它也要从乡村社会获得建造许可，这一过程本身虽然是约定俗成的事情，却是强化社会关联的一种方式，它意味着建造必须要在一定约束关系下进行，必须考虑左邻右舍关系；它要从周围土地上取得各种材料，居住者往往本身就是主要建造者之一。虽然仍然需要工匠，但建房过程中邻里互助使得大多数人都有修建经验和基本技能。建造的礼仪、知识与技术的传承在使用者，同时也是建造者的建房过程中实现。它的建造不仅仅是建造本身，而是乡村社会总体社会关系在局部领域中的实践。大部分工匠仍然是农民，在农闲时节有需要的时候才成为工匠。他们专业知识的传授是师徒制方式，口传心授的方式。匠人有可能同时也是风水先生（也有可能另外邀请资深风水先生），对房屋的气脉与天地山水之间的关系作出判断；匠人要掌握建房的一整套礼仪，在建房的不同阶段告知天、地、祖先的礼仪；也要使用丈杆、墨斗、斧、锯等特有的工具，完成具体的建造。它最后的样式没有意外，是过去空间形式与具体形态的复制、繁衍，尽管在微小之处有变化。乡村的田间渠道、码头、桥梁、寺庙和祠堂等公共性设施或建筑，是乡贤召集村民讨论、个人捐款和集体筹款、集体劳动的结果（图1）。它的过程和结果都是维持乡村社会等级和秩序的重要构成，这就是一种“栖居”，一种经由漫长时间人与人、人与自然调适后的栖居。

“栖居”在海德格尔的解释中，是栖居者与天、地、人、神四者间的紧密关系，它不仅仅是指建造和居住，更是一种存在的方式；是整体中不可分割的一部分。从这一意义上说，乡土建筑即是栖居。但海德格尔问道：“在我们这个摇摆不定的时代，什么是栖居的状态呢？我们听见到处都在谈论住房短缺，并且言之凿凿……然而，更加艰巨而悲惨的是，住房短缺的问题无论多么痛心疾首，多么威胁重重，栖居的真正困境还不仅仅就是在住房的短缺之中……真正困惑是，芸芸众生永远都在重新寻找栖居的本质，以至于他们必须永远学习如何栖居。”（海嫩，2015：27）[①]

---

① Heidegger. Building，Dwelling，Thinking[M]// Poetry，Language，Thought. New York： Haper and Row，1971. 中文翻译转引自：希尔德·海嫩. 建筑与现代性批评 [M]. 北京：商务印书馆，2015：27. 同样在这本书中，还引用了阿多诺对于栖居的讨论：“栖居，如今在其真正意义上是不再可能了……住屋的事已经成过去。”

图 1　侗寨中作为公共议事场所的鼓楼
（图片来源：作者拍摄）

现代建造体系本身尽管是不清晰的界定，但无论从内含的观念、知识、技术，还是材料、建造组织、建造工具等完全与传统建造体系不同。它不再是家庭与天地沟通的场所，而是大规模的生产，是资本拥有者、组织者、设计者、建造者与使用者分离的生产——他们之间的接触，是基于现代社会的生产与生活方式对于个体行为规训和约束基础之上的想象性接触。建造过程是基于“利润最大化”而组织，因此，资本的来源、生产的知识与技术、组织管理、材料，甚至劳动力不必然要来自于地方，相反，可以从各个地区、全国、全球范围各处运送到建设地点，只要是综合利润最高。它们不再是整体中的一部分，不再与天、地、祖先有关联，是四处碎片的拼贴，却是理性的、高效率的拼贴和建构。建造的知识与技术不再是普遍的认知，成了一门专门的学科（也是一种关于局部的学科）。它也不是现场的经验与直接回应使用者的需求，更多是抽象性知识与技术的操作。

但最终这一不同首先必须回到传统社会与现代社会不同的讨论上。传统社会是某一空间单元内的相对静态社会（流动是空间内的可控制的流动），是高度维持“等级——秩序”的社会，商品的流动性带来社会等级与秩序可能的变化，是一种高度的威胁。严厉控制商品流动性举措背后是对维护社会稳定的需求。现代社会是资本流动性（依附于商品）的结果，它是追求“利润——效率”的社会。它当然来自于“等级——秩序”的社会，却努力打破这一固化的等级、打破固有的秩序。重建秩序的过程就是利润生产的过程。这种秩序不仅仅是一种社会的新秩序，更是建立商品流通的秩序，自由贸易的秩序，遵守契约的秩序。它用“利润”来取代“等级”，用“效率”带取代“秩序”。它的存在只能在不断的变化中，在动态的不平衡之中。静止对它而言即意味着死亡。它饥渴增长，需要不停地生产、无停止地消费。现代社会通过对传统社会、前工业社会的吸纳而存在（从全球范围看，这一过程至今也未停止）；通过对自身社会结构和空间结构的再调整而存在。或者说，它通过空间的扩散、自身空间结构的调整（产业结构、组织管理等）、生产力的提升来生产和制造市场，缓解经济危机。我们也还要说，还有一种日趋重要的手段，是通过生产消费的欲望，创造新的市场，来推迟经济危机。

现代建造体系就存在于生产市场和缓解危机的基本目的和实践之中。但这样的表述并不完全准确。20世纪以来民族国家的诞生是全球范围重要的空间现象。现代建造体系同时也还要服务于民族国家在国际经济与文化等竞争状况下，对于理性、进步等（在不同的历史阶段有不同的取向），对于权力合法性的要求。在保罗·利科经常被引用的《世界文明与民族文化》一文中，他谈到通过现代消费文化的技术，世界范围生产了一种普遍的生活方式，通过住房、服装、交通等的统一样式表现出来；谈到各种民族文化的逐渐消亡和新世界文化的浮现（既是进步的，却也是整体粗糙的）；他进而谈到落后国家在现代化过程中的矛盾："一方面，应该使自己重新扎根在自己的过去之中，应该重建民族的灵魂和提出民族的精神和文化要求……但是，为了进入现代文明，同时也应该进入科学、技术和政治的合理性，这通常需要彻底抛弃古老的文化。事实是：每一种文化都不可能支持和承受世界文化的冲击。这就是矛盾：如何在进行现代化的同时，保存自己的根基？如何在唤起沉睡的古老文化的同时，进入世界文明？"（保罗，2004：280）

现代建筑是现代建造体系的产出，是长在这棵树上的果子。最终的建筑形态是一系列复杂的、各种因素随着时间过程交互作用的结果，它远远不是建筑师本身空间想象和个体实践的结果。[①] 它具

① 但不否认建筑师个体的能动作用。

有两种基本属性，即空间商品（资本诉求）和空间分配品（权力诉求）的属性。它不断地要屈服于市场的逻辑，从生产的组织到生产的商品。一个例子是，Peter Walker 在 *Invisible Garden* 一书中检讨了美国的现代景观发展历程，结论之一是，二战前由设计精英主导的设计事务所，在 60 年代后普遍的状况是，已经转变为由善于市场经营和资本运作的金融精英所支配。它也要服务于权力的意图（Peter and Melanie，1994）。物质空间是政治、经济、社会空间的交互作用的发生场所，转变中的物质空间又是它们作用后的物质表征。

光绪十八年（1892 年）颁布的《洋务启蒙学堂试办章程》第一条是选取 16 岁以下学童“学习外国语言文字及天文、地理、算法等事。欲通西学者应以此为门径娴熟之”，然后再修测量之学、格致之理、制器象尚之法、轮船火器之用等。光绪二十八年（1902 年）颁布了《钦定学堂章程》，明确规定高等教育分为高等学堂或大学预科、大学堂及大学院，是中国现代教育体制的里程碑标志。光绪三十六年（1906 年），《四川官报》转录《北洋官报》报道“遣学建筑”：“两江督宪以近来推行新政，形式与精神二者不可缺一。故于营缮工程之事颇为注重，惟中国建筑之学问向不讲求，遇有重大工程不能不聘用洋工洋匠，甚非持久之计。先特饬令学务处遴选素优东文、算学之学生十名，资遣出洋，前往日本专习工科内建筑学一门，以备将来应用。”① 这是营造体系转变的开始。

汉宝德在《中国建筑传统的延续》中回顾中国传统建筑延续的问题、实践和理论探讨后说：“我们要把现实与历史分开，把建筑与建筑史分开……要明确地把思想游戏与真实的、有生命的建筑分

① 京外新闻：遣学建筑（录北洋官报）[N]. 四川官报，1906（14）：52.

开”。他进一步说：“现代化所带来的灾难，不是新材料、新技术，而是西式的营造制度，亦即建筑师与营造厂自设计至建造的过程。西式制度是工业化的制度，设计家以创新为务，营造厂则必须按图施工。工匠与设计师的分离，使良性的自然演进的过程无法产生。”（汉宝德，1992）[①]

2014年威尼斯建筑双年展的主题为“现代性的吸收”（absorbing modernity）。策展人库尔哈斯谈到，最初许多国家现代化的理念是非常清晰的宏图，现在转变为一种更模糊不清的“具有民族特色的现代性”，“从‘全体的现代性’（modernity for all）出发，我们走向了‘为每个群体自己的现代性’（to each their own modernity）”（Koolhaas，2014：22）——过去一百年间的民族国家的历史，民族国家的建筑历史的文化追求，按照库尔哈斯潜在的解释，更多成了一种形式操作和符号的追求。

3. 从形式操作到批判性回应现实需求

因为乡土社会的政治、经济、文化等根基不在了，“形式操作”成为广泛的、基本的模式。它是多种力量共同推进的结果。它一方面暗合了对普遍的、千篇一律的现实建筑的失望，也是新时期对“求新求变”社会状态的回应；另一方面，也迎合在“中、西建筑”的过度简单分类中，对于生产“中式建筑”的心理与文化的要求。如果把“乡土”的概念适当扩大，把它作为“传统”的代名词，那么由政府主导的、反反复复的、类似的“夺回古都风貌”的行动也可以纳入这一讨论中

---

① 汉宝德．中国建筑传统的延续[M]// 中华文化的过去现在与未来．北京：中华书局，1992. 在该文中，他还谈道：“在基本上厌弃传统政治与文化的氛围中谈文化传统的维护是一个笑话。”

来；更加有生产力的是资本的力量，从四处的“明清一条街”、某某新“古街”“古镇”到“新中式建筑”，是资本对于传统、对于乡土符号的挪用。然而无论是哪一种“形式操作”，基本的架构是现代的结构体系（钢筋混凝土、钢结构为多）加上传统符号的复制、拼贴；或者，传统材料外表皮（如小青瓦、青砖等），容纳的是当下的功能需要。建筑师在其中有各种不同的尝试和实验。我曾经讨论过上海世博会上三个有趣的建筑，中国馆、西安馆和滕头村馆，对符号的不同应用方式（杨宇振，2013a）。大量的符号抽取、并置或拼贴，很大一部分是众人心知肚明的“皇帝的新衣”，却被广泛接受。

当代农村的建筑，是尽可能节省造价的建造方式、材料与新时期生活方式相结合的结果。在某一地区范围内，这一结果不会产生大不同（包括建造方式、空间模式、材料应用），农户间建房相互参考和攀比，差距只在于建房费用投入的差别。比较普遍的现象是，富有的农户往往建造有一定西式样式的农宅。虽然建房的仪式还部分存在，以自己建设为主、邻里互助的建设方式被委托给农村的施工员、施工队完成。这是当下现实的和普遍的状况。即便如此，由于家庭结构、相近材料具不同组合、投入差别、小规模建设等原因，在同一性下仍然体现出一定的多样性。2008 年以后在政府主导下的新农村建设，是中央和地方政府财政、城市中的现代建造体系向农村地区的大量投入和制度性安排。这种快速的大规模建设形成了新时期的农村（建筑）景观（杨宇振，2015）。

在这样的情况下，还能有新乡土建筑吗？还存在地方性建筑吗？什么又是新乡土建筑或者地方性建筑？

乡土建筑是乡土社会的果子，乡土社会的死亡也是乡土建筑的死亡；乡村建造体系的消失断裂了乡土建筑再生产的可能。新的、现代的建造体系是在没有现代化的社会中从外部直接引入的建造体系，包括观念、知识与技术、组织与管理、建筑师职业、施工管理等；它支配了普遍的建设过程，现存的大部分建筑就是这一体系的产品。回答以上的问题，直视现实的答案是，绝大部分 20 世纪 80 年代以来修建的农村建筑就是新乡土建筑。它们来自于生活的直接需求，在经济限定和有限技术供给的条件下，改善了家庭的居住条件——尽管它们在一些专业人士眼中不能入像，也和普遍理解中的“乡土建筑”完全没有关系，却是那些没有能力搬进这类新居的农民们所羡慕的。但 2008 年以来广泛的新农村建设运动正在大规模擦除这一类型的“新乡土建筑”，重写新时期的“新乡土建筑”。这一过程，是基于城市的现代建造体系高强度入侵或者替换农村的自发的、演变的建造体系（它既不完全延续传统建造方式，但也并不直接采用现代的建造体系）。

一个明确的判断是，不能也无法回到过去的建造体系，因此也无法复制传统的乡土建筑。从形式到材料的符号抽取、转换、拼贴、重组，甚至只是简单的复制（符号作为一种生产资料），是生产具有传统意象建筑的一种方式，却不是全部，不是生产当代地方建筑的全部方式。存在的问题是，在现代化的过程中，我们不够现代，我们必须要更加现代！建筑的生产，作为社会生产与再生产的一个重要组成部分，要正视和积极回应当代社会生活的各种复杂问题。它的转型与建构需要来自传统的语言符号，却又必须重新忘记这些语言符号，建立自己的语法和词汇。在当下快速变换纷繁的世界中，它虽然必须植根于现代的建造体系，却不必然要有统一的理论。如果说还能够从乡土建筑中学习到什么，那么对于地方性环境、气候、地理状况、材料的直接回应，是现代乡土建筑应有所作为的。但这只是其中的一方面，物质性的回应要与社会性的需求结合起来（创造就蕴含在这两者的关系之间，在空间的形式和逻辑、建筑形态和表达、材料的应用和情感中等），加上建筑师个人或团队的创造，因地制宜，才是新乡土建筑的依托所在。从这一点上说，虽然当下已是一个去精英化的社会，但建筑师仍具有一定的社会责任，去积极回应现实的需求，而不完全成为生产体系中被推动的一个齿轮。

（原文曾刊发在《建筑学报》，2018 年第 1 期）

They are limited to cutting space into grids and squares. Technocrats, …… end up minutely organizing a repressive space. For all that, they have a clear conscience. They are unaware that space harbors an ideology (more exactly, an ideo-logic) . They are unaware, or pretend to be unaware, that urbanism, objective in appearance (because it is a function of the state and dependent on skills and knowledge), is a form of class urbanism and incorporates a class strategy (a particular logic) .

Henry Lefebvre, The Urban Revolution, 157

他们只限于把空间切成各种网格和方块。技术官僚们，……快速地组构了一个压迫性的空间。对此他们很清楚。他们无知于空间内含有意识形态(更准确地说，是某种观念逻辑)。他们还无知于或者假装不知的是，看起来客观的都市状态 (因其是国家的一种功能，依赖于各种技能和知识)，是一种阶级都市状态的形式，内化有一种阶级战略 (一种特殊的逻辑)。

——亨利·列斐伏尔，《都市革命》，P157

现代屋顶下的“传统建筑”，浙江杭州
（图片来源：作者拍摄）

你们称颂这些人款宴市民并使他们的各种愿望都得到满足。人们说，是他们使城市不朽，却没有看到这些年老的政治家用各种港湾、码头、城墙、税务所等等东西塞满了城市，造成这个国家臃肿和溃烂的状态，以至于没有一点空间可用于正义和节制。

——苏格拉底，*the Gorgias*

1. 治理工具

城市是人类聚居的一种状态。这种状态在人类的大部分时间里，都是以“农业剩余”为主要支撑。前工业时期的、曾是全世界人口最多的罗马、长安就是其中的典型。秦汉时期的“驰道”，以及大量四通八达的“驿道”也具有类似功能，才有杜甫说的开元盛世时，长安及其周围的“小邑犹藏万家室。稻米流脂粟米白，公私仓廪俱丰实”。或者说，在“贸易”[1]没有成为支配性的生产方式之前，无论是农村还是城市，都是以“农业”生产方式为主导的经济模式，不同的只是农业剩余分配在不同空间中的比重不同。彼时城市设计的最主要目的，是维护这种治理的结构。从农村抽取剩余，来维持城市的存在、威严和壮丽（作为权力的表征），一直都是古典城市设计的要旨。或者说，前工业时期的城市，作为国家、地区的管理机构所在地，通过生产社会公共品，包括观念形态、制度设计、社会组织安排等，来维护国家之所以成为一个国家的必须，维持一部分人对另外一部分人的统治——我们也可以把它看成是一种“交换”，城市生产、推广、实践的观念、知识、制度、法律来交换农村生产的农产品、生活必需品等。

在这一基本要义下，不同社会状况和过程生产着差异的城市空间实践。[2]公元前约三千年的美索不达米亚地区苏美尔人城邦，已经体现出丰富的社会分层和多样的社会生活。以乌尔城为例，王权和宗教建筑在总体中占有重要的位置和突出的形象，同时具有高度的防御特征。东地中海地区特殊的地理环境生产了古希腊地区大量“小国寡民”的城邦，进而形成了众人议事的“公共空间”，形成了西方民主代议制的雏形。在东方，公元前 221 年秦统一中国后设计和执行的“郡县制”（针对周朝“封建制”带来的难缠问题），奠定了大一统中国的行政架构，“府、州、县”（一种基本架构，不同时期略有变化）的设置就是国家制度设计和城市设计重要的内容。相对于西欧前工业社会的城市中教堂、广场以及市政厅支

① 现代工业的出现与发现新大陆以来的市场开拓、贸易的进行紧密相关。

② 从普遍性方面，我们至少可以将其划分为两种并非不相关的层面。第一层面是指向人与自然之间的关系；另一层面则是人与人群之间的关系。两个层面相互渗透，互为作用。

配了城市的空间，中国则是府、州、县的衙门占据了城市的中心空间。

城市设计是某类主导性人群意图的实现工具，随着其社会的主流观念、制度架构、行政组织模式、可用的自然与社会资源、地方的生产方式与技术等而变化；它随社会的繁荣或衰落起伏，开放或封闭而变化，不能与社会状况脱离。公元前 5 世纪希波丹姆的希腊诸城规划，多阶层人群混居，有差别而无大差距、公共空间占据支配性地位、城市规模宏大。这些空间特点是当时社会关系、经济与政治状况的显现。公元 5 世纪后罗马帝国解体，社会四分五裂，往往在原来罗马帝国的军事据点上发展出来的割据领主城，规模小而防卫性高——它们是从周边小范围的农业中收取剩余的保证，以及在纷乱的世界中维持一定的安全，却往往很可能朝不保夕。稍微大一点的城镇，基督教、国王和地方贵族的势力占据了空间的中心，但它们并无力量来大规模改造城镇；罗马帝国的辉煌在彼时只剩下想象和向往。

漫长的中世纪的结果是人与城，与生活、生产空间之间的持续不断的、微小的调适，产生出卡米诺·西特归纳的“遵循艺术原则”的城市空间。中世纪晚期少数的几个城市，如威尼斯、佛罗伦萨、热那亚等，无不是因贸易而生，因贸易而繁荣。它们通过获得君士但丁堡的特别许可，通过武力的各种方式（包括历时多年的十字军东征），通过改善航海与军事技术，垄断了地区的贸易。商人作为一种新的社会角色周旋在国王和教皇之间，在权力和宗教之间。他们有能力增加财富，捐献财富修建教堂，促进原本完全被教士垄断的教育，更新技术和强化管理，却没有能够结构性调节社会关系（也就没有能够结构性调整城市的空间关系）——文艺复兴举着复古辉煌的大旗，试图突破原有严密的宗教与政治架构；

所谓“人的觉醒”只是浮现出来的新社会阶层的诉求，希冀获得新的自由空间。然而这至少等到 1689 年英国的《权利法案》才大致出现了新变化。

但贸易的确带来了城市的新变化。为商品流通而设置的吊装和运送码头，远离教堂和广场的背街的生产区、生产资料与劳动力的相对分类与聚集都是这一时期新的空间现象。[①] 经济的复苏和发展带来对新城市想象的热情，发展出诸多基于理性、对称、阶层等级划分明确的城市模型——尽管这一时期仍然没有能力大规模改造城市，重建新城。随着重商主义的兴起和泛滥，市场的远程开拓，全民贸易热情把地方城市和远方的地区联系在一起，马克思指出的，从某一时期开始，人们只说船队了。金融的发展是资本积累的必要，于是证券所逐渐在教堂、市政厅周围占有一席之地，1602 年兴建的阿姆斯特丹证券交易所就是其中典型的一例(图 1)。这里有必要强调的一点是，西方早期具有一定现代意义的城市是从原有的宗教和政治架构中产生出来的，尽管其大多规模都很小。它往往以经济回报作为获取特许经营权、相对自治权为开始，发展出与当时社会不同的异质性空间——中世纪中后期有“城镇带来自由空气”之说。

2. 现代城市的萌芽及其问题

哥伦布发现新大陆以来——全球市场大规模开拓以来，城乡一元的状况发生转变。或者说，原本城乡都是农业生产方式的总体状况发

① 在早期现代城市的发展过程中，新型产业往往是在远离中心区的地方开始发展，是土地权属与文化影响共同作用下，为减少交易成本的结果。

图 1　阿姆斯特丹证券交易所
（图片来源：financialhistoryofamsterdam.simonl.org）

生了转变，城市获得了一种新属性和发展状态。因为其相对密集的各种生产要素，包括人口、知识与技术、制度供给等，城市在与外部市场关联的过程中日益壮大起来。城市成了生产的空间、资本积累的空间。这一资本主义早期的城市并无任何自觉的城市设计理论。符合降低交易成本，加速资本积累的一切物质空间实践都是企业主必然、必要的工作。所以，在交通条件好的地区（转送）、在最主要生产资料充裕的地区（生产）等都是城市加速发展的地方，或者说形成可能的新城市的地方。这是早期自由放任发展的时期，是新的社会活动和空间占据、替换和马赛克般镶嵌在旧有社会活动空间中的过程。相对于农村较低的交易成本、良好的交易效率，城市开始吸纳农村人口、生产、生活资料等，这也就意味着城市化进程的开始。

在城市空间中，各种生产要素能够更有效结合。也就是说，新时期中城市承载了一种相对于农业更有经济效率的生产方式。它不仅是早期的工场手工业到后来的机器大工业的空间载体，更重要的是，它是市场扩张与生产扩张的共同结合，是降低交易成本的空间。现代城市的这一基本定义，和古典时期城市的定义产生了截然不同的变化。古典社会向现代社会的转变，是从“等级—秩序”向“交易—利润”社会的转变。古典城市是维持“等级—秩序”的重要空间载体；而现代城市当然仍然具有“等级—秩序”的基因，但促进交易，获取利润已经是它的最基本使命。它首当其冲要处理资本积累的问题，任何没有进入资本积累的城市（或者说，被资本积累抛弃的城市）只能走向衰败，变成废城；它当然也深深卷入一部分人对另外一部分人的管制或反抗（在马克思的表述中是“阶级斗争”）；它还因为强大技术对自然与人文环境的大规模改造而涉及环境问题与人类自身记忆的问题。城市设计作为城市发展的空间工具，同样要应对资本积累、社会斗争和环境变迁的基本问题。

恩格斯曾经在《英国工人阶级状况》等文章中详细而精彩地记录了曼彻斯特、伦敦等贸易带来的工业发展与城市变迁之间的状况。最开始是航海带来的大陆板块之间资源的流动、市场的巨大扩张、资本的原始积累；工业从小规模聚集向大规模聚集转变，随后铁路快速兴起，沟通了地区间的经济往来（从原材料到市场），接着是石油的开采和汽油的广泛使用，汽车成为支配性的交通工具。这一时期的城市存在于两种截然不同的情境中。一是在原来“等级—秩序”架构中生产出来的空间状态，一种是在新生的“交易—利润”架构下浮现出来的空间形态。老的以“等级—秩序”为基础的城市空间依然存在，它虽然开始成为一种记忆，但强大的惯性力量还在，也还熠熠然散发出历史的光润；新的以“利润—交易”为基础的城市空间展现出前所未有的野蛮力量，伺机占据、占领需要的任何空间——最初为减少发展阻力，是以避开旧城市核心区空间范围的“新区”状态存在。这是一个时代的结束，也是一个新时代的开始。

城市在两种状态的博弈中存在，城市设计的理论与实践也就在两种状况的博弈中浮现 。

它当然最早开始于观念的变化：关于人类生存状态的反身性（reflexive）、批判性思考。在史无前例的社会变迁中，人类已经不能如过去的几千年间那般，依托于可以信任、可以交付的土地。市场扩张、地区贸易加速改变着地方的性质，快速改变着地方的生产方式、社会结构、城乡景观和人们的日常生活。相对于过去的恒久和不变，人们日趋生存在不确定性之中。在这样的状况下，人类应该追求什么样的生存状态?

这个问题不开始于现代社会的形成之初，而是贯穿在整个人类社会的进程当中。比如在西汉的《礼记·礼运篇》就谈到一种被后来反复传说和引用的“大同”的理想社会：“大道之行也，天下为公，选贤与能，讲信修睦。故人不独亲其亲，不独子其子，使老有所终，壮有所用，幼有所长，矜、寡、孤、独、废疾者皆有所养，男有分，女有归。货恶其弃于地也，不必藏于己；力恶其不出于身也，不必为己。是故谋闭而不兴，盗窃乱贼而不作，故外户而不闭，是谓大同。”这是基于社会秩序和社会现象思考的一种理想社会。又比如，在更早一点的公元前 390 年左右，柏拉图通过对“什么是正义”讨论，提出一个基于德行、知识和真理之上的理想城市、理想国。[①] 然而在人类社会剧烈转变的时期，这种思辨更加急迫和普遍。

在整个西欧社会的现代化过程中，充满对于社会发展和人类自身状

① 柏拉图设想的“理想国”受到了刘易斯·芒福德的尖锐批评。芒福德认为柏拉图构想的是一种理性的、僵化的乌托邦城市，破坏了之前古希腊城邦中为人带来全面发展的精神和遗产。见《城市发展史》中关于古希腊城邦的讨论《市民与理想城市》一节。

态思考的言语，比如托马斯·摩尔在1516年出版的、寻求一种理想政治体系的《乌托邦》，比如歌德的《浮士德》，巴尔扎克的《人间喜剧》，波德莱尔的《恶之花》等。马克思、恩格斯的著作本身也是这一思考的结果，他们一方面赞扬资本主义将人类从封建、宗教的牢笼中解放出来，获取了一种新的自由；另一方面他们无情地鞭挞资本主义的罪恶、揭示资本主义的运行机制，试图提出一种新的人类生存方式。我们还可以进一步引证蒲鲁东、圣西蒙的观点；引证欧文、傅立叶等的实践，他们在社会大分工的状况下，提倡切割出一个相对独立的小社会单元,回到类似“小国寡民”的状态——这一理念和实践并不少见。我们还可以引证亨利·乔治的《进步与贫困》，他试图在资本主义社会中寻找平衡社会两极分化的可能性，提出“单一税”的解决途径。亨利·乔治的土地税策略和社会主义取向的观点深刻影响了同一时期的霍华德和孙中山。

霍华德的“田园城市”理论首先不是一种城市空间的理论，而是一种社会理论，一种对现实社会的批判和对理想社会的想象，一种新型社会的构想，试图把生产和生活、城市和乡村、人工和自然、经济效率与人性相结合的理论。在社会组织上，它提倡具有一定规模的相对自治，成立社区的公共管理机构；经济组织上，它提倡以公为主，公私合营；在土地政策上，它主张土地归自治机构所有，通过租用的方式提供给用户。这一社会构想落到物质空间上，产生了“田园城市”的基本空间模型。总体而言，它仍然是寻求经济相对独立、行政相对自治的空间单元。在物质空间模型上，首先考虑人口与土地的关系、人的生产生活范围（32000人占有6000英亩土地）、在这一基本状况下布局生产、生活与交通的联系；通过铁路、公路快速干道与外部联系；重要的公共服务内容，如图书馆、博物馆、行政中心等占据中心的位置；外围一圈的绿色环道布置了学校，而从连接外部的火车站到中心区的轴线空间始终是最重要的景观区。霍华德在 1898 年出版这本书的名字是《明天：一条通往真正变革的和平之路》。“和平变革”恐怕是霍华德在剧烈变动的社会中提出“田园城市”构想最重要的初衷[①]，“和平变革”也是孙中山改革社会的主要构想。

孙中山十分推崇亨利·乔治的观点，认为基于土地的单一税是解决社会两极分化的良策；人口剧增带来的土地“所增之价，悉归于地方团体之公有。如此则社会发达、地价愈增，则公家愈富。由众人所用之劳力以发达之，结果其利益亦众人享有之。不平之土地垄断、资本专制，可以免却，而社会革命、罢工风潮，悉能消弭无形。此定价一事，实吾国民生之根本大计，无论地方自治，或中央经营，皆不可不以此为着手之急务也。”（孙文，1920：205）他曾经邀请在德国租界青岛推行“单一税”的单威廉来协助孙科，试行税制的改革，却遭遇细密私有产权编织而成的传统社会。在没有强大武力支持下，任何试图大规模调整产权关系的变革都极为困难。然而必须指出的是，在孙文、陈炯明等的政治、财政、军事支持下的孙科创制变革的政，却是现代中国城市设计的重要开端。孙文、孙科的目的，是通过新城市的设计和实践，来体现新政权的权力合法性和先进性。孙科在市制的创立、市政的组织机构形式、物质空间的实践等方面都成为彼时的“模范”，是后来诸多城市设计模仿的对象。孙科在广州、广东时期创立的诸多城市市政的法令、法规成为后来民国政府立法的重要参考。

① 是走社会主义道路还是资本主义道路在当时是社会激烈的争论议题。不少人相信，“土地变革”是第三条道路，是通往和平变革的道路。

3. 政治与经济竞争中的城市设计

开始于地中海地区的航海和贸易[①]，然后是15世纪末发现新大陆以来，西欧社会发生巨大变化。具有现代意义的城市的兴起，新社会阶层的浮现，宗教的改革，为争取新权利的内部的、外部的激烈斗争都是这一时期最典型的社会现象。外部市场的持续开拓，加速了内部各种力量分裂和整合，通过国家的方式占据全球资源的过程，加速了民族国家的兴起。从西班牙、葡萄牙到荷兰、英国等的市场开拓史是一部血淋淋的战争史，也是人类文明的交流史。也只有从这一时期开始，随着民族国家的日趋形成、财富的增加，资本积累的动力，技术的更新和强大，西欧社会才有能力大规模改造城市。这也是现代城市设计兴起的过程。

17世纪初到中期的梵蒂冈圣彼得教堂广场、凡尔赛宫及其园林的规划与设计，典型的放射型道路，分别是对宗教、君权中心性的强调和回应；它们是早期现代城市设计的空间模式来源。[②]1666年伦敦大火后，克里斯托弗·仑提出的城市重建计划，深受凡尔赛宫影响，体现绝对君权城市的景观轴线与现代卫生学相结合的新型城市设计（图2)。“放射形轴线+矩形街区”是克里斯托弗·仑方案的基本特点，也是后来早期现代城市设计的基本模式。“放射形轴线”强调了对宗教、对权力（以及依附在它们身上的历史）的仰望，使它们成为视觉的中心、宏大的景观、瞻仰的对象；“矩形街区”则

① 以香料为主的贸易，也是沟通东西方的贸易。这一为获取利润的强烈欲望直接启发了更大规模的航海；进而处在地中海深处的威尼斯逐渐失去了原有的区位优势。葡萄牙、西班牙则逐渐兴起。

② 也许这一空间模型的概念可以推得更早。柏拉图曾经提出一个理想的物质空间布局，即宙斯、雅典娜等神庙位居中间，四周城墙，而所有的干道以它们为中心发射出去。

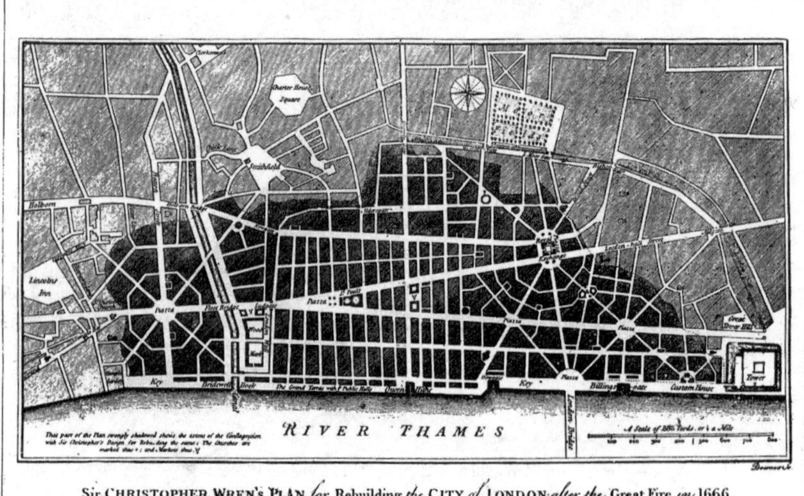

the picture magazine v4 1894

图 2　大火之前的伦敦及克里斯托弗・仑的伦敦规划方案（1666 年）

是颠覆性的变革，是对于中世纪根据地形等自由发展出来的彻底变革。它既是新时期城市人口高度聚集过程中对日照、通风和卫生学需求必需的回应，也是对地产投机的高度回应。“放射形轴线 + 矩形街区”的新型城市设计，是新权力欲望与利润欲望的空间化，也是从古典向现代过渡时期的折中模式。

19 世纪，特别是 19 世纪后半叶，是资本主义高歌猛进、获取巨大胜利的时期。霍布斯鲍姆写道：“资本主义的全球性胜利，是 1848 年后数十年历史的主旋律……世界机制……将逐步向国际模式靠拢，即领土明确的‘民族国家’、有宪法保证的财产和公民权，有选举产生的议会，为财产、人权负责的代议政府，以及在条件成熟的地方让普通百姓参政。”（霍布斯鲍姆，2014b：2）理性、科学、民主成为这一时期社会发展的关键词。值得一提的是，1848 年除了遍布欧洲的革命外，进一步催生了代议制政府的普遍产生，还诞生了两个重要的、影响深远的文本。第一个是马克思、恩格斯撰写的《共产党宣言》——它的出现标志社会发展中新力量的浮现，并预言了新力量参与改变社会生产与再生产的可能。第二个文本是英国颁布的《公共卫生法》,是应对城市社会问题的科学和理性的立法，是现代城市规划与设计最早的立法文件。

19 世纪末 20 世纪初是现代城市设计发展的重要阶段。这不再是一个小规模改造的、自发的、随机的城市改造，而是普遍的、大规模的、有主动意识的、自觉的城市设计阶段。“宏伟壮丽 + 科学理性 + 社会民主”是这一时期欢呼进步的社会追求的状态，也是作为工具的城市设计追求的普遍状态。1853 年开始的奥斯曼的巴黎改造、1858 年开始的维也纳环道改造、1859 年塞尔达的巴塞罗那规划、1902 年的华盛顿规划调整、1909 年伯纳姆的芝加哥规划、1911 年的新德里规划、1913 年格里芬的堪培拉规划等都是这一时期典型的例子（除了巴塞罗那，其他都是所在国的首都）。[①] 它们共同的特征是放射形路网、宏伟壮丽的林荫大道、对称、对景、重要的权力建筑（如国会、纪念堂、总统府等）处于轴线的终端、制高点、大型的广场与公园等。由于史无前例的权力、资本和技术的许可，加上快速变化社会过程中对于人类存在状态的思考，19 世纪末 20 世纪初开创了一个新的城市形态纪元。它将古典城市对于权力的壮观表现（如将对君王的尊崇替换为对代议制机构的尊敬，尽管其中一波三折且各地有所不同）与新时期的强大的技术力量结合起来，产生了现代城市设计灵光一现的状态。[②]

1859 年塞尔达的巴塞罗那规划是现代城市设计的一个重要里程碑。它首先是西班牙马德里中央政府与加泰罗尼亚地方政府之间斗争的产物。拆除旧城墙后，地方政府希望通过新城的规划设计来捍卫地方权力的中心性。在地方政府主持的竞赛中，胜出的 Antoni Rovira Trias 提案以旧城为中心，仍然是典型的“放射形轴线 + 矩形街区”模式，公共广场均衡分布其间（图 3）。但 Rovira 方案随即被中央政府抛弃（也就意味着中央政府反对和抵制维护加泰罗尼亚地方政府的中心性），强制性执行塞尔达的方案。客观上，塞尔达方案与 Rovira 方案没有本质上的不同（图 4），仍然是基于“放射形轴线 + 矩形街区”模式，加公共空间的均衡分布。但是，放射形轴线被压缩到最低程度，并且完全抛弃旧城为放射形轴线终端的做法（相反，Rovira 方案中旧城就是轴线的焦点），而所有矩形的街区，被规整到 113 米 ×113 米的尺度中——113 米 ×113 米街块加切角加 20 米宽街道成了被反复言说的内容。实际上，塞尔达方案的核心不是

① 紧跟着的是第二波后进民族国家的首都，或者地区首府的规划建设，包括巴西利亚、昌迪迦尔等。

② 之后的社会随着贵族式精英阶层的消散和新自由主义的泛滥，不再有任何可能产生出该时期的城市空间和形态。

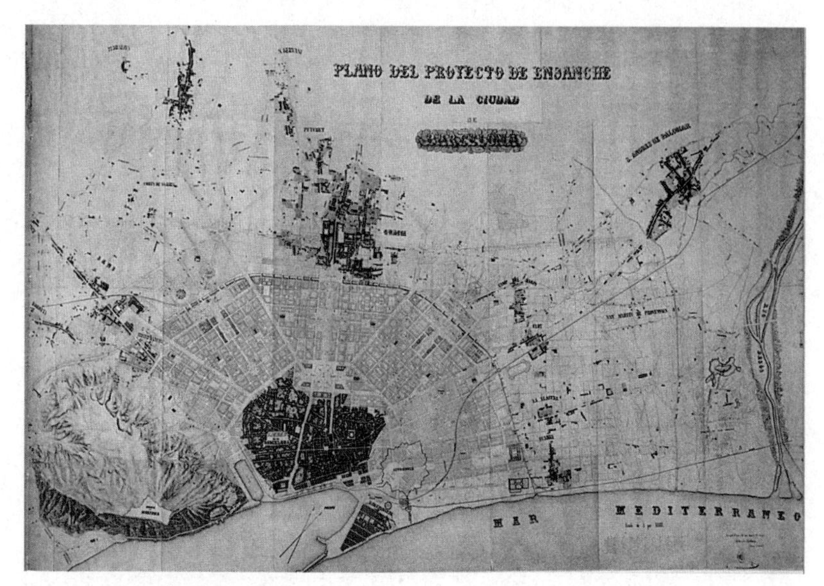

图 3　Rovira Trias 的巴塞罗那规划

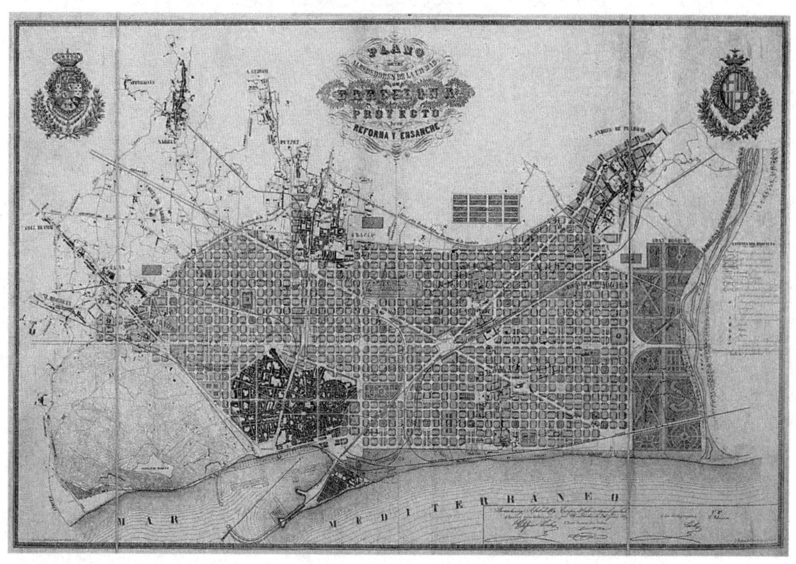

图 4　塞尔达的巴塞罗那规划（1859 年）

这一具体的物质形态，而是中央政府与地方政府之间的权力争斗，加上新时期对于卫生学的考量。它高度挤压了地方权力，试图通过空间关系调整社会阶层的关系，提倡市民间的公平公正；然而事实上，它暗合了地产投机的需求，通过城市空间进行资本积累的需求。塞尔达追求的底层通风形态最终被高密度扩张所扼制和占据。我们必须说，这一规划的构想、执行和实践中有着塞尔达自身对于政治和城市的巨大热情和持久的、终身的探索。[①]

塞尔达的方案是基于空间增量的规划，而相近时期的巴黎改造是基于空间存量的规划。大卫·哈维在《巴黎：现代性之都》中讨论了王权巴黎与资本巴黎之间的剧烈冲突和奥斯曼在拿破仑三世的支持下，对旧巴黎开膛破肚，在 1853—1870 年间（实际按照奥斯曼的方案执行到 20 世纪 20 年代），创造了一个世界范围的新城市样本（哈维，2007）。拿破仑三世作为第一个全民选举出的帝王，面对经济发展远不如英帝国和本国持续的社会革命状况，必须通过运用国家机器，发展经济和维持社会阶层间的关系。除了国际的扩张，巴黎的发展成了现代国家治理的重要内容和表征；巴黎的现代化就是权力合法性和进步性的表征。或者我们可以更加明确地说，巴黎的旧城市空间同时作为一种生产力和生产资料，已经不适应新时期的生产关系和社会关系，资本积累危机和严重的社会危机潜伏在城市空间背后。拿破仑三世希望通过权力集中，发展经济，为社会底层提供福利和现代技术的创新与应用，来获得权力的稳固——巴黎就是实验的空间和矛盾冲突最尖锐的地方。被授权的奥斯曼集大权于一身，通过权力运作、金融制度创新、法律制定（包括城市规划与建设的管理法规）、科学与技术的应用以及强烈的个人意志和色彩撬动和翻腾了

① 比如，他提出了当时还尚未出现的城市轨道交通构想，第一次提出了西班牙文中的“城市化”一词，等等。

中世纪的巴黎。他同时要应对新时期权力合法性的彰显、流动性对物质空间的要求以及公共卫生和住房的根本问题，同时还面临着与英国伦敦的高度竞争（至少是在视觉形象的方面）。在物质建设方面，奥斯曼通过城市内部交通路网的再结构，缓解了全国与区域范围日趋密集的铁路网络对于枢纽巴黎的巨大压力，加大了地区与城市的资本、人员和信息的流动性。他通过宽敞的林荫大道及其对景的重要公共建筑营造，彰显了新时期权力的尊崇和地位。作为对城市公共卫生、安全与景观的回应，他规划建设了巨大规模和完备的城市地下公共基础设施、不同规模和分区的城市公园以及城市住宅。

4. 三种趋势及其实践

19 世纪到 20 世纪是全球范围的大变动时期，根据沃勒斯坦的讨论，出现了三种意识形态，即保守主义、自由主义和社会主义。保守主义尽可能降低或者减少可能的变革及其带来的破坏，力求维持原有的状态；自由主义尽管有着不同的理解，但总体而言强调个人的价值、强调进步与现代意识；而社会主义则是具有“革命”意识，不是反对资本主义的局部问题，而是全面反对资本主义对人的异化（沃勒斯坦，2013：13-28）。关于现代城市的构想与设计，也可以说出现了类似的三种不同趋势，尽管不能完全归入保守主义、自由主义和社会主义三个领域中。

第一种是看到资本主义野蛮发展带来的城市社会与空间的结构性破坏，或者因为自身的社会地位、经济利益等受到剧烈冲击，或者因为现代城市的快速发展形成的非人性空间而怀念前工业社会的缓慢和适人尺度，明晰的空间等级结构（及其带来的稳定感）。他们大多主张向过去学习，甚至是恢复过去的状态（包括城市与建筑形态），最大限度降低新事物、新运动带来的影响。其中又大致可以分为两类，一类是完全提倡复古（尽管其中存在着不同的目的，比如其中一种是借复古来获得权力合法性或者是某种贵族身份的表征，然而在新的时期，往往只能采用复古的布局、形式加上现代的技术）。这一类比较典型的体现在如二战间的法西斯国家的城市设计。另一类是希望将前工业社会中符合人性的空间与现代技术的便利结合起来,积极地创造出新时期的空间形态。我们大致可以把威廉·莫里斯、卡米诺·西特、霍华德、刘易斯·芒福德、安里·索瓦日，包括赖特归到这一类别中来。

第二种是看到资本主义带来的创造性破坏和旧世界的束缚。他们充分意识到，这将是一个全新的世界，必须创造出新的语言来表达这一前所未有的变化，而不能沿袭旧的语汇，旧的生产方式；他们要摧毁旧世界，开创新未来。所以柯布西耶说，弯的路是驴走的，直的路才是人走的路；他还呐喊，要么建筑，要么革命（architecture or revolution）。在城市设计与建筑设计领域，柯布西耶毫无疑问是这一队伍中的佼佼者。1933 年，在以他为核心成员之一的 CIAM 提出的城市规划大纲，亦即后来的《雅典宪章》深刻影响了现代城市的设计与建造。奥斯曼、奥托·瓦格纳、格罗皮乌斯、密斯、艾伯克隆比、沙里宁以及尼迈耶都可以归到这一类别中。

第三种看到资本主义的弊端，资本积累带来社会的两极分化、对人的奴役和异化、对环境的破坏。这一趋势强调社会的公平与正义，它和自由主义一样，反对保守主义，但要创造的新世界和自由主义的完全不同。它伴随着资本主义而成长，在 19 世纪末 20 世纪初一度成为批判性和实践性的主流思潮（霍华德的“田园城市”理念在很大程度上受到了当时社会主义思潮的影响），并发展成为与资本主义对立的国家和社会实践（尽管对于社会主义的内涵有着不同的理解，进而演化出不同的实践方向）。1918年到1934年间在奥地利社会民主党执政下的维也纳城市发展是这一趋势主导下的建设，这一阶段的维也纳也被称之为“红色维也纳”。在市政财政方面，社会民主党通过国家立法收取新税种，包括对奢侈品收税（如骑马、私人豪华车、使用仆人等）、房屋建设税等。所有的市政投入直接来自于税收而不是发放债券，因此市政府在财政上可以独立运作，不受债权人的控制；在社会服务方面，幼儿园、医疗服务、度假地、娱乐设施、公共洗浴和运动设施向公众免费开放；用气、用电和垃圾都由市政支付，来改善健康标准（市政公共服务的支出比一战前翻了三倍）；解决大量市民居住问题的公共住宅是社会民主党主要关心的方面，1925年开始大规模社区建设，其中包括了著名的卡尔·马克思公寓。公共住房租金低廉（住房租金大概占家庭收入的4%），基于评估状况，出租的对象首先考虑社会底层人员。①

三种趋势及其运动构成了总体状态，然而三者间并没有绝对的、完全隔离的边界；在特定时期三者之间可以相互转换，比如保守主义中的激进部分很可能转换为自由主义；保守主义中的复古主义也有可能与某种特定类型的社会主义结合起来。其中的复杂性不仅在于三者间的相互作用，更在于三者间在不同的地理区域、民族国家间的历史状态，形成了现代性及其空间在全球地理空间上的斑驳状态及其时间上的差异。

尽管遭遇几次经济危机和两次世界大战，一战前后到60年代左右仍然是西欧、北美资本主义在规模上发展的黄金时期。在生产领域，基于机器大生产和流水线的福特制成为支配社会生产的主流模式。②

---

① 见维基百科中的“红色维也纳”词条，https：//en.wikipedia.org/wiki/Red_Vienna.

② 法兰克福学派是这一时期批判资本主义大生产与人本体关系的重要学术流派，影响到20世纪六七十年代之后的众多学者。

在城市设计领域，同样是基于机器大规模生产的现代化支配了城市空间的生产，在世纪之交产生的关于人类生存状态的多样想象和实践逐渐让位于更加统一、一致的方式，进入了一种新常态，一种早期现代主义的定型化甚至是庸俗化，是尽可能降低交易成本和快速生产的方式，进而失去了原有的本雅明语义中的“灵韵”（Aura），却逐渐成为日常生活中的普遍状态、越来越习以为常的状态。《雅典宪章》提出来的工作、生活、游憩、交通功能分离的范型支配了空间的生产，日常生活中人们开始奔波和堵塞在功能区之间。

在这一结构性的状态下，各功能区内部成为城市设计的具体内容。我曾讨论到，“城市设计直接目标指向城市建成环境（built environment），试图在不同尺度上（从整体到局部的各个层次）对其进行分类、重组、关联、改变的过程；是在不同主体意图的支配下对社会进行‘再结构’的一种技术手段，是社会城市化过程的一种技术工具。这种工具的乌托邦理想试图通过设计（作为一种理性）提升人的幸福程度，增加人的自由，通过物质环境的优化改善人与自然、人与社会、人与人自身的关系，使其获得更大的满足感、幸福感以及自我价值的实现。这种理想在早期工业化时期常有灵光闪现……这种带有人文主义色彩的技术理想往往产生在剧烈的社会转型时期，而后随着各社会阶层的逐渐固化隐匿或消失”（杨宇振，2012a：114）。

5. 1968 年危机：一个时代的标记

1968 年在法国南特、巴黎等发生的“五月风暴”是标志性的历史事件，标志西方发达资本主义社会从生产型的社会向消费型社会的转变（图 5）。在大西洋彼岸，美国的嬉皮运动日益兴盛，成为一种

图 5　1968 年“五月风暴”运动
（图片来源：[法] 布鲁诺·巴贝　摄影，[法] 卡洛尔·纳伽　文 . 布鲁诺·巴贝在路上 [M]. [法] 徐峰　译 . 北京：北京联合出版公司，2016.）

社会风潮。社会物质财富的剧增带来了精神的空虚和潜在的经济危机。原有快速生产的、增量型的、基于机械理性的空间发展受到高度质疑和批判，也意味着学科转型。

1961 年简·雅各布什出版《美国大城市的死与生》，从日常生活的层面探讨现代城市的问题，引起巨大反响，吹响了质疑和批评现代主义的号角；1965 年亚历山大·克里斯托弗出版了《城市不是树形》，以马里兰、伦敦、巴西利亚、昌迪加尔等为案例，批评城市设计中过于简单的树状结构，降低了社会生活的丰富性和复杂性；1966 年罗伯特·文丘里在《建筑的复杂性与矛盾性》呼唤建筑的多义性，他宣称要混杂而不要纯粹、要折中而不要清晰、要扭曲而不要直接、要含糊而不要明确；1966 年，阿尔多·罗西出版了《城市建筑》，重新审视了现代主义高歌猛进中被切割的历史与城市和建筑间的关联；1977 年，查尔斯·詹克斯戏谑地宣布，随着曾经获过美国建筑学会设计大奖的圣路易斯的伊戈住宅在 1972 年 7 月 15 日被炸毁，现代主义建筑死亡了。

西欧和北美社会在 20 世纪六七十年代以后出现的状况是现实社会的变化与现实批判结合的结果。社会从之前的市场大于供给，向供给大于市场转变（意味着潜藏着的严重经济与社会危机）；从“生产”的生产转向“市场”的生产，意味着危机的地理扩散和借以“创新”之名的消费欲望的制造，向德波指出的“奇观社会”的出现（德波，2006）；向从相对单一现象、单一学科知识的生产，向学科间关联、复杂社会现象间的关联生产转变（意味着学科的范式从关于内部性的结构和逻辑转向学科之间的新知识生产，特别是与政治和经济的关联）；从物的生产转向物的过程与方法的再生产，从纯物的生产转向物与社会、与个体间关系的生产（意味着从机械理性为主导转向与哲学、社会学、经济学等的关联性重组）。这种转变形成了在政治上以“进步”为口号的、在艺术上以“纯粹、抽象”为要旨的经典现代主义的逐渐消失（今天已然成为一种记忆）；后现代主义的消费主义替代现代主义的理想主义。

然而，大卫·哈维在《后现代状况》中说，西欧和北美社会在20世纪六七十年代以来的转变，并不是全新社会的出现，而是资本主义生产方式从福特制、泰勒主义向灵活积累机制的转变，带来一系列社会与空间现象的出现，以及人们对时空体验的剧烈变化。但生产方式转变的确带来知识与技术生产和消费转变。70年代以来西欧、北美社会在知识生产领域研究的文化转向影响至为深远。这一转向是研究范式的转向，从功能到意义、从形态到结构、从结果到过程、从可见的物质到不可现关系等的转向。在这一巨变的过程中，出现了一批具有思辨性的学者，包括加斯东·巴什拉（1862—1962）、马丁·海德格尔（1889—1976）、拉康·雅克（1901—1981）、亨利·列斐伏尔（1901—1991）、罗兰·巴特（1915—1980）、路易·阿尔都塞（1918—1990）、米歇尔·福柯（1926—1984）、吉尔·德勒兹（1925—1995）、让·鲍德里亚（1929—2007）、雅克·德里达（1930—2004）[①]等对社会、城市、空间的研究成为其他学科领域（包括建筑学、城市规划、城市设计）新知识和新方法来源。

或者说，新范式的出现首先是对旧范式在方法论上的批评和重建方法论的过程。1973年出现的*oppositions*（《对置》）就是在建筑与城市设计领域建立新范式的重要理论论战平台。他们不满于平庸现代主义、教条现代主义的状况，提出尖锐的理论批评和新方法。这个刊物上的作者有彼得·埃森曼、里昂·克里尔、柯林·肯尼斯·弗

① 这是一个无法列完的名单。稍早一点的如法兰克福学派的霍克海默、马尔库塞、阿多诺、哈贝马斯等；稍晚一点的如弗里德克·杰姆逊、曼纽尔·卡斯特尔、大卫·哈维、理查·桑内特等。

兰普顿、雷姆·库尔哈斯、拉菲尔·莫尼奥、阿尔多·罗西、曼弗雷多·塔夫里、伯纳德·屈米等，其中一大部分在 80 年代中后期、90 年代后成为建筑与城市设计领域的先锋。

如果说这一时期具有批判意识的学者、研究者和实践者能够具有什么共性的话，那么唯一的词语就是“opposition”，就是站在已经成为常态的、教条的现代主义对立面，理解到物质的生产必须与社会的状态更加紧密联系在一起，要更追求个体存在的意义。然而，他们并不具有一致的如何建设新范式的思路和实践，只有基于个体对社会思考基础上的各种不同探讨；他们相互之间并不必然要寻得一致的、关于建设新世界的观点。这也是法兰克福学派和 *oppositions* 及其学术团队后来解体的基本原因。这意味着进入了一个碎片化的时代——高度城市化时期的结果，大规模现代城市建设已经过去，城市建成区中填满了各种房屋；已经不可能再有丹尼尔·伯纳姆宣称的“不做小规划。它们不能激发人类的激情，自身也可能无法实现。做大规划，心存高远，记着，一个宏伟的、理性的计划案一旦出现就不会消逝……要从大格局来思考”[①] 的时期了。这一时期有思辨的个人虽然可以“心存高远”“从大格局来思考”，但现实是只能从城市的局部空间进入实践，再也无法改变城市的总体物质状况，只能做“小规划”。于是，彼得·霍尔在 1980 年出版了《大规划的灾难》，批评上一个阶段大规划的种种不是。苏格拉底讲的，城市中填塞了各种欲望之物，却没有给正义和节制留点空间的状态成为普遍状态。

---

① 原文“Make no little plans. They have no magic to stir men's blood and probably will not themselves be realized. Make big plans；aim high in hope and work，remembering that a noble，logical diagram once recorded will never die……Think big”，见维基百科中“伯纳姆”的词条，https：//en.wikipedia.org/wiki/Daniel_Burnham .

6. 呼唤新范式

20 世纪 70 年代以来，发达资本主义国家进入了典型的物质丰盈时代和消费社会。对于市场的生产（对人的消费欲望的生产）和电视等媒体的新传播技术共同构成了这一时期的普遍状况。它无法对城市空间结构进行大规模的调整（或者说，对城市空间结构大规模调整转移到了全球范围其他新的资本积累地区，包括中国大陆），却可以深入日常生活的各个角落，特别是通过电视的传播，改变了原有“私人空间”的概念和界定。而地方政府，按照哈维的说法，无论是哪一种意识形态的政府，在经济全球化和高度经济竞争的状况下，普遍从之前的“管理型政府”，转变成了“企业型政府”，积极地通过对地方公共资源的重组、配置或者销售，吸引资本在地方的生产（Harvey，2000）。在这种状况下，弗里德克・杰姆逊说：“文化自身的特定领域已经延展了，变成了和市场社会紧密关联，不再局限于它之前的、传统的或者是实验性的形态，而是通过其日常生活，在商场中，在各种专业活动中，在各种娱乐休闲中（常常通过电视的形式），在生产市场和消费这些市场的产品过程中，真真切切地存在于日常生活众多隐秘的方面和角落中。”（Jameson，1998：111）

这个阶段的城市设计在企业型政府的消费社会中运作。它的核心关键词不再是一个世纪前从古典社会全面向现代社会转型中灵光一现的“人的自由”，使人的精神得以“恬适、平和和提升”，而是在高度竞争状态下的、基于“利润”基础上的权力的合法性。它是企业型政府再结构和销售地方（从土地到各种公共资源到城市形象）的空间工具。它被迫性地要回应全球变暖的环境问题（往往是从技术层面来弥补，而不是全面批判性反思社会生产的机制）；它往往通过局部城市地区的再开发（如滨水地区、旧城核心区、特殊历史地段等）来生产消费型空间，销售空间商品获取利润，却生产了社会隔离和排拒（social exclusion）。从这一点讲，现代城市设计的灵魂已经死亡，只剩下被驱使的躯壳。

更加复杂的是，随着新时期全球网络社会崛起，地方的概念被重新定义（城市是信息、人员、资本等高流动性的地方）。原本在较大程度上生产与消费的地方化，随着网络的全球与地区互联（作为一种工具与存在的方式），发生分延与重构，地方社会脉络（social context）在新的技术方式冲击下出现新形态（卡斯特尔，2003）。我曾经讨论道："资本空间化是现代城市化的主要表现。只要资本进入生产与再生产的循环中，必然通过时间的过程和空间的形式表现出来，而资本选择空间化的主要地点在城市而不是其他——因为城市的交易效率、交易密度高于其他类型的空间。主动迎接或者被动选择的城市——原本有着相对稳定的行政治理边界、社会结构和价值观念的聚居体，开始面临着来自全球、地区、国家和其他城市的日趋激烈的竞争。更加复杂的是，在城市与全球之间，还有着民族国家这一政治、经济、文化和地理的空间单元。民族国家不仅面临着与城市相近的问题，受到资本流动与空间化的尖锐挑战，还与城市之间有着政治、经济甚至是文化方面等的张力。城市设计就存在于这样的一种背景中。自诞生之日起，城市设计就具有强烈的目的性，是某一空间单元在资本空间化过程中处理相关问题、矛盾和张力的一种理论和实践的空间工具。"（杨宇振，2013c：24）地方政府必须在生产高流动性的某些内容与抑制高流动性的另外一些方面之间做出平衡；而资本的流动随着信息的全球关联，更容易寻找综合利润最高的地区，意味着资本在地方可能快速流入和撤离，进而改变地方的生产结构（短期内的繁荣和快速的衰败；缺乏足够的劳动力和大量的失业），改变了地方社会的稳定状态。空间生产面临前所未有的经济与社会状况的高度不确定性，进而导致城市设计成为一种短期的、片段化的操作。

这样的焦灼状态和尴尬困境，意味着城市设计的旧范式无力积极和批判性介入社会与空间的生产，也急迫呼唤网络社会时期的新范式。简要回顾和讨论历史时期的城市与设计，特别是过去一个世纪间的状态，使我们深刻意识到，重新理解空间与政治和经济间的关联，批判性思考空间的意义与个体自由间的关系，是重建范式的必要和可能路径。

（原文曾刊发在《城市设计》，2016 年第 4 期）

马克思、恩格斯、列斐伏尔、哈维与卡斯特
（图片来源：作者根据图像素材拼贴和艺术化处理）

PART 3

第三部分 空间作为关键词

Space as the Key Word

资本主义和新资本主义生产了一个抽象空间，在国家与国际的层面上反映了商业世界，以及货币的权力和国家的“政治”。这个抽象空间有赖于银行、商业和主要生产中心所构成的巨大网络……空间作为一个整体，进入了现代资本主义的生产模式：它被利用来生产剩余价值。土地、地底、空中，甚至光线，都纳入生产力与产物之中。

——亨利·列斐伏尔，《空间：社会产物与使用价值》

马克思的著作所涉及的是一个多重或复面的观念，关于时间和空间、起源与当下、可能与将来。

——亨利·列斐伏尔，《马克思的社会学》，序言，P3

我们必须首先恢复感性的世界，重新发现它们的丰富性和意义。这就是通常所谓的马克思的“唯物主义”。

——亨利·列斐伏尔，《马克思的社会学》，P2

尽管之前有《政治经济学手稿》(1844)等，《德意志意识形态》仍然通常被看成是最早的马克思主义论著，辩证唯物主义的经典文本，在人类历史和马克思主义产生过程中有着重要意义的文本。恩格斯在《反杜林论》第二个版本的序言(1885)中谈道：“马克思和我，可以说是把自觉的辩证法从德国唯心主义哲学中拯救出来并用于唯物主义的自然观和历史观的唯一的人。”（马克思，恩格斯，2008c：349）——这一“拯救”的最早代表性论著就是41年前撰写的《德意志意识形态》。路易·阿尔都塞则在《保卫马克思》一书中对于马克思的学术与人生做了分期，认为在马克思的著作中存在着“认识论断裂”，而《德意志意识形态》就是这一断裂时期的著作。阿尔都塞认为，在对旧有哲学的批评过程中，这一著作第一次出现了马克思新的总问题，一个新历史阶段的浮现。

但是，《德意志意识形态》同时也是一个难读的文本。难读的原因至少有两点：一是写作本身的未完成和文稿残缺，以及随之带来如何编排这份手稿的问题。行文的逻辑是理解文本的线索，但至今马克思、恩格斯关于此文构想的文本逻辑仍然是有趣的历史谜题。难读的另外一点在于，尽管马克思和恩格斯在文中谈到，只要按照事物的真实面目及其产生情况来理解事物，任何深奥的哲学问题都可以十分简单归结为某种经验的事实，然而文中涉及的关键词语，如“意识形态、分工、生产力、所有制、异化、国家”等皆是超经验的语汇。内容的未完成与不完整、可能潜在的文本误排以及其中讨论的问题试图阐述“具有世界历史意义的发现”使得《德意志意识形态》成为一个不易读的文本。

《德意志意识形态》的完整版本超过700页，里面充满着论战的文字。但第一卷颇为不同。马克思和恩格斯曾经试图将其出版，说明了它的相对完整性。英文译本的编辑者C.J. Arthur在序言说道：“（这一卷）表面上看来是批判费尔巴哈，但他们所做的是尽可能地阐述他们自己的观点，提出他们对于唯物主义、革命和共产主义最早的解释。”（Arthur，1970：1）恩格斯在1888年一篇关于费尔巴哈的文章前言中谈道：“《德意志意识形态》中关于费尔巴哈的部分没有完成。完成的部分包含了对历史的唯物主义的概念阐释，这一阐释也体现了那个时候我们对经济历史知识仍然很不完整，……（但和马克思另外的笔记一样）包含着对于未来世界前景的闪光设想（Brilliant germ）。”（马克思，恩格斯，2008d：212-213）

人的身体、人的观念、人与人群、人与世界之间到底有着什么样的关联？这些关联的发展如何构成了人类的历史？在人类的历史过程又是什么样的力量推进着人类与文明的发展？《德意志意识形态》第一卷在批判彼时德国唯心哲学观和历史观的过程中，建构了辩证唯物主义的历史观。马克思和恩格斯指出，过往整个的哲学批判都是“从天国到人间”，缺乏哲学和现实之间的联系。文中论述道：“迄今为止的一切历史观不是完全忽视了历史的这一现实基础，就是把它仅仅看作与历史过程没有任何联系的附带因素。因此，历史总是遵照在它之外的某种尺度来编写的；现实生活生产被看成是某种非历史的东西，而历史的东西则被看成是某种脱离日常生活的东西，某种处于世界之外和超乎世界之上的东西。”然而，马克思和恩格斯指出，“意识一开始就是社会的产物”“意识并非一开始就是‘纯粹的’意识。‘精神’一开始就受到物质的‘纠缠’”。马克思和恩格斯明确提出了需要建构不同于唯心主义的、“从人间到天国”的唯物主义历史观，“从直接生活的物质生产出发阐述现实的生产过程，把同这种生产方式相联系的、它所产生的交往形式即各个不同阶段上的市民社会理解为整个历史的基础，从市民社会作为国家的活动描述市民社会，同时从市民社会出发阐明意识的所有各种不同理论的产物和形式，如宗教、哲学、道德等，而且追溯它们产生的过程。这种历史观与唯心主义历史观不同，它始终站在现实历史的基础上，不是从观念出发来解释实践，而是从物质实践出发来解释各种观念形态”。

马克思和恩格斯是如何推演和建构这一理论论述的呢？

1.《德意志意识形态》第一卷中的理论推演

马克思和恩格斯在一开始就指出整个德国哲学批判都局限于对宗教观念的批判。无论是老年黑格尔派还是青年黑格尔派都认为宗教、概念等统治着现存的世界。由于缺乏与现实的联系，这些意识形态家们往往向人们提出一种道德要求，来试图改变和替代原有的意识。马克思和恩格斯特别批评了青年黑格尔派，认为他们只是用词句来反对词句，而不是反对现实的现存世界。

如何才能够避免陷入唯心的危险？马克思和恩格斯提出，要从现实的而不是理念或想象中的个人出发，要考虑他们的活动和物质生活条件，包括他们已有的和自己创造出来的物质生活条件；而人们的生活生产方式，又和生产什么、怎样生产的物质条件相关联，也就是和生产力与生产关系相关。

为了进一步说明人与物质实践之间的关系，马克思和恩格斯阐述了劳动分工以及作为分工不同阶段表征的所有制形式。他们认为生产力、分工和内部交往的发展程度决定了民族间的相互关系和民族内部的状况；而生产力的发展水平取决于分工的发展程度；任何新的生产力，只要不是迄今已知生产力的量的扩大（如，开垦土地），都会引起分工的进一步发展。一个民族的内部分工，首先引起工商业劳动同农业劳动的分离，从而也引起城乡的分离和城乡利益的对立。分工的进一步发展导致商业劳动同工业劳动的分离。分工的相互关系则取决于农业劳动、工业劳动和商业劳动的经营方式（比如父权制、奴隶制、等级、阶级）。马克思和恩格斯接着讨论了分工的三个不同历史阶段，亦即三种不同的所有制形式：部落所有制、古典古代的公社所有制和国家所有制，以及封建的或等级的所有制，对它们分工的发展程度、社会的结构、城乡对立关系作为分工的表现等进行了论述。

在讨论生产与分工的基础上，马克思和恩格斯回到了思想、观念和意识，指出现实中的个人是在一定的物质的、不受他们任意支配的界限、前提和条件下活动着（具有一定的空间边界与条件）；而思想、观念、意识的生产最初是直接与人们的物质活动、与人们的物质交往、与现实生活的语言交织在一起，在这里还是人们物质行动的直接产物。马克思和恩格斯强调，意识在任何时候都只能是被意识到的存在，而人们的存在就是他们的现实生活过程。不是意识决定生活，而是生活决定意识。马克思和恩格斯提出，在思辨终止的地方，在现实生活的面前，正是描述人们实践活动和实际发展过程的真正的实证科学开始的地方；同时他们进一步批判了唯心主义的哲学观和历史观，认为如果缺乏与现实的联系，哲学充其量不过是对人类历史发展的一般抽象，而这些抽象本身离开了现实的历史就没有任何价值。

第一卷的第二节仍然是对唯心主义的批判，虽将矛头指向了费尔巴哈，但并没有展开讨论，相反地，文中表述了作者更多的观点与见解，包括了生产的三种关系、生产与意识形态的关联与矛盾、分工内含的尖锐矛盾、国家作为共同体形式的产生、分工对人的异化以及辩证唯物主义历史观的阐述等。

从嘲讽意识形态家们试图用“词语”来解放人类开始，马克思和恩格斯明确提出在现实世界中并使用现实的手段才能实现真正的解放，认为“解放”是一种历史活动而不是思想活动；解放是历史的关系，是由工业状况、商业状况、农业状况、交往状况所促成的。接着，马克思和恩格斯回到了人与物质实践之间关系的再讨论，提出了生产的三种关系，即作为生存的基本物质资料的生产、扩大再生产（新需要的再生产）以及家庭与社会关系的生产，认为人们之间一开始就有物质的联系。这种联系是由需要和生产方式决定的，它和人本身有同样长久的历史。这种联系不断采取新的形式，因而就表现为“历史”。而只有在生产的基础上，才能够产生意识。

那么，观念、意识与生产和劳动分工之间是什么关系？马克思和恩格斯认为，意识一开始就是社会的产物，而且只要人们存在着，它就仍然是这种产物。这是一种一般性的论述。分工造成了体力和脑力、物质劳动和精神劳动的分离，只有在这个时候，分工才真正成为分工；从这个时候起意识才能现实地想象：它是和现存实践的意识不同的某种东西；它不用想象某种现实的东西就能现实地想象某种东西。从这个时候起，意识才能摆脱世界而去构造“纯粹的”理论、神学、哲学、道德等。

然而，观念、意识、道德等往往总是和现实发生矛盾，为什么会发生这种状况？这一问题需要深入讨论，这也是今天我们面临的巨大困扰。马克思和恩格斯则指出，这是因为现存的社会关系和现存的生产力发生了矛盾。然而，立即地，马克思和恩格斯遇到了空间的问题。生产力与社会关系的矛盾在什么样的空间尺度中产生？不同等级空间中的矛盾存在着什么样的关系？在此处，文本中只是简要谈到可以在一个民族的内部产生，也有可能在民族之间产生——接着就继续讨论劳动分工使得生产力、社会状态和意识之间不可避免地发生矛盾，因为分工导致了精神活动和物质活动、享受和劳动、生产和消费由不同的个人来分担，以及劳动分工与家庭、私有制和国家起源的关系。随即，马克思和恩格斯进一步讨论了分工对于人的“异化”，认为社会活动的固化聚合为一种统治人们、不受控制、使人们的愿望不能实现的物质力量；认为这是迄今为止历史发展的主要因素之一，并指出在分工与意识之间，分工的力量经历着不依赖人们意志和行为反而支配人们意志和行为的发展阶段。

如何消除生产力与社会关系之间的矛盾？或者说，如何消除意识形态与现实之间的矛盾？或者说，如何消除劳动分工对于人的异化？这三个问题是同源异构的问题。马克思和恩格斯试图回答这一问题。在文本中，他们提出了两个条件，一是生产力的高度发展；二是生产力高度发展过程中形成社会结构严重的两极化，由此使得异化成为一种“不堪忍受”的革命力量，使得人类的大多数“陷入绝境”，变成同富有者世界相对立的完全“没有财产”的人。

在这里，马克思和恩格斯再度遇到了空间的问题。和前述问题“生产力和社会关系之间的矛盾在什么样的空间尺度中产生”一样，作为革命条件的生产力的高度发展和社会结构的两极化可能需要在什么样的空间尺度或等级中实现？马克思和恩格斯论述到，必须要有与生产力高度发展相联系的世界交往的存在。要使得大多数人的基本生存资料被剥夺，必须以世界市场的存在为前提；无产阶级只有在世界历史意义上才能存在，而地域性的个人必须被世界历史性的个人所替代。马克思和恩格斯谈道：“共产主义只有作为占统治地位的各民族‘一下子’同时发生的行动，在经验上才是可能的。”关于这一点，恩格斯在 1847 年的《共产主义原理》中提出明确的表述，认为无产阶级革命不可能在一个国家获得胜利，而只有在一切先进的资本主义国家同时发生才有可能胜利。但在此后的文章中，他们再也没有提出无产阶级革命同时发生的设想。这是马克思和恩格斯遗留下来的关于“空间与革命”关系的一个难题，也引起后世诸多学者的研究。

马克思和恩格斯进一步讨论了个人与世界历史性活动（用今天的语汇就是“全球化”的过程）之间的辩证关系。他们认为，历史向世界历史的转变，不是“自我意识”、宇宙精神或者某个形而上学幽灵的某种纯粹的抽象行动，而是完全物质的、可以通过经验证明的行动，每个过着实际生活的，需要吃、喝、穿的个人都可以证明的行动（每一天的日常生活可以感知的变化）。单个人随着自己的活动扩大为世界历史的活动，越来越受到对其而言是异己力量的支配，受到日益扩大的、归根结底表现为世界市场的力量的支配。然而，每一个单个人的解放程度是与历史完全转变为世界历史的程度一致的。只有这样，单个人才能摆脱种种民族的局限和地域局限而同整个世界的生产（同时也是精神的生产）发生实际联系，才能获得利用全球的这种全面的生产（人们的创造）的能力。

到此处，马克思和恩格斯基本完成了对人类历史与物质实践和意识形态之间关系的论述，接着提出和解释了辩证唯物主义历史观的基本定义，然后再次阐述历史发展与物质实践之间的关系，认为历史不是消失在意识中，而是每一阶段都遇到一定的物质结构和生产力总和，人对自然以及个人之间历史形成的关系，都遇到前一代传给后一代的大量生产力、资金和环境。这种历史的关系虽然被新的一代所改变却也预先规定了新一代本身的生活条件，使之得到一定的发展和具有特殊的性质。这就是人与环境之间的辩证关系：人创造环境，环境也创造人。

在立论的同时，马克思和恩格斯再次针砭过去一切历史观缺乏对现实基础的考量，批评这种历史观只能在历史上看到重大政治事件、看到宗教和一般理论的斗争，批评这是一种理论的空间楼阁和奇妙的科学娱乐，只能产生与事实和实际脱离的虚构和观念的历史，并嘲讽这种理论家为“唱高调，爱吹嘘的思想贩子”。

第一卷第二节是《德意志意识形态》里在立论与理论阐释中最重要的部分。在对唯心主义批判的过程中基本完成辩证唯物主义历史观的建构之后，从行文的结构上看，马克思和恩格斯认为还需要对统治阶级的意识形态进行进一步披露，以增强论述的力量。

第三节就是这样的一个内容。马克思和恩格斯在开篇中明确指出，统治阶级的思想在每一个时代都是占统治地位的思想。这也就是说，一个阶级是社会上占统治地位的物质力量，同时也是社会上占统治地位的精神力量。支配着物质生产资料的阶级，同时也支配着精神生产资料，因此，那些没有精神生产资料的人的思想，通常是隶属于这个阶级。占统治地位的思想不过是占统治地位的物质关系在观念上的表现，不过是以思想的形式表现出来的占统治地位的物质关系。而历史时期占统治地位的是越来越抽象的思想，即越来越具有普遍性形式的思想。因为每一个企图取代旧统治阶级的新阶级，为了达到自己的目的不得不把自己的利益说成是社会全体成员的共同利益，就是说，这在观念上表达就是：赋予自己的思想以普遍性的形式，把它们描绘成唯一合乎理性的、有普遍意义的思想。在这里，马克思和恩格斯还分析了统治阶级内部意识形态生产者和物质实践的分工及其内在矛盾。

马克思和恩格斯更进一步揭示了意识形态家把精神、思想、观念作为历史上占统治地位的三步伎俩：（1）将进行统治的现实的个人和他的思想分割开来，并给予（或者幻想）这种思想在历史上的统治地位；（2）使这种思想统治具有某种秩序，特别是历史的秩序和关联（伪装成为历史合法性的一种表现）；（3）然后将这种思想套装到历史上一些意识形态家、理论家或者统治者的身上，使之显现为历史的制造者，等等。由此，一切唯物主义的因素从历史上消除了，就可以任凭自己的思想信马由缰。

综合上述的内容，马克思和恩格斯从批判德国唯心主义哲学飘浮在空中开始，论述人与物质实践之间的关系，讨论了劳动分工与所有制、生产的历史过程、意识、观念与生产的关联与矛盾、矛盾的解决办法（无产阶级革命的发生条件），建立唯物主义历史观，最后通过揭示统治阶级意识形态历史构造的虚伪性回到了对唯心主义批判的问题上来，完成一个理论的论述过程，尽管这一过程在不少地方有重复论述的状况，这也许和文本作为理论论战的考虑有关系。

在接下来的章节中，马克思和恩格斯试图解决的问题是，把唯物主义放回到历史的过程中进行考察，用物质实践的历史来解释历史的发展过程。

2. 物质实践的历史过程与城市的形成

第四节开篇残缺了 4 页手稿，但该节的第一部分仍保留有马克思和恩格斯对于劳动分工的两种不同历史阶段特征的明确比对，特别引起注意的，并可以和当下现实对照的是，他们指出的后一种情况（依靠分工的大工业阶段）中，人本身已经成为一种生产工具，受到劳动产品的支配和资本的统治；人们之间仅通过交换集合在一起，人与人之间的关系是交换的关系（恩格斯在《英国工人状况》中指出的更为感性的描述：现代社会中普遍的个人的可怕冷淡、孤僻和目光短浅的利己主义）；统治的形式必须以物的形式出现，借助货币以第三者的形式出现。

接下来马克思和恩格斯讨论了城乡之间的关系，认为物质劳动和精神劳动的最大一次分工，就是城市和乡村的分离。城乡之间的对立是随着野蛮向文明的过渡、部落制度向国家的过渡、地域局限性向民族的过渡而开始的，它贯穿文明的全部历史直至现在。随着城市的出现，必然要有公共的政治机构，表现出人口、生产工具、资本、享受和需求的集中；而乡村则是完全相反的情况：隔绝和分散。马克思和恩格斯进一步论述到，城乡之间的对立是个人屈从于分工、屈从于他被迫从事的某种活动的最鲜明反映，这种屈从把一部分人变为受局限的城市动物，把另一部分人变为受局限的乡村动物，并且每天都重新产生二者利益之间的对立。马克思和恩格斯指出，消灭城乡之间的对立，取决于不能单靠意志、观念、想法的许多物质前提，而这些条件还有待于详加探讨——可惜他们并没有进一步展开讨论。马克思和恩格斯还谈道，城市和乡村的分离还可以看作是资本和地产（英文译本中此词为“landed property”。在讨论前一种历史阶段受自然界支配状况下分工的特征时，马克思用这一词汇专门指出这是受自然支配的一种财产。该词语翻译成“地产”容易与今天的习惯用法混淆，它的本意应指向“与农业生产相关的土地”为宜）的分离，看作是资本不依赖于地产而存在和发展的开始，也就是仅仅以劳动和交换为基础的所有制的开始。

接下来的文字中，马克思和恩格斯阐述了从中世纪以来到大工业历史发展阶段中生产力、生产关系和社会结构的变化。严格讲，这是关于社会而不仅是城市的分析。但如上面谈到的，城市是资本不依赖自然土地的产出、是资本仅以劳动和交换为基础的产物；是高度生产力、劳动分工、社会交往以及意识形态之间尖锐矛盾斗争的综合体。城市的世界成为人类社会运动的方向，由此而成为社会研究的重要载体。

马克思和恩格斯指出，中世纪的一些城市是由获得自由的农奴重新建立起来的，它们是在反对贵族农业封建所有制基础上建立提来的，存在着真正的“联盟”（在韦伯处是“自治”），而这种“联盟”是对于保护财产、增加各成员生产资料和范围手段的直接需要。城市中的资本是自然形成的资本（而不是由为交换而产生的、以货币计算的资本），由住房、手工劳动工具和自然形成的、交通不发达和流通不充分状况下世代相袭的主顾组成；资本的形式直接同占有者的特定劳动联系在一起；行会的组织形式在这些城市的生产和社会结构中发挥着重要作用，也因为这样，马克思和恩格斯指出，中世纪所有大规模起义都是从乡村爆发而不是城市。

在更后面的一段文字中，马克思和恩格斯认为，正是由于在反对农村贵族的“联盟”自卫过程中，在中世纪城市中缓慢产生出市民阶级，挣脱了封建的联系，为自己创造了新的条件却又为这些条件所创造。

随着分工的深化，形成生产和交往的分离以及商人阶级。马克思和恩格斯认为，生产和交往间的分工随即引起各城市间在生产上新的分工；最初地域的局限性开始逐渐消失。而不同城市之间分工的直接后果就是工场手工业的产生，即超出行会制度范围的生产部门的产生。其产生的前提是同外国各民族的交往（亦即生产资源与市场的扩大）。工场手工业的出现导致了原有封建的或等级（以行会的组织形式为表征）所有制的变化。马克思和恩格斯认为，在这个过程中，商人资本的出现可以说是现代意义上的资本，也出现了更多的利用自然形成的资本生产出来的活动资本。

从 13—18 世纪的商业与工场手工业时期是资本主义发展的重要阶段。马克思和恩格斯在这里还详细论述了国家作为一种空间的组织形式与手工业生产和商业流通之间的关系。在这一时期，随着工场手工业的出现，各国出现竞争的关系，展开了商业斗争。这种斗争是通过战争（特别是海战），保护关税和各种禁令、条约来进行的。

从此以后商业便具有了政治的意义。也就是在这一时期，空间开始扩张，冒险的远征，殖民地的开拓，当时市场已经可能扩大为而且日益扩大为世界市场——所有这一切产生了历史发展的新阶段。新发现土地的殖民地化，又助长了各国之间的商业斗争，因而使这种斗争变得更加广泛和残酷。

在这个过程中，也是不同类型资本的较量过程。商业与工场手工业产生的大资产阶级已经在城市中占据统治地位，原有的行会小资产阶级，必须屈从于这种统治。在商业与工场手工业中，也产生着内部的竞争。工场手工业就能够输出产品来说，完全依赖于商业的扩大或收缩，而它对商业的反作用，相对来说是很微小的。这就决定了工场手工业的次要作用和 18 世纪商人的影响。马克思和恩格斯谈到了空间的不均衡发展，指出了商业城市，特别是沿海城市已经达到一定的文明程度，并带有大资产阶级性质。但在工厂城市里仍然是小资产阶级占统治地位，并引用了平托的话："从某个时期开始，人们就只谈论经商、航海和船队了。"

随着商业和工场手工业的进一步发展，流动的资本不可阻挡地集中在了作为海上强国的英国。马克思和恩格斯谈到，世界市场范围的生产和流通为英国产生了大工业创造了外部条件；而内部的条件如国内的自由竞争、理论力学的发展等在英国都已经具备了。新关税制度（作为一种经济空间的边界，这一边界马克思和恩格斯认为只是治标的办法）下的商业竞争越演越烈，最后世界范围内大工业的发展"创造了交通工具和现代的世界市场，控制了商业，把所有的资本都变为工业资本，从而使得流通加速（货币制度得到发展）、资本集中。大工业通过普遍的竞争迫使所有个人的全部精力处于高度紧张状态。它尽可能消灭意识形态、宗教、道德等，而在它无法做到这一点的地方，它就把它们变成赤裸裸的谎言。它首次开创了世界历史，因为它使每个文明国家以及这些国家中的每一个人的需要满足都依赖于整个世界，因为它消灭了各国以往自然形成的闭关自守的状态。它使自然科学从属于资本，并使分工丧失自己自然形成的性质的最后一点假象。它把自然形成的自然性质一概消灭掉，只要在劳动范围内有可能做到这一点，它并且把所有自然形成的关系变成货币关系。它建立了现代的大工业城市来替代自然形成的城市。凡是它渗入的地方，它就破坏手工业和工业的一切旧阶段。它使城市最终战胜了乡村。……大工业导出造成了社会各阶级间相同的关系，从而消灭了各民族的特殊性”（马克思，恩格斯，2008a：114–115）。

最后，马克思和恩格斯总结到，一切的历史冲突都根源于生产力和交往形式之间的矛盾，这种矛盾的运动最终不可避免地爆发革命（比如，为取得国内自由竞争的 1640、1688 年的英国革命、1789 年的法国革命）。在整个第一卷的文本中，马克思和恩格斯总结了五种所有制的形式，所有制（作为劳动分工的表现形式）的历史发展正是生产力和交往形式矛盾运动的结果。马克思和恩格斯指出，在所有制的发展过程中，不同的条件，起初是自主活动的条件，后来却变成了它的桎梏和被革命的对象。

马克思和恩格斯还讨论了个人与阶级、个人观念与阶级意识形态、偶然与必然、战争作为一种交往形式与生产之间的关系等，在此不展开讨论。但要摘引一段马克思和恩格斯关于市民社会的论述：“市民社会包括各个人在生产力发展的一定阶段上的一切物质交往。它包括了该阶段的整个商业生活和工业生活，因此它超出了国家和民族的范围，尽管另一方面它对外仍然必须作为民族起作用，对内仍然必须组成国家。‘市民社会’这一用语是在 18 世纪产生的，当时财产关系已经摆脱了古典古代的和中世纪的共同体。真正的市民社会只是随同资产阶级发展起来的；但市民社会这个名称始终标志着直接从生产和交往中发展起来的社会组织，这种社会组织在一切时代都构成国家的基础以及任何其他观念上层建筑的基础。”（马克思，恩格斯，2008a：130–131）

以工业生产和商业活动为经济基础的市民社会是超国家和民族，但又必须以民族和国家的形式出现。在接下来的关于国家与法和所有制的讨论中，马克思和恩格斯指出现代意义的国家是纯粹私有制的表现和组织形式，同样超越了地域的空间，获得了和市民社会并列且在市民社会之外的独立存在。马克思和恩格斯进一步论述到，现代国家由于各种经济上的关系逐渐被私有者所操纵，资产阶级必须使自己通常的利益具有一种普遍的形式，由此国家成为资产者在国内和国外保护资产与利益必然采取的一种组织形式，同时也是该时代的整个市民社会获得集中表现的形式。

根据马克思和恩格斯关于地域、国家和市民社会的论述，我把三者间关系概念化为三种不同历史发展阶段的状况。第一种便是一定地域空间中的国家。这种形式中国家之间的社会与商业交往较少、劳动分工仍然不很发达，等级制度仍然起着主要的作用，此时国家的定义非现代意义的国家的定义。随着劳动分工在一定地域空间中的深化、生产力和社会关系的发展，在这些特定地域空间中产生了以商业和工业为主要生产方式的市民社会的组织形式；这一组织形式的历史时期典型体现在 13 世纪以来西欧的发达国家中。大工业的出现使得国家与市民社会皆超出了地域的范畴，马克思和恩格斯指出了世界历史性活动的产生。此时的国家已经完全非传统意义的国家概念，就如今天的美国国家，已经远不是其地域边界中的统治，而是在全球范围内的、马克思和恩格斯谈论到的资产者保护资产与利益必然采取的一种组织形式。

城市伴随着生产力和社会关系的发展而逐步演变，其形态的变化既是生产力和社会关系复杂矛盾运动的结果，同时，又如马克思和恩格斯指出的人与环境之间的辩证关系，也制约着生产力与社会关系的发展。城市是一种空间范畴，一种人类社会的存在状态，也是一种相对于乡村的运动方向。城市发展趋势和上述的地域、国家和市民社会间的发展趋势一致，具有去地域化的运动状态，这种运动状态又是以生产和社会交往全球化为基础。现代意义的城市、市民社会和国家同样具有超地域的特定，它们之间的关系将会是怎么样?传统意义的国家会在全球化的过程中消亡吗?日趋互联的城市世界既作为在特定空间中马克思和恩格斯期待的高度生产力发展与严重两极分化的世界，同时也造成了全球空间的不均衡发展，在这种状态下又如何能够超越地域意识与空间边界，使得“全世界的无产者联合起来”，仍然是当下一个面临的和需要回答的问题。

3. 阅读马克思

阿尔都塞在《保卫马克思》中认为,《德意志意识形态》是青年马克思的思想处在与黑格尔、费尔巴哈断裂时期的著作。在《论青年马克思》一文中，阿尔都塞反复谈到，青年马克思必须首先要克服和清楚压在他身上异常沉重的意识形态世界，这种必然性不仅有“破”的意义,而且在一定程度上也有“立”的意义。在破的过程中，青年马克思学会了建立一切科学理论不可缺少的抽象、理论综合和逻辑推理，但不可避免地需要使用原有体系的语汇，“必须学会用他所应忘却的语言说出他的新发现”（阿尔都塞，2006：75）。他也谈到了青年马克思具有强烈的批判热情、一丝不苟的求实精神和无与伦比的现实感，同时，在对待思想问题上，表现出尖锐性、不妥协性、严谨性等许多美好的品质。

我的阅读经验中，青年马克思具有一种“会当凌绝顶，一览众山小”的思维、气质和雄心，试图理解、探讨和建构世界历史发展的图景和内在机制，这种思维与气质已经明显地展现在 27 岁马克思撰写的《德意志意识形态》第一卷文本中。个人的存在与世界之间有着什么样的关系？又会往着什么方向发展和运动？人类社会的基本发展规律是什么？这不仅是历史问题也是哲学问题。从批判历史唯心主义入手，马克思和恩格斯一起，从阐述物质实践（生产力、劳动分工、异化）开始，探讨物质实践与所有制和意识形态之间的关系，并把几者间的辩证关系放回到历史中检讨，初步建构了辩证唯物主义的基本理论架构，尽管其中的一些概念或论点需要进一步的理论分析，比如社会关系、社会交往与生产关系的关联、消灭劳动分工与共产主义的实现条件等。

阅读马克思是一种必须，并不是因为马克思在英国广播公司的全球互联网调查（1999）或者听众调查（2005）中被认为是“千年第一思想家”或者“最伟大的哲学家”；也不仅是因为马克思主义对现实世界的巨大影响。我以为，正是恩格斯在马克思墓前讲话中指出的，“正像达尔文发现有机界的发展规律一样，马克思发现了人类历史的发展规律；……不仅如此，马克思还发现了现代资本主义生产方式和它所产生的资产阶级社会的特殊的运动规律”（马克思，恩格斯，2008c：776）。——作为一个人，这可能是作为一个人最大的人生快乐，一种洞察和理解世界的深层快乐。也正是因为这样，才有着后世无数的学者重新阅读马克思、重新解读马克思，并从马克思的著作中获得理解世界的路径，其中包含了新马克思主义城市理论的主要代表人物亨利·列斐伏尔、大卫·哈维和曼纽尔·卡斯特尔等。今天的世界，正是马克思、恩格斯在一百多年前指出的世界范围历史性活动日趋复杂关联的世界，一个高度生产力发达和严重两极分化的世界。欧盟超国家治理形式的出现、巨型城市在国家经济中超级重要地位、某些国家如希腊严重的经济衰退、以制造业等崛起的中国和其他一些发展中国家，或者，美国金融高管令人咂舌的年薪和奖金、低碳经济的兴起、大城市居高不下的房价，或者更细微尺度的个人日常生活的变化等都可以从马克思和恩格斯关于“现代资本主义生产方式和它所产生的资产阶级社会的特殊的运动规律”中找到一定的解释。

阅读马克思是一种必须，是我们理解一个“物的帝国”“物的狂欢”的世界，以及在这种生产方式日趋强化中的全球格局下当代中国与中国城市的必需路径。

（原文曾刊发在《城市与阅读》第二辑）

……可以得到某些有趣的研究：在《雅典宪章》所指出的那些人类基本需求之外，再加一些其他的需求，比如：对自由、创造力、独立自主的需求，对韵律、和谐、尊严的需求，甚至对层级组织的需求……这些研究既未在这些互异需求的内在秩序上有所收获，也未在找寻符合于这些物质的或“功能”需要的空间形式上有所收获……假如空间中的内容有一种中立的、非利益性的气氛，因而看起来是“纯粹”形式的、理性抽象的缩影，则正是因为它已被占用了。

——亨利·列斐伏尔，

《空间政治学的反思》，P61

Lefebvre The Urban Revolution
都市革命
论国家
重庆出版社
LEFEBVRE
ERRIFIELD Henri Lefebvre Routledge
Sociology of MARX Henri Lefebvre VINTAGE
Lefebvre
LEFEBVRE
马克思的社会学
日常生活批判 CRITIQUE DE LA VIE QUOTIDIENNE
LEFEBVRE key writings
日常生活批判 CRITIQUE DE LA VIE QUOTIDIENNE
日常生活批判 CRITIQUE DE LA VIE QUOTIDIENNE

发现列斐伏尔

规划日常生活的时空革命

当代社会正陷入隐藏着的矛盾之中，这些矛盾盘根错节，要解开这个死结，人们不知从何入手。

——亨利·列斐伏尔，

《日常生活批判》(第三卷)，P675

亨利·列斐伏尔复杂、多面的学说与阿尔都塞的结构主义、萨特、梅洛·庞蒂的存在主义是法国新马克思主义主要的理论构成。[①] 詹

① 见：李青宜．当代法国“新马克思主义”[M]．北京：当代中国出版社，1997；李青宜．“西方马克思主义”的当代资本主义理论[M]．重庆：重庆出版社，1990。另外可见李青宜对几位法国著名哲学家的访谈，其中之一是与阿尔都塞共同作者的巴里巴尔。其中巴里巴而谈道：“阿尔都塞本人从来也没有说过他是结构主义者，更不是什么‘西方马克思主义者’‘结构主义的马克思主义者’，那些说法纯粹是外界的评论。”见李青宜．今日法国哲学界的一斑[J]．国外社会科学动态，1983(5)：31。列斐伏尔本人应该也不会承认是“人道主义的马克思主义者”。

明信在讨论法国的批评传统时曾经称列斐伏尔为“当代最伟大的哲学家”（詹明信，2003：323）。列斐伏尔的著名学生曼纽尔·卡斯特曾说：“他对于什么在真实地发生有着一种天才的直觉……他可能是我们有的关于都市的最伟大的哲学家”（Castells，1997：146）。但列斐伏尔曾经很长一段时间是边缘。20 世纪 80 年代以来，随着大卫·哈维、曼纽尔·卡斯特、爱德华·索亚等的介绍、引用和评论，以及渐多的英文译本出现，列斐伏尔日益引起关注。然而相比较其他一些知名的哲学家，“在讲英语的世界里，列斐伏尔仍然是一个被狭隘理解的思想者，仍然需要被发现而不是再发现。”[①]

列斐伏尔 1901 年出生，1991 年去世，人生经历了近整个 20 世纪；他早年想成为一名工程师，但因病转学也转向哲学。20 世纪 20 年代初在索邦大学获得哲学学位，1928 年入法国共产党，第二次世界大战期间参加法国抵抗组织；战后曾主管法国国家科学研究中心社会学部，一度因没有博士学位被排除出去。1958 年作为一位资深的法共理论元老（57 岁）被开除出党。大卫·哈维说：“我们大部分人很难理解一个人从他所属了 30 年的机构被开除意味着什么……从斯大林主义的限制中解放出来，使得列斐伏尔可以探讨他以前深潜的一些想法，通过对马克思的辩证法的深入实践，通过对日常生活的历史与社会学的探究，通过持续地对浪漫主义的作用、美学经验、诗性、文化的作用，以及在政治革命中个人的创造性想法的探索。”（Lefebvre，1991：428-429）。1966—1973 年间列斐

① Stuart Ekden，Elizabeth Lebas and Eleonore Kofman.（ed.）. Henri Lefebvre：Key Writings. London：Continuum，2003：x. 在中文世界里也是如此。虽然早在 20 世纪最后二十几年里，列斐伏尔的一些文章或论著（如《美学概论》《论国家》等）陆续被翻译过来；近几年随着哈维、卡斯特、索亚等的论著引译，以及如《空间与政治》《日常生活批判》（三卷本）、《都市革命》《马克思的社会学》等翻译引进，但对于列斐伏尔理论的研究仍然是“需要发现”，需要深入的讨论而不能停留在少数概念的摘取。

伏尔在法国巴黎第十大学任教，是 1968 年“五月风暴”运动中的“教父”（Ekden，2004）。这是西欧社会剧烈变动的一段时间，也是他思考空间、社会、政治、都市等关联最集中的一段时间。

列斐伏尔一生思考不止，笔耕不辍。他关于异化、国家、空间生产、日常生活批判都市、节奏等的议题与时间、空间和人密切相关，指向现代社会发展过程中的尖锐问题，因此引起哲学、社会学、政治经济学、文学批评、批判地理学、城市规划、建筑学等众多领域学者的关注。在诸多议题中，“空间”“都市”等是列斐伏尔研究的局部问题；《都市革命》《空间的生产》只是他众多著作中的一部分；通过对局部问题与总体间关系的研究，他试图理解的是人在一个变化世界中的存在和生活，在各种存在的压迫体系中发现新的可能，寻找通向“全面的人”的可能路径。他提出的“日常生活批判”是一种总体性策略，是通往现代世界革命的可能。基于对列斐伏尔部分论著的阅读，本文首先阐述列斐伏尔理论中的 7 种方法，经由方法归纳探讨从整体的角度理解列斐伏尔理论的可能，探讨其整体性关联和内在的批判性——这些方法并非和空间研究、空间规划不相关；进而集中论述列斐伏尔的都市战略和对城市规划的分析与批评；阐述列斐伏尔反对生命的被计划和安排，批判资本主义社会建构的时间和空间，要在都市社会的日常生活中寻找可能的革命瞬间；认为不能把列斐伏尔的理论作为遗产，要从他的理论中获得批判现实的理论工具，获得去除总体性分割的可能，在日常渐进的社会进程中规划和实践差异性的时间和空间，去建构主体，去“改变生活”。

1. 阅读列斐伏尔

列斐伏尔的书不容易读。这样说有两层意思。第一层是说他的文字形式“行云流水”，是来回运动中的文字，文字段与文字段之间的连接有逻辑关联却不容易直接捕捉到；他的哲学、社会学、空间、都市、日常生活等研究文字有点类似中文中的“散文”——形散而神韵不散，于是不很容易从“形散”中获得“神韵”的认识，需要在游离与回归之间去把握。第二层是说他文字中的“神韵”，文字中载有的“观点”不太容易理解。这一方面和我自己有限的阅读、有限的学术理解能力有关，另一方面可能也不尽然如是。为了了解列斐伏尔的理论，除了阅读他本人的著作外——因为不容易，我也参照阅读其他人对列斐伏尔的研究，不少书中也谈到理解列斐伏尔的困难（如尼尔·史密斯谈到“庞杂、晦涩”等）。有人说，列斐伏尔一生著作等身（60 多部），令人惊讶地多（速度），著作中对于学术规范的蔑视（形式），很可能和他写作的方式有关：列斐伏尔的写作，往往通过口述，由秘书键入再由他核查审定而成。但我想这不是重点和原因，列斐伏尔书的不容易阅读，更大程度上和讨论内容的开放有关（指向总体又能回归局部），和他使用的辩证方法有关——在否定中肯定（再否定），在肯定中否定，在变化的过程中理解事物的状态，而不是指向一个明确的、确实的、固定的定义或论说。列斐伏尔文字中的动态性和开放性需要读者在芜杂的文字丛林中辨识路径。

有人在一次访谈中问他，你是哲学家吗？他回答，“不尽然是”（Ekden，2004：4）。这个“不尽然是”很有意思。也就是说，他既承认他是，但又不太愿意“完全是”。这大概和他批判“哲学”已经丧失对总体性的把握，已经被加工生产成一种学科，一种国家治理的工具有关，也与他提出“元哲学”的概念有关。他要超越被学科化的哲学，被意识形态化的哲学。他既批判实践哲学，也批判实证研究（目前正大行其道，获得支配性的“胜利”。列斐伏尔曾说，实证知识不能跃出既成事实）——因为两者都无法获得一种总体性的认识。他追求总体性，他的文字充满一种流动的开放性，他既关注历史——是为了获得一种整体感和对具体实践的认识，他更直视和批判当下的现实，在各种复杂的矛盾和冲突中寻找可能的路径，寻找不可能中的可能。对于当下已经被高度学科化的研究者，试图从局部、碎片（学科）理解列斐伏尔的状态和理论（作为一种整体）就存在可能的困难。于是作为一种遗产而不是现实的“列斐伏尔”被各种学科、各种类型的研究者（作为一种局部）选择性消费，根据需要提取和使用。空间三重属性的辩证关系（“空间实践、空间再现、再现空间”，“生活的、感知的、认知的”空间）以及作为概念的“绝对空间、抽象空间和差异空间”被广泛传播；“进入城市的权利”成为全球城市化进程中一种抗议性口号，甚至成为联合国住房和可持续发展大会文件中的条文。“日常生活”呢？似乎更多成为都市生活高度压力和压抑下一种自我安慰的宣称和抚慰的名词，而不是列斐伏尔想象的、希望的革命之域、可能之处。很显然，这些概念、名词是列斐伏尔，但又不是列斐伏尔。它们抽取了、高度减缩了“列斐伏尔”，使得“列斐伏尔”成为名词而不是现实，成为抽象而不是具体，成为碎片而不是总体，成为符号而不是真实，成为交换价值而不是使用价值，成为商品而不是思想。

2. 作为方法的列斐伏尔

1991 年列斐伏尔去世后，1992 年春季的《激进哲学》期刊上有专栏报道列斐伏尔，认为他受到黑格尔、马克思、尼采、谢林和海德格尔的影响。[①]1991年翻译成英文出版的《空间的生产》后记中，大卫·哈维说，书中体现列斐伏尔"对于黑格尔、马克思、尼采和弗洛伊德的反思，他对于诗歌、艺术、歌曲、狂欢的经验碰撞，他与超现实主义和情境主义的连接，他对于同时作为思想和政治行动的马克思主义的深度介入，他对于都市与乡村生活状况的社会学探究，他对于总体性和辩证方法的特别理解"（列斐伏尔，1991：431）。列斐伏尔自己曾谈到，关于"日常"的研究受到超现实主义的影响（列斐伏尔，1983：54）。在很大程度上，列斐伏尔试图将马克思和尼采的理论连接起来。马克思揭示自由资本主义社会的运行机制，用辩证唯物主义剖析资本积累机制与问题，强调生产力与生产关系、经济基础与上层建筑之间的冲突，论述资产者与无产者之间不可调和的尖锐矛盾，成为革命条件的矛盾。而尼采强调身体、性、暴力和悲剧，各种不同空间和多样时间的生产。列斐伏尔的方法和理论存在于这两个理论场域的关联与冲突之间。[②]阅读和发现列斐伏尔的一种可能是超越书面上的文字、书写的句段，去了解和洞察他使用的方法和思维方式。以下根据对列斐伏尔部分论著的阅读，提出他普遍应用的7种理论方法。[③]

（1）元哲学与日常生活：从两端超越国家化、学科化的哲学与科学化的实证研究。列斐伏尔在多处批判哲学的抽象化、国家化和

---

① Michael Kelly. Radical Philosophy 60[M]. 1992：62-63. 在《空间的生产》导言章"当前工作的计划"的第十节中，列斐伏尔问到，如何才能获得关于物质、精神和社会空间的整体理论？在这一重要的章节里，列斐伏尔主要涉及了黑格尔、马克思和尼采。

② 列斐伏尔著作众多，翻译成英文、中文的是其中有限几本。从这些有限论著中也并不容易较全面理解列斐伏尔的方法（思维方式），尽管从中可以看到他的基本方法和观点在各种文本中不断重复出现。以下仍然是从局部观察整体的可能的几种。

③ 需要说明的是，此处讨论的方法是列斐伏尔在研究中的具体方法，而不是一般性和基础性的方法（如辩证唯物主义或者历史唯物主义），尽管两者间关系密切。

学科化。他谈道："哲学作为一种表象，正在凋零。作为一种体制它是兴盛的，特别是在它与国家铸熔在一起的地方。"（列斐伏尔，2003a：35）他认为当下哲学的意识是被异化世界的意识，他在对被异化哲学的否定中强调哲学的超越，"超越哲学意味着……结束哲学的异化。在不时地与国家和政治社会的剧烈冲突中，哲学被带到大地上，变得'世俗'，蜕去其哲学的形式"（列斐伏尔，2013：3）。他寻找超越哲学的路径，强调从日常生活的感性、需要、工作和享受中去把握总体的世界。他谈道："与传统的哲学（包括强调抽象'物'的唯物主义）相反，我们必须首先恢复感性的世界，重新发现它们的丰富性和意义。这就是通常所谓的马克思的'唯物主义'。哲学的思辨的、体系的和抽象方面被拒绝了。"（列斐伏尔，2013：2–3）他认为马克思的"原创性应该被理解为一个总体，人通过自身努力和劳动的生产，从自然和需要出发，以获得满足为目的。构想出一种历史科学，应该全方位考虑人的发展，在人的实践活动的所有层次上考虑人的发展。他期望人类在其实践中界定自身。人与自然之间维持着一种统一与分裂、斗争与联合的辩证关系"（列斐伏尔，2013：12）。在批判一个由特定人群精心建构、支配、按需挪用的词语世界（在不同层次存在，为了使得自身合法化），一个飘浮着的被塑形的观念世界，一个哲学迷失在抽象思辨的状况，列斐伏尔提出"元哲学"，提出哲学回到日常的具体，在"人通过自身努力和劳动的生产，从自然和需要出发，以获得（占有自身的本质）为目的……在人的实践活动的所有层次上考虑人的发展"（列斐伏尔，2013：12），在进程中与各种矛盾冲突中去把握总体。他认为的哲学"首先是那种激进的批判精神，其次是对碎片化的科学的激进批判。这种精神反对一切教条主义，不管是总体性的教条主义还是不在场的教条主义"（列斐伏尔，2018：71–72）。

（2）在观念、社会与物质的分析框架中（上层建筑、结构和基础），强调社会的作用；拒绝将个人降格为一个抽象的虚构，在社会关系中生动活泼的个体人身上，在“抽象—具体”的辩证关系中，寻找新的突破口，通过“具体”的分析—需要、工作、享受，重新发现感性世界的丰富和意义，在社会与个人、在抽象与具体间来回往返思辨，试图在实践中寻找可能路径。这也是他提出“社会空间生产”“日常生活批判”的出发点。他谈道：“不管在什么地方，处于中心地位的是生产关系的再生产。这一过程发生在每一个人的眼皮底下，并在每一项社会活动中完成，其中包括哪些表面上最无关紧要的活动（休闲、日常生活、居住与住宅，空间的利用）。”（列斐伏尔，2008：5）他强调，“一个根本性的观念。社会关系（包括财产所有权的司法关系）构成了整个社会的核心。它们构造了社会、作为基础或者‘下层结构’（生产力、分工）与‘上层建筑’（制度、意识形态）之间的中介（进行调和的东西）而起作用。尽管不是事物存在方式中的实体性的存在，但正是它们被证明是各个时代最为持久的东西。它们为个人在一个新基础上的重构提供了可能性，那么个人就不会再被否认、降格为一个抽象的虚构，或者回溯到一个与他者隔绝的自身”（列斐伏尔，2013：3–4）。他批评仅从理论到理论的状况（理论是一种必要，却不是一种充分的途径），认为需要在现实斗争中，在实践中消除个人与社会间的异化关系。他特别强调实践中个人感性的重要性（体验、认知、需要、性、享受等），认为“实践的概念预设了感性世界的复兴，以及作为对感性世界之关注的实践感的恢复。正如费尔巴哈所见，感性是所有智识的基础，因为它是存在（being）的基础。感性不仅意义丰富，它还是人类的创造”（列斐伏尔，2013：24）。

（3）批评总体性的碎片化分裂，强调回到总体性的实践（因此严厉批判被合法化的专科状态），强调批判性认知对于生产新知识的重要性。他指出马克思“在其产生过程和当前的发展阶段中探索总体性，即一种包含着相互补充、相互区别、相互矛盾的不同方面和层次的总体性”；“马克思的著作所涉及的是一个多重或复面的观念，关于时间和空间、起源与当下、可能与将来”（列斐伏尔，2013：3）。但在随后的社会发展过程中，随着社会分工的深化，总体性（的认知）分裂为各种碎片（包括哲学在内，已经成为一个国家化、维护国家意识形态的学科），丧失了对运动中的总体性内在危机的认知，进而失去批判性实践的能力。他说：“批判的态度、否定的‘要素’或环节，对认识来说是根本性的。特别是在诸多社会科学中，如果没有对既有观念和现存的现实的批判，就没有认识。”（列斐伏尔，2013：5）他对于空间的认知，很显然不是单一指向物理空间、精神空间或者社会空间（这是他常常批判的指向，否定的要素），而是试图超越这些被切割化、裁减化、学科化的载体，分裂化的碎片，寻找理论统一性的可能，进而在对空间有整体认知下产生可能的积极实践。认知和批判总体性的分裂，既是列斐伏尔的认识论和方法论，也是他的策略和方法。超越分割、超越碎片进而不仅是认识层面的，也是实践层面的策略。大卫·哈维曾说，面对快速的都市化进程，列斐伏尔的特点“不是仅仅从一种技术的、经济的或者是政治的站点，而是寻找解释革命行动的多元路径，去产生可能性表现的各种新形式，去反对一种重新定义人自然本质的社会状态”（列斐伏尔，1991：431）。

（4）强调矛盾的辩证统一。“矛盾的辩证统一”是被广为熟知和使用的词语，却不是一个容易运用的方法（或者也可以说，缺乏总体性的认知，就难以熟练和恰当使用）。列斐伏尔擅长于此。“A 的 B 与 B 的 A”（如确定性的不确定性与不确定性的确定性、抽象的具体与具体的抽象、不可能性的可能性与可能性的不可能性、空间的表现与表现的空间等）、“不在场与在场”“总体与部分”“差异、重复与意义”“压抑、压迫与活力”“密集与隔离”“表象与机制”“一致性与差异性”“物与符号”“日常与诗性”“内容与形式”“虚构与真实”以及“中心化与去中心化”等状态的矛盾辩证关系反复出现在列斐伏尔的各种论著中，四处可见。比如他谈到都市中的各种内容（事物、对象、人、情境），既是相互排他的，又是相互包含的，“它们共存并包含着彼此的存在。都市既是形式又是内容，既是空的又是充实的，既是超物又是非物，既是超意识又是意识的总体性”（列斐伏尔，2018a：136–137）。他谈到什么是总体性：“辩证地说，它就是现在在场。它又是不在场。它存在于每个人的活动之中，也可能存在于自然界之中，一切瞬间都包含于其中：工作与游戏、认识与休息、努力与享受、快乐与悲伤。但这些瞬间需要在现实与社会中加以‘对象化’。它们也需要某种阐发形式。”（列斐伏尔，2018a：163）对于城市规划，对于处理空间问题的方法，他说：“不能够仅仅包括一种形式的、逻辑性的方法；它应该而且同样能够是一种辩证的方法，对社会和社会实践中的空间的矛盾加以分析。”（列斐伏尔，2008：49）或者说，不能仅仅是增长的数学计算，而更应是在矛盾冲突中寻得发展的路径和实践。

（5）增长与发展（及其矛盾）作为理解总体变化的一组关键关系。增长是数量上的增加、复制，是同质的霸权，是交换价值；发展是异质性的增长、是差异性的生产，是满足人各种不同需求的使用价值。矛盾在增长与发展的变化关系中酝酿。需要的生产（发展）和生产的需要（增长）都作用于生产它们的人。增长与发展之间的矛盾某种程度上是生产力与生产关系、社会关系之间的尖锐矛盾。列斐伏尔谈道：“在它们之间有一个由辩证思想最普遍的原则（法则）所规定的联系。一个只在量上增长的‘存在’很快就会变为一个怪物……增长是量上的，可持续的；发展是质上的，不可持续的。发展跳跃着前进；它预设了这些飞跃。增长易于预测，发展则不然。

它可能包含不可预见的意外，包含着不能化约的质和决定论预期的新性质的突然出现。"（列斐伏尔，2013：18）列斐伏尔谈论现代性，作为一种发展（质上的变化），诞生于一些重大的变化和某些关键时刻，谈到"这个时代的关键时刻开始于1905年左右……在这个时刻之后，在苏维埃革命之后马上达到它的顶峰，它在1925年至1930年间，在资本主义与无产阶级革命的双重稳定后也走到了自己的终结"（列斐伏尔，2013：15-16）。也就是说，现代性作为一种重大变化（革命）时期的状态，作为质上的变化，彼时社会的增长不能支持其发展，现代性在达到其巅峰后陷入质的停滞。而革命本质上就是增长与发展之间尖锐矛盾不可调和的产物。各个不同层级地区之间（城市内部、城乡之间、城市之间、区域之间、国家之间）的严重不平衡发展（体现在从价值观念、知识与技术、宏观经济到日常生活方式的所有层面）是增长与发展之间日益矛盾的结果。社会需要经由革命重新调整增长与发展之间的关系。在《马克思的社会学》最后一章的最后一段，列斐伏尔说："当今量的增长和质的发展之间就存在着尖锐的矛盾。它伴随着社会关系中不断增加的复杂性，这种社会关系被对立的要素掩盖和抵消。对外在自然的控制在增加，而人对自己本质的占有却停止了或者在倒退。"（列斐伏尔，2013：143）

（6）从具体层面而不是思辨层面出发提出并应用实践三个不同层次，即重复性层次、模仿层次、创新层次分析社会过程。列斐伏尔认为被普遍认可的区分实践不同层次的框架，即"基础或者奠基（生产力：技术、劳动组织）；结构（生产、财产关系）；上层建筑（制度、意识形态）"不能涵盖所有实践，也不是一个充分的框架。他提出实践的三个层次："在重复性实践中，同一个姿态、同一个行动，在被决定的循环中一遍又一遍地重复进行。模仿性实践遵循着诸多模式，它偶尔创造而不模仿——即在不知道如何和为何的情况下创造——但更多的时候，它模仿而不创造。至于发明的、创造的实践，它的最高层次在革命活动中达到。”（列斐伏尔，2013：35）“重复”既是时间的，也是空间的；既是抽象的，也是具体的；既是生产的，也是生活的；既是生产的，也是再生产的。很可能从“重复”这一概念出发，从“重复”作为一种生产关系的生产与再生产的方式出发，列斐伏尔寻找超越“重复”的可能。列斐伏尔说：“整个空间变成了生产关系再生产的场所。”（列斐伏尔，2008：38）他探讨空间的重复与重复的空间、重复中的非重复与非重复中的重复。节奏分析，作为一种关于主体时间与空间安排的分析，成为他生命晚期关注的重点，尽管起源早扎根在近半个世纪前。重复的突变作为一种瞬间，成为他认为的可能的革命实践（作为一种创新层次，改变生产方式、生产与财产关系、观念和制度、生活方式的革命）。在都市的日常生活中，在日复一日的工作状态中，他强调享受、非工作、节日、娱乐，试图“去重复”（改变生产关系）而成为都市策略。

（7）交互（reciprocal）与反向（inverse）——在来回的运动中，在肯定与否定的相互关系中认知事物发展的状态，在主体与客体、时间与空间、起源与当下、可能与不可能、抽象与具体、远端与近端、外部与内在、连续性与非连续性等的来回运动中探讨可能路径，一种前进性与在实践和空间中回溯性的分析。考夫曼和列巴斯在《列斐伏尔城市写作》的长导言“易位迷失：时间、空间与城市”中谈道：“列斐伏尔关键的能力是很善于从容地从抽象到具体、理论到现实之间运动……他关于城邦和都市的写作中最重要的部分在于回溯—前进法、辩证运动法和关于各种形式的理论。”（Kofman and Lebas，1996：9）列斐伏尔在《空间的生产》中谈道，他应用的主要方法可以被描述为“回溯—前进”法，同时考虑破坏性和建设性的力量如何在全球市场的压力下成为一体的两面。他说：“这个方法能够有渐进的辩证，不至于对逻辑和连续性有破坏。”（列斐伏尔，1991：67）列斐伏尔的文本中常常对于某一议题，先出现肯定面分析，然后提出否定面讨论（或者反驳），在肯定与否定的交互与综合中提出他的观点（往往带有历史过程的分析）。这也是一种辩证方法。他说："斗争的作用，就是要把辩证的分析掌握在手中。它将使我们能够'以知其不可为而为之的方式'，说出那些真实的、可能的与不可能的东西。"（列斐伏尔，2008：6）列斐伏尔谈到进入都市的权利，是一种时间与空间统一体的重建，其本质是"主体"的建立。他谈道："主体存在于一种外部形态中，而这种外部形态能够确立自己的内在性。"（列斐伏尔，2008：18）这一方法来源之一显然是马克思。他说："我们意识到主体与客体之间的哲学的问题，摆脱了它的抽象思辨的迷魂阵。在马克思看来，'主体'始终是社会的人，是处于其与群体、阶级和社会整体的实际关系中的个人。他认为'对象'是自然的产物，是人类的产品，包括技术、意识形态、制度、艺术品和文化作品。那么，人与他独立努力的产品之间的关系就是双重的。一方面，他在产品之中实现自身，没有一种活动不将形式给予特定的对象，没有一种活动不造成某些他的作者直接或间接地享受到成果。另一方面，人在其工作中失去自身。他在他自身努力的成果中迷失方向，这些成果反过来反对他、贬低他，成为他的一个负担。……人与对象的关系（个体的和社会的），是一个陌生与异化的关系，是自我实现与自我迷失的关系。"（列斐伏尔，2013：4-5）

作为方法的列斐伏尔是内容丰富的开放空间，是充满可能性的园地。以上的7种方法是对列斐伏尔的不完全描述，试图拼贴出列斐伏尔的一个抽象却是立体的概貌，去发现一个可能的、"整体的列斐伏尔"，而不是直接在局部的剪裁和取用。还可以继续列举出许多"列斐伏尔方法"，比如从语言学与符号学、精神分析的角度等。

3. 列斐伏尔的都市社会与城市规划

1966 年出版的《马克思的社会学》结论章中，列斐伏尔试图给这个“关键时期”的突变社会一个称呼，他着重列举了工业社会、消费社会、富足社会、闲暇社会、大众社会、技术社会以及都市社会（urban society）。在他看来，这些名词都还不能确切表达社会的状况。他认为“定义”应该激起彻底的批判，应该被辩证地思考。1970 年《都市革命》出版，列斐伏尔最终还是采用“都市社会”一词表述社会发展趋势（但他在另外一处使用了“后技术社会”）（列斐伏尔，2008：89）——它既是一种理论假设，当下现实，也是一种远景和乌托邦。他认为彼时正处于转变的关键阶段，从工业城市、工业社会向都市社会转变的关键时期。不能用过去的经验、方法来理解未来，实践未来。这个时期充满面向未来的各种可能（包括革命的可能），但我们只是使用过去（工业化时期）的认识和理论工具，使得在面对新社会状况时处于一种“盲态”，新社会状况成为一种不能被认识的“盲区”。他说：“必须要颠覆因循守旧的观察事物的方式，战略的可能性实际上与这种颠覆密切相关。”（列斐伏尔，2018：159）1966—1973 年间，他在南特学院（巴黎第十大学）执教期间被邀请参加诸多城市规划的工作、研讨会等。17—19 世纪的法国是生产新古典美学的最主要国家，在现代化的过程中，为了超越、抵御纯美学形式（作为一种历史遗产）对于城市规划、建筑学的影响，哲学家、社会学家被邀请参加城市规划、建筑设计的团队工作，评审工作在巴黎、南特等主要城市是常有的状况（如米歇尔·福柯也经常参加此类工作）。因为处于彼时激变社会的核心阶段（1968—1973）的观察和体验，以及参与城市规划的实践和思辨，他对于城市规划的工具性提出批评，进而指向何谓空间，什么是空间本质的辩证性思考。几年间列斐伏尔出版了七本与都市、空间相关的著作:《进入都市的权利》(1968)、《从乡村到都市》(1970)、《马克思主义思想与城市》(1972)、《空间与政治》(1972)、《空间的生产》(1974)等。之后列斐伏尔没有再回到都市的主题上来(列斐伏尔,2008:2)。

很显然都市是列斐伏尔思考总体性的一部分,是他思辨时间、空间与人类的自在、自由之间关系的一个载体。都市社会是一种趋势性状态、一个中介、一个趋向总体性的内容,时间、空间与自由在其中混杂和交互作用。如何在都市社会中消除异化,使人更成为"人"而不是"工具人""消费人""意识形态人"等,始终是列斐伏尔讨论的主题。他认为都市社会的主要矛盾,不在于工业城市时期一般商品生产过程中的矛盾(因此他在一定程度上弱化或者故意弱化资产者与无产者之间的矛盾,可能与他当时反对僵化的、教条马克思主义有关);比较工业化时期资本投向一般商品的生产(第一循环),新时期资本向城市不动产的投资(第二循环)成为资本积累的重要方式,以及在都市社会生活中文化、娱乐等方面的投入(新市场)。随着人口、资本、技术、知识等向都市前所未有的集中,都市社会(作为一种过程)成为人类生存的基本状态,"一种复杂精密地剥削和小心周密地控制着的受动的社会环境"(列斐伏尔,2018a:160)。都市社会变成国家与个人之间的中介,成为远端距离与近端距离的中介。都市社会生产出各种矛盾冲突,也是这些不可调和矛盾的集中处和爆发处,都市成为一个高度压抑的空间(政治的压抑、自然的压抑、经济剥削的压抑等)同时也是可能的自由之处。他曾经谈道:"思考都市就是要把握其诸种冲突:各种限制与各种可能性、和平与暴力、见面与独处、聚会与隔离、琐碎与诗性、粗暴的功能主义与令人惊讶的即兴表演。"(列斐伏尔,1985:146)在这样的情况下,什么是激进批判的否定性,什么是都市的战略?

列斐伏尔首先提出的是认识论方面的批判，认为用工业化社会的认识论无法理解和认知都市社会。生产出各种学科是工业理性的必要和结果，这些学科作为认识和实践（它们还是在旧有社会的内部）都不能洞察新社会的问题与矛盾，获得革命性实践的动力。他进而批判碎片化科学。各种学科（作为碎片化科学的表征和载体）阻碍认识总体性状况。他说："对专门化科学的批判包含着对专门化政治、经济基础及其意识形态的批判，每个政治群体，特别是每种经济基础，都通过它所发展与培育起来的意识形态进行自我辩护：国家主义或者爱国主义、经济主义或者国家理性主义、哲学主义、（传统的）自由的人道主义。它倾向于掩盖本质问题。"（列斐伏尔，2018a：156）他多次重申这个时期是都市实践而不是工业实践，是都市理性而不是工业理性，必须要有认识论的革命和差异实践。结合他多次参加"跨学科"研讨会的经验，他说："专家只能从自己的研究领域的观点出发，用数据、术语、概念与假设来理解这一综合体。他们固执己见，对此毫无意识，而且越是有能力，就越是固执己见。如此一来，就在经济学、历史学、社会学、人口学等领域中阶段性地产生了一种科学的帝国主义。每位学者都觉得其他'学科'是他的辅助者、附庸或者仆从。"（列斐伏尔，2008：53）他甚至提出一个词，表达由于各种碎片化知识与技术带来的压迫，一种"知识恐怖主义"（列斐伏尔，2008：53）。

列斐伏尔接着分析工业化时期的城市空间生产与城市规划，认为工业社会的空间是按照企业与国家官僚主义（自由资本主义、国家资本主义）主导的生产关系生产出来的空间。它的关键词是分割与隔离。通过对空间的分割，按照生产关系的要求重组（生产关系的调整，作为一种资本主义的自我调节，带来不断变动的隔离关系）、建立生产性的关联（局部与局部的关联），以维持、改进生产关系的生产与再生产。他说："国家官僚主义的行为，按照（资本主义的）生产方式的要求对空间所进行的管理，也就是按照生产关系的要求来对空间所进行的管理。这一实践的一个重要的，或许是根本的方面出现了，将空间进行分割，以便用来买卖（交易）。”（列斐伏尔，2008：5-6）在另外一处，他说：“空间政治只把空间视为同质化与空洞的中介，其中我们安置物品、人、机器、工业设备、流通与网络。这种现象基于一种受限合理性的逻辑学之上，并促发了一种通过简化摧毁都市和‘栖息’的差异空间的战略。”（列斐伏尔，2018a：54）

在这一过程中，空间被看成是中性的、客观的、纯洁的、与意识形态无关的、与利益无关的。进而“分割似乎在理论上就被合法化了。每个人都在一个抽象的空间上进行操作，按照他自己的标准，他自己的比例。建筑师在微观的世界里，而城市规划者则在宏观的世界里。然而，今天的问题，就是要消除这些分割……要确定一个结合点，确定这两种‘标准’，即微观与宏观、近端秩序与远端秩序、分邻与交流等的连接”（列斐伏尔，2008：15）。在这种生产方式下，空间的生产追求一种统一性和同质性而非差异性和多样性（后现代的“多样性”是一种化妆和打扮出来的统一性和同质性，通过拼贴差异符号生产市场的统一性）、一种强制的连续性（如福特主义的生产流水线）。它是产品而不是作品（oeuvre），是交换价值而不是使用价值导向的生产。“在统一性的伪装下，是断离的、碎片化的，是受到限制的空间，也是处于隔离状态的空间。”（列斐伏尔，2008：37）他进而批判城市规划，认为城市规划是维持生产关系生产的工具，对空间进行分割与联系的理论与实践构成了城市规划的内容。城市规划师领承某种被指示的目的，将社会活动空间化而不是将空间社会化，进而经由推土机将空间同质化。列斐伏尔批判城市规划与建筑学往往在抽象空间中操作，不考虑真实的空间——本身也被看成一种客观的工具。一旦回到社会中的空间，真实的空间，空间的中性、纯洁就消失了，空间中充满着各种意识形态导向、各种蒸腾着的利益诉求。

很可能由于他参加具体规划、建筑实践的诸多观察和经验，列斐伏尔有许多文字批评规划师、建筑师缺乏足够对鲜活的社会具体的考虑，缺乏辩证的思考，批评这些学科化、工具化的职业者只是生产产品、商品而不是作品，生产居住（交换价值）而不是栖息。他说，建筑师、规划师用铅笔在纸面上的图绘，“作者把这些痕迹看作是物品的再生产和世界的再生产，尽管在纸面上的其实是关于‘真实’的解码—重新编码……在一种含混的理想中，他把‘投射’（projection）和规划混淆了。他相信这种理想是‘真实的’、经过严密设计的，因为通过规划设计的方式来进行解码—重新编码的过程，是习惯性的、传统的……手中的纸张，在设计者眼中是空白的，空白得几乎无味。他相信它是中性的。他相信这个被动地接受了铅笔的痕迹的中性空间，与外在的中性空间是相对应的”（列斐伏尔，2008：9–10）。列斐伏尔认为城市规划往往追求增长而不是发展，追求数量而不是质量。他说：“城市规划学只有依靠一种十分敏锐的批判性思想，才能够摆脱处于统治地位的那种强制性的意识形态。”（列斐伏尔，2008：16）他谈到人们试图研究如何使得某些欲望获得最大满足，如“在《雅典宪章》所列出的那些需求之上，又增加了其他的需求，比如对自由、创造、独立、进步、和谐、尊严的需求……这些研究还没有指出这些需求的内在结构，也没有发现一种空间形式，能够将某种结构加载在这些所谓的功能性需求之上”（列斐伏尔，2008：45）。

列斐伏尔把“进入都市的权利”作为前进的策略，把“空间生产”作为方法和知识战略，把“日常生活批判”作为回归和总体性实践——一种可能的革命。列斐伏尔的“都市社会”是一种理论假设和过程；进入都市的权利是一种向前的运动，是争取市民权利、人的权利的斗争和行动，是要尽可能实现总体性（进而获得个体的自由）的实践。在具体层面，“指的是城市居民的权利，还有那些在交通、信息和交往的网络和流通中出现而结成（在社会关系的基础上）的团体的权利”（列斐伏尔，2008：16）。“个人有……拥有作为社会生活与所谓的文化活动等之重心的都市生活的权利。”（列斐伏尔，2003b：57）它同时也是拒绝被同质化的权利，生产差异空间的权利。“空间的生产”是在对之前城市状态（urbanism）彻底批判基础上的总体性生产，整全的生产，不是空间中局部（物品）的生产，单独空间、单独物的生产。“每一个‘物品’（建筑的、动产的和不动产的），都应该放入其总体中，都应该在空间中来理解，在空间中理解周边的事物，理解其他各个方面。这就要求把空间当作一个总体来理解、想象、把握和生产。”（列斐伏尔，2008：120-121）进而需要在空间中生产出新的生产关系和社会关系。它首当其冲要破除学科的边界，要摧毁旧式的空间的分割与隔离，也因此它必须处理土地所有制、地租问题（空间位置关系中的经济差别），这立刻触及以土地、空间财产为基础的社会关系生产、变革和革命。它需要对空间进行更加严密、辩证的分析（之前提到的“空间实践、空间再现、再现空间”“生活的、感知的、认知的”空间）。在其中，列斐伏尔更加强调的是社会空间的生产，空间与社会关系生产与再生产之间的关系。“空间生产”是列斐伏尔提出的通向都市社会实践的方法和知识战略，用于抵抗被资本主义国家和企业抽象化生产出来的空间。他说：“人们应该提出一种知识战略，以便持续不断地将理论与经验进行比照，以便通向一种总体性的实践：都市社会的实践。这种实践就是要像人类占有时间和空间一样，争取一种高级形式的自由。”（列斐伏尔，2008：7）“日常生活批判”呢？是列斐伏尔超越经济基础、生产方式、上层建筑社会分析方法的实践，超越纯粹的思辨，是他从抽象到具体，强调、深入分析具体（但并非数量化的实证研究）又回到抽象的辩证方法的结果，也是他在观念、社会和物质三者间更重视社会一端（但并不是放弃或忽视其他）的结果。他多次提出"工作—需要—享受"、"重复—模仿—创新"的分析层次，他说："日常生活批判实际上还设想，不要把马克思主义思想集中在'实在'（经济的）上和事实（历史的）上，而是让马克思主义的思想向可能性的王国开放。日常生活批判同时寻求转变'革命'的概念。革命不限于经济转变（生产关系）或政治转变（人员和机构），革命可以尽可能延伸到日常生活上来，尽可能延伸到实际上的'去异化'上来，……日常生活批判的这个设想排除了把社会简化为经济和政治的，强调社会还是社会的，从而修正了'经济基础'和'上层建筑'这个著名的矛盾。"（列斐伏尔，2018b：556）

列斐伏尔认为每一种生产方式都会生产出它自己的空间。资本主义生产方式必须生产出它自己的空间形态。早期资本主义创造了一般商品生产、流通空间，如轮船码头、铁路、火车站、工厂、证券交易所、新型市场、工业博览会等，改变了人们的生活状态。但这不是全部，资本主义的存续，随着城市化进程的加深，都市社会的浮现，越来越依赖对日常生活的控制和引导，需要生产出使日常生活中的压迫成为可能的空间，成为自愿接受压迫的空间；日常生活于是成为新的殖民领域，在日常细细碎碎的生活中，通过意识和观念在不知不觉中的制服、家庭结构和关系的调整、个人行为方式的规训等生产出资本积累所高度饥渴的市场，"占用身体，补偿这个占用；用固定的需要取代欲望；用编制好的满足替代愉悦"（列斐伏尔，2018b：566）。在列斐伏尔的论述中，日常生活不是一个子系统，"是生产方式的'基础'，生产方式通过计划日常生活这个基础，努力把自己构造成一个系统……日常生活的计划包含了机遇的元素，也包含了能动性"（列斐伏尔，2018b：579）。他希望在这个坚硬致密的不可能性中寻找改变的可能性，在日复一日的重复中寻找差异，在日常的琐屑、平庸中发现神奇，在数量的增长中探究质的发展，在被掩盖的矛盾的最尖锐处寻找革命的可能。

4. 社会进程中的时间、空间与革命

不能把列斐伏尔的理论作为遗产，作为知识标本，作为商品，作为摘录，作为历史的兴趣。梅里菲尔德（Merrifield）说："20 世纪 90 年代初他在电视上看到近 90 岁的、一头白发的列斐伏尔参加《自由的精神》节目访谈。面对主持人的问题，90 岁的列斐伏尔在节目中显得有点不耐烦，他宁愿谈当下与未来，而不愿意重数过去。"（Merrifield，2006：xix–xx）即便快到生命尽头，列斐伏尔仍然是激进、对生命充满热情和试图"改变生活"。理论对于列斐伏尔不是外套，不是假面，不是获得交换价值的商品或者物（政治交换层面意义上的物）。他既是理论的建构者，也是理论的实践者。理论的认知来自对现实（历史与当下）的关照，在具体与抽象的来回转换过程中内化为本体，指向"对现存的一切进行无情的批判"，进而寻找改变现实的可能路径。在被开除出法国共产党后，1959 年，他出版了自传《总和及其他》，其中他说："我宣告我自己义无反顾地反对现存的秩序……我想思想的作用就是通过批判、嘲讽、讽刺现存的状况……我拒绝谴责群体或个人的自发性，即便是它们可能粗略、好笑和奇怪。我赞美自发性。生命不应该由上而下，不应活得苦楚。日常生活和人性不应是政治、道德、国家和政党的现实化（realization）。"（列斐伏尔，1959：22）列斐伏尔一直在呼唤革命——却不一定是暴力的革命。他秉承了马克思主义，又反对僵化、教条的马克思主义；他从认识论上批判总体性的碎片化（这正是我们今天最大的问题。如果不能清晰地认识真实的世界，又如何

有目的地、向善地改变世界？）。1950 年他给自己写的简介中有这样一段话：“将哲学看成对真实生活的批判性内在认知。”（Ekden，2004：1）在另外的一处，他谈到对“日常”的研究，“并不是实用主义的或实证主义的要求，而是坚持要发现‘真实的东西’，以便探索其中的可能性”（列斐伏尔，1983：53）。1958 年法国共产党开除他后，激发了他“一系列连续的创造性工作，将社会学、文学分析、哲学和诗歌结合一起，来打破学科间的各种边界，来将马克思主义者的想法从它自身设立的限定中解放出来”（Kelly，1992：62-63）。他所有的努力都是指向总体性的回归和再造，无论是都市社会、空间生产、日常生活等的思考和建构；在理解真实社会、真实生活的基础上，在具体现实的关照中寻找可能的实践方向和路径，在这个“矛盾盘根错节，要解开这个死结，人们不知从何入手”的状况下，试图寻找可能的策略。

列斐伏尔探究人与时间、空间共同建构起来的总体性进程。列斐伏尔在空间方面的创见，是他部分的工作而不是全部（目前有越来越用部分掩盖整体的状况）。他对于空间的见解和分析来自于他对总体性的内在需求和自发性。他曾经谈道：“围绕时间问题，就像围绕着社会空间一样，存在着一场重大的忽隐忽现的斗争。”（列斐伏尔，1983：54）总体性的时空是社会的进程、社会的构造物。改变时间和空间的社会建构，就是改变社会的状态和社会的进程，就是革命。革命可以是重复过程中的巨大变奏和爆发，也可以是更多地在日常生活中的批判认识和差异性实践，一种渐进性的革命。列斐伏尔曾经说：“那些年里，资本主义正处在征服新部门的过程中：征服农业部门，原先大部分还维持在前资本主义状态下；征服城市，通过向外扩展和内部更新，历史城镇面目全非；征服空间，旅游和休闲攻克了作为整体的空间；征服文化，把文明减至文化产业，并且从属于文化产业；最后，无独有偶，资本主义正在征服日常生活。”

（列斐伏尔，2018b：565）“那些年里”指的是20世纪五六十年代的西欧社会，资本主义正在生产出它生存的时间和空间，生产出使其维系的生产和社会关系的空间。它首先从生产端分割了认识、分割了学科、加剧了总体性认识的碎片化。这是它存续的必要和策略，也是它抑制革命的需要和诡计。把空间切割成无数的“小盒子”，把每个人都放在一个“小盒子”里，把每个盒子按照它生产的需要组装起来，又在每个小盒子里满足他/她的一种被引导的、控制的需求（作为一种市场与意识形态控制），使其无法认识总体性的时空状况，使其失去认知的可能和革命的意识。列斐伏尔所做的，就是反对这样的状况，反对生命的被计划和安排，要规划革命，要去除总体性的分割分隔，要从总体认识存在的世界，要求和呼唤活生生的生命，要批判资本主义社会建构的时间和空间，要在都市社会的日常生活中寻找可能的革命瞬间。

过去的20世纪是列斐伏尔的世纪。霍布斯鲍姆提出的“短二十世纪”是人类历史上前所未有的剧变世纪（霍布斯鲍姆，2014d）。列斐伏尔漫长的一生经历了这个世纪时间、空间与社会的变化。他强烈意识到这是一个总体性加速碎裂的时代，也是国家、公司试图严密支配、控制社会的世纪。他批判时间和空间的纯粹化、客观化、数量化，他认为那是工业时代的认识论，不能看见现实的情况，不能在一个巨变的时代成为一个被关在盒子里的人，一个盲人。他反对哲学的国家化、学科化和纯抽象思辨，提出哲学回到鲜活的世界中，回到具体之中。他提出再普通不过的分析框架——“需要—工作—享受”的层次，却从其中发现都市社会日常生活与资本主义存续之间的隐秘关系，把之前被认为是无足轻重的日常生活空间，转化为理解总体性状况的领地，既受到权力和资本支配、控制的空间，也是可能的革命之处。列斐伏尔呼唤重新构造主体，“通过日常生活中的行动，追逐一个与现存秩序的运行模式不同的过程，也就是说，在实际斗争中，用差异对抗同一，用统一对抗分割，用具体的平等化反对无情的等级化”（列斐伏尔，2018b：677）。列斐伏尔的革命在日常的时空中，在日常时空过程中认识论的重建和主体的构造中。从这个意义上说，列斐伏尔是在规划现代世界日常时空的革命，在寻找一条可能的革命路径。

20 世纪的基本问题在 21 世纪并没有消失，或者深入骨髓或者伪装形变、蔓延扩展了。民族国家的冲突（经济与意识形态）、环境的严重恶化、全球的日趋不均衡发展、在各个层级的社会的公平正义危机、日常生活受到日趋紧逼的监控和压迫等构成了今天的现实状况。全球城市化进程加速，互联网社会浮现，信息技术高速发展，人工智能跃跃欲试，算法试图替代思考，一切（各种不同广度和深度的关联）都正在生产出新时期的资本主义（或者是其他各种主义）的新空间。理查德・桑内特曾经在《新资本主义文化》中质疑，他并不否认这些加速的新变化，关键问题在于这些变化是否带来更多的自由（理查德·桑内特：2010）。在这种情况下，“发现列斐伏尔”的意义，是要从他的理论中获得坚定的力量，获得批判现实的理论工具，获得去除总体性分割的可能，在日常渐进的社会进程中规划和实践差异性的时间和空间，去建构主体，去“改变生活”。

（文中引用的英文文献内容为本文作者翻译，
原文曾刊发在《城市规划》，2021 年 45 卷第 4 期）

再也没有秘密！任何事情只要发生，任何事情接踵而来，随即都会巨细无遗地传遍整体……这样，信息以及信息的延伸会通过最短路径进入完全计划好的社会，在这个完全计划好的社会里，社会中枢会不断接到来自每一个基本单元的信息……所以，我们不仅，或者说，很大程度上不是在谈论一个技术官僚的乌托邦或意识形态，而是在谈论一个科学神话，一个电子广场的神话和令人不安的计划，该计划把用于工作场所内部控制的"检查"延伸到了比企业大得多的空间里，对那里实施政治和警察控制……

——亨利·列斐伏尔，

《日常生活批判》（第三卷），P663

Conversations with
Manuel Castells
MANUEL CASTELLS & MARTIN INCE

The Urban Question
Manuel Castells
A Marxist Approach

THE CITY
AND THE
GRASSROOTS
MANUEL CASTELLS

THE INFORMATION AGE:
ECONOMY, SOCIETY AND CULTURE
Volume I
THE RISE OF THE
NETWORK
SOCIETY
Second Edition
NEW EDITION
Manuel Castells

THE INFORMATION AGE:
ECONOMY, SOCIETY AND CULTURE
Volume II
THE
POWER OF
IDENTITY
Second Edition
NEW EDITION
Manuel Castells
Blackwell Publishing

THE INFORMATION AGE:
ECONOMY, SOCIETY AND CULTURE
Volume III
END OF
MILLENNIUM
Second Edition
NEW EDITION
Manuel Castells

（图片来源：作者整理）

阅读柯司特

从集体消费到网络社会

……带来了一个新的支配性社会结构，即网络社会：一个新经济，也就是信息化/全球经济；一个新文化，真实虚拟的文化。而深植于这种经济、社会之内的逻辑，已经成为整个相互依赖世界里的社会行动与制度的基础。

——曼纽尔·卡斯特，《千年终结》，P321

1

《与柯司特对话》英文版出版于2003年，是“大师对话录”其中的一本。书的内容是柯司特与马丁的对话集，由八个部分构成：（1）工作与生活；（2）创新；（3）流动空间；（4）社会运动与组织；

（5）认同；（6）政治与权力；（7）世界之旅；（8）知识的世界。书前有马丁撰写的导言、书后有柯司特的详细简历。[①]

马丁在导言中指出柯司特在各种学术社群中享有权威的地位；在《观察家》2000年的调查中将他列为英国最有影响的人物之一，超过了撒切尔夫人和当代许多企业、政治和媒体领袖。他的书受到了各种不同人的高度关注，远远超越了其所在的学术圈，其中包括政治人物、企业主管、劳动领袖、非政府组织人员、记者和各种意见的领袖。很有意思的是，马丁举了一个特别的例子，讲一位车臣穆斯林军事将领，在接受电视台访谈中说到他的动机时，拿了本写满标记的《信息时代》，声称"这就是我们要对抗的东西"。他认为柯司特对于当下世界儿童贫困窘境的分析，是其行动的理由之一。

八个部分中，"工作与生活"谈到的是柯司特本人多年的生活和工作概况、他的老师、朋友和家庭状况等，为读者提供了更多的细节，可以更加了解柯司特。其中，令人印象深刻的是，在柯司特发展的早年时期，他的导师阿连·杜汗（Alain Touraine）在学问、生活、工作，以及在柯司特被流放的困难期间都起了很关键的促进和帮助的作用。[②] 2~7章涉及柯司特论著中一些核心内容的对话和讨论。第8章"知识的世界"是结尾章。柯司特在这一章中

① "柯司特"在中国大陆地区翻译为"卡斯特"。

② 文中写道："杜汉一直是我在知识上的父亲。我整个知识生活，我的生涯和生活，都受到杜汉影响和维护……我能够在法国精英机构里成为学者，全仰仗杜汉。"（12页）文中还谈到柯司特成为都市社会学家是一种意外，完全在杜汉的要求之下从事了相关的工作。也因为这一过程，为柯司特后来撰写《都市问题》打下了基础。书中也谈到了一个细节，"布尔迪厄就曾试图在专业上毁了我"（12页）。

更加明确地表述了他的立场。整本书中涉及知识内容庞博，无法用哪一个单一学科来概括。科司特在书中谈道："在我们的社会里，最大的知识隔阂正是知识的过度破碎和专门化，以及闭锁在由官僚界定的学科里。这些学科并非以当前科学的真实动态来界定。它们是学术派阀之间，在捍卫或攻克地盘的残酷战争后，订定契约巩固边界的结果"（柯司特，殷斯，2006：162）[①]——他本人就是跨学科研究的代表人物。

但是，一个基本的线索在对谈中显现。通过科学研究，理解社会的变迁是柯司特几十年工作的核心。他谈道："我真正尝试去做的，找出我见到全世界浮现的社会变迁的关键线索，并提出一种分析方式和某些概念工具，帮助我们在未来理解这个变迁过程……为此，我需要找到一种对这个多向度转变和所有脉络都有用的共同核心……这个共同核心是网络和认同的双重逻辑。一方面，是工具性的网络，由新资讯科技所推动。另一方面，是认同的力量，将人心系于他们的历史、地理和文化中。介于两者之间的是，制度的危机以及重构的痛苦过程。"（165 页）

柯司特出生于 1942 年。1962 年从西班牙流亡到法国巴黎。1967 年成为巴黎大学新南特校区的助理教授，和列斐伏尔等人共事。1968 年卷入巴黎"五月风暴"事件，被驱逐到日内瓦，后转到智利和蒙特利尔。1970 年在杜汉的帮助下回到法国，在巴黎高等社会科学院担任终生副教授。1972 年，按照柯司特自己的说法，"我

---

① 曼威·柯司特，马丁·殷斯．王志弘，与柯司特对话 [M]. 徐苔玲译．台北：巨流图书公司，2006：162. 以下除了特别标注外，所引用的文字均出自这本书，只标明引用页码，不做书名的脚注引注。

在 20 世纪 70 年代进入了马克思主义理论……我尝试结合马克思主义理论、都市社会学、杜汉式的社会运动窍门，以及我自己对经验研究的强调，产生了我的第一本书《都市问题》……这本书只是整理我的思想，有点像是从新的、比较政治性的角度来从事都市社会学的思想和计划笔记。这本书在法国和全世界一炮而红……和列斐伏尔的著作一起，这本书成为所谓的新都市社会学的基石。它带领都市研究的学术界迈进下一个十年”（16 页）。

柯司特谈到自己的研究风格，是对经验探究感兴趣，加上一点法国的理论风味和西班牙的政治角度，比起“法国”更像是“美国式”的。他在从事都市研究过程中，逐渐受到美国大学的吸引。于是，当美国伯克利大学提供一个教职位置时，在 1979 年 37 岁时，柯司特接受了这一机会，成为伯克利的教授。5 年之后，基于旧金山的都市社会研究，在 1983 年 41 岁时，柯司特出版了《都市与草根阶层》。他说：“这本书依然是我最好的都市研究，也是我做过最好的经验研究……但这本书没有《都市问题》那么有影响力，因为我明显偏离了马克思主义，所以我的意识形态追随者很失望。即使我明白地指出，我并非反对马克思主义，只是我无法再用马克思主义当工具来解释我的观察和研究。”（18 页）在对谈中，柯司特纠正了他以前看法，认为“社会运动不是好相对于坏的表现，而是社会借以改变，迈向不同目标、不同体制的关键机制”（68 页）。

完成长达十年都市社会运动的研究计划后，因为“硅谷就在隔壁——技术、商业和文化变迁正在急速发展”，柯司特决定拓展新的学术领域，研究技术、经济和生活之间的关系。他首先在自己熟悉的研究场域（都市）里分析这种互动。在 1989 年 47 岁时出版《信息化城市》，"在都市研究里开启了新的研究领域，引入关注信息科技及其空间影响"（18页）。在1983—1993年这十年的时间里，柯司特开始有机会在全球范围的不同地区旅行和研究，这增加和拓宽了他的认识和经验[1]，也在西伯利亚认识了他未来的妻子艾玛。

1993年，在柯司特准备全力组织、深化和撰写思索十年的书时，他被诊断出有肾脏癌。当被告知还有三年的时间时，柯司特全力推进了这部书的撰写——即是后来的三卷本《信息时代》。1996年柯司特在即将完成书稿时，被诊断出病情复发，结果是更大的手术。紧接着又是一个巨大的打击。在他手术后不久，妻子艾玛也患了重病，需要手术，这使得他几乎放弃写作的计划。

1996—1998年间，柯司特出版了《网络社会的崛起》（第一卷，1996）、《认同的力量》（第二卷，1997）、《千年终结》（第三卷，1998），统称为信息时代的三卷本或三部曲。"三部曲立即在全世界造成非比寻常的冲击，让我大感惊讶。"（21页）

柯司特著作等身，以上谈到的只是他众多论著中引起重大反响的几本。《都市问题》引领了新都市社会学的发展，"集体消费"是其中的关键词；《城市与草根》开拓了都市研究新的方向，可以说"都市社会运动"是其核心要义；信息时代的三卷本，按照柯司特的提法，那就是"网络和认同"的辩证双重逻辑。从"集体消费"到"都市社会运动"到"网络与认同"，一方面是研究重点的变化，另一方面也是试图理解不同的对象和空间范围的拓展，从都市到区域到

① 也是在这一期间，在1987年，他第一次来到中国。

全球——从局部的关联向着更大范围关联的拓展。这种变化也可以从 2002 年出版的《都市与社会理论：柯司特读本》(*The Castells Reader on Cities and Social Theory*）的内容安排看出来。用彼得·霍尔的话说，这本书揭示了柯司特过去三十年的思想演变。书主要由三个部分构成。第一部分“发达资本主义城市的一种理论方法”，包含“都市化”和“都市意识形态”两个章节（均摘引自《都市问题》一书)；第二部分“社会运动与都市文化”，包括“发达资本主义社会中移民工人和阶级斗争：西欧经验”“发达资本主义社会中的集体消费和城市矛盾”“城市与文化：旧金山经验”三个章节，是柯司特开始从马克思主义的城市研究向与城市中各种文化研究转变时期的主要观点和内容；第三部分“信息时代中的城市”，包括“资本主义的发展与再结构的信息模式”“信息技术，资本—劳工关系再结构以及二元城市的出现”“流动空间”“信息时代的城市文化”，基本是从三部曲中节引出来（Susser，2002)。

在这本对谈录中，更多谈到的是网络社会浮现对于全球社会从经济模式到日常生活各个方面的影响。书中涉及各个领域的创新，包括网络、生物科技以及纳米技术的发展；谈到了不同税收与福利方式，创新支持方式下的美国、芬兰和日本模式的对比；谈到了柯司特强调的“流动空间”——不同于“地方空间”的新空间类型。书中谈到，“流动空间既是一个抽象的概念，又是非常物质性的建构，把作为工具性网络节点的地方联结起来。……这种主导活动的空间倾向于产生建筑风格，某种类型的世界主义美学，以及一连串全球经营生活风格特有的设施”，“网际空间不是个地方。它是地方之间的通道……网际空间是个超空间，是你每天操作的心灵空间，跟来自其他地方和时代的任务及思想相遇”，“世界正逐渐地被纳入网络，因此竞争不再发生于国家之间，而是出现于公司之间与个人之间。所以，真正的议题是：全球财富与知识网络的有价值节点到底会在什么地方建立他们的有利环境”（37 页）。

书中谈到了网络社会中，在加速的关联与流动中，身份认同的焦虑。“认同是社会行动者对于意义的文化建构。”（75 页）认同与各种社会运动联结在一起，推进着社会的演变。书中也谈到了政治和权力。柯司特认为，在过去政治是社会的推动者，而在网络社会里，却成了过程的结果，同时也是媒体政治。

书中当然也涉及城市化。柯司特认为“空间转化是（当代）社会变迁的基本向度”。第 7 部分里柯司特谈到了他对于全球范围各个地区不同发展状况的认知和判断，其中涉及东亚的日本、韩国、新加坡，以及中国大陆和台湾、香港地区。

2

对话集中还有一点令人印象深刻的是柯司特对于教育的高度关注。柯司特在多处强调教育与创新，特别是在网络时代中的极端重要性。他首先谈到在创新领域美国的结构性优势。第一个方面是创投资本家与创业公司间的关系。“在所有的案例里，创投资本家和他们的创业公司密切合作，监督其发展，提供咨询。创投资本是新经济里创新系统的核心。这在一个日本式的由上而下的公司结构里，几乎无法想象，它们总是背负了政府技术官僚锁定的长期目标，而不像创投资本和创业公司那样，仰赖弹性的组织，在

创立时回应了科技和市场的趋势，并建立高风险 / 高报酬的商业计划。”（41 页）

第二则是研究型的大学教育体系。“美国结构性优势的另一个来源，就是研究型大学系统……美国的超级强权地位大体上来自这种大学优势，因为这会转化为绝对的科技领导地位，不仅是应用，而是涵盖大部分领域。这与大学机构系统有关，而最重要的是没有全国性的教育部来监督和决定如何做……它们的弹性、自主性、分散化的管理、研究所课程里教师和研究生的合作，知识的开放性、对于近亲繁殖的抗拒、竞争的环境，以及它们对于学术价值和卓越胜过任何事物的不妥协承诺，让它们普遍成为知识和创新的源泉。”（42–43 页）

他接着谈到，“在大部分国家，政府官僚和学院世界里的统合主义利益，加上学生哗众取宠的态度，阻碍了任何开放大学的尝试。因此，学生在自己国家里尽职地完成了马马虎虎的学位任务，然后其中最富裕或最具企业精神的学生，便前往美国大学系统，获取真材实料。我相信，美国和世界其余部分之间最严重的失衡，就是大学系统，那是资讯时代里的知识和教育源泉，因为也是财富和权力之源”（43 页）。

他认为大学具有四种主要的功能：“意识形态机制、社会筛选精英和社会阶层的机制、培育具有适当技能的劳动训练体系以及生产知识的工厂。……大学系统结合所有这些功能的能力，是他们生存与茁壮的关键要务……大学越是朝向知识生产发展，就越需要弹性，并提供一般训练，而非某些技能方面的特别专殊化，因为特殊技能

很快就过时了。”[①]（157 页）

柯司特强调了大学的独立性，认为研究者只有在大学里才不受束缚（尽管他还谈道，大学世界的日常实践里，有许多社团主义和例行公事），而且长期看来，科学和文化的发展只能出自思想自由。他指出：“大学是最后，也是唯一的相对自由空间，在那里人们可以独立思考、独立研究，而且如果准备要过朴实的生活，则在大部分领域里可以用非常少的资源做研究……让大学顺服市场逻辑或政府要求，你就会斩断我们社会里科学、技术和文化创新的根源。事实上，大多数企业非常了解这一点，支持大学的自主性，因为它们能从大学研究特有的开放性里获得利益。”（159–160 页）他还谈道，对于许多发展中国家，“比起建立一个现代、有效率、廉洁、正当且自由的大学系统，我不知道还有什么更重要的发展策略了”（162 页）。

而对于未来，他认为，“在知识经济和资讯社会里，根本要务是终身学习。这是因为资讯在网络上，其关键能力是知道要寻找什么资讯、如何获取这项资讯，然后重组，将它应用在我们生活的每个时刻、每个脉络里特定的任务和计划上”（157 页）。

3

访谈录里隐现还有柯司特对于死亡的坦然，虽然死亡的影子散落在文本的各个地方。他很显然把千年三部曲作为“知识遗言”。他谈

① 也许这一点的讨论值得我们对当下学科与专业发展方向的质疑和思考。

到，“我只是活在当下”（22页）。他也说，“我的生活方式一向都是既是在地，又是全球”（150页），他认为这是他人格中的结构性特征。他对自己的定位是“个体户研究工匠”，而他说“我心里最优先的价值就是知识和学术的价值：真理、严苛、不妥协地追求卓越”（164页）。

（原文曾刊发在《时代建筑》，2014年第3期）

我们需要对资本主义的坚固性和灵活性、资本主义领袖人物的能力，作出理论解释。……现在的世界市场极端复杂和丰富多样性（资本市场、原材料市场和能源市场、劳动力和技术市场、终端产品和耐用消费品市场、艺术市场、符号和标志市场、信息市场，等等），需要从商品和交换的角度作出新的分析，否则，整个商品理论将难以维持。

——亨利·列斐伏尔，

《日常生活批判》（第三卷），P587-588

大卫・哈维（1935.10—）
（图片来源：王红扬　摄）

阅读大卫·哈维

资本积累与空间生产

某种新的社会秩序的形成需要一个彻底的时空性的变革。

——大卫·哈维,《正义、自然和差异地理学》,P262

哈维在《空间修补：黑格尔、杜能与马克思》一文中谈道，“马克思在他研究、写作与政治行动的多产生涯里，逐步形成了庞大的思想与精细概念装置的巨厦，实难以简单概述”(哈维，2001：296)。哈维也是一位多产和有着深刻思想洞察与批判能力的学者。维基百科上关于哈维的词条中提到，哈维是全球人文领域前 20 位被引用的作者，同时还是被引用最多的地理学者。如果从《地理学中的解释》(1969)开始算起，在过去四十几年的时间里，哈维写下的书多达十几本，此外还有论文无数，可谓著作等身。其中最著名的是 1989 年出版的《后现代的状况：对于文化变迁起源的探究》。在一篇与《新左评论》编辑对谈的访谈录里，他自己认为这本书的写作是“水到渠成”，是写过的最简单的书（指写作过程），原因在于之前既有对资本积累与空间（《资本的限制》），又有城市与空间（第二帝国巴黎，后来出版为《巴黎，现代性之都》）以及对于城市化与城市规划的研究（《社会正义与城市》，图 1）。《后现代状况》的主要论点是，资本主义在 20 世纪 70 年代出现新特征，是货币资本脱离物质生产循环，获得前所未有的自主性，成为后现代经验和再现的根本基础；生产的机制从早年的福特主义转向灵活积累的后福特主义，城市作为人们体验的场所，是这种变化的最重要载体，体现在城市空间、建筑、艺术、影像以及日常生活等诸多方面。但《后现代的状况》并不是哈维本人最钟爱的一本书，而是之前花了将近十年时间完成的《资本的限制》（1982，图 2）。

《资本的限制》是一本基于马克思著作（特别是《资本论》）研究基础上的论著。哈维在多处谈到，对待马克思的著作有两种态度，一种是顶礼膜拜，将其作为绝对真理的教条；另一类将其作为暂时的建议和想法，必须进一步研究和推进，以提出和建立一种社会批判理论。根据哈维的论述，他在 1971 年到巴尔的摩不久，开始研读

图 1 《社会正义与城市》封面　图 2 《资本的限制》的封面

和教授《资本论》。1973 年出版的《社会正义与城市》与四年后曼纽尔·卡斯特尔的《城市问题：马克思主义的方法》(1977，法文版出版于 1972 年) 成为城市研究从早年芝加哥学派的范式向新马克思主义转向的代表作。20 世纪六七十年代是西方发达资本主义社会一个重要的转型时期，弗里德克·詹明信在《晚期资本主义的逻辑》中提出这是一种“文化的转向”；哈维在《后现代的状况》中也多有解释。而哈维自己的这本《社会正义与城市》恰好就是这一转型期的重要论著。

2006 年出版的《大卫·哈维读本》主编之一格雷戈里 (Derek Gregory) 认为这本书是哈维从空间科学转向历史唯物主义的标志。《社会正义与城市》出版后不久，著名的《泰晤士报高等教育副刊》的书评中认为该书“对于当代城市的深层剖析可能成为在地理学思想中的一个方向转变 (如果不是革命性) 的符号”(过后的事实证明这是很准确的判断);《建筑师杂志》则说：“这本书事实上提供了一种维度，一种绝大多数那些描述和讨论当代城市或现代建筑运动发展的评论家、记者或者历史学家完全缺失的维度。”(见此书 1975 年版本的封底) 维基词条谈到,《社会正义与城市》到 2005 年为止已经被引用超过千次 (在地理学这一学科中，50 次已经十分罕见)。

在书中，哈维讨论了空间形式 (spatial form) 与社会过程 (social process) 之间的关系，认为“空间形式不能被看成社会过程发生中的无生命东西，而是一种‘容纳’社会过程的事物，就如社会过程是空间的一般”(哈维，1973：10–11)。以城市的研究为例，他指出，必须同时兼具社会学和地理学的想象力，“必须把社会行为与城市呈现的特定地理、特定空间形式结合起来；必须认识到一旦一种特定的空间形式创造出来了，它就试图常规化，以及在某些方面，决定社会过程的未来发展”（哈维，1973：27）。特别在书中的第二部分，哈维谈到了生产、剩余价值、使用价值、交换价值与城市土地利用之间的关系（显示了哈维的历史唯物主义取向）。他认为，在资本主义社会中生产与分配互为关联且其中一个的效率与另一个的公平相关。哈维在本书中提出的许多令人感兴趣的问题，比如收入、工作与住房的分布与再分布、空间分布的正义、生产、剩余劳动力、剩余价值与城市生活方式（urbanism）之间的关系等；对于城市与城市问题的探讨显现了哈维深邃的洞察力和深厚的理论能力。在全球化的过程中，城市与城市问题日趋凸显出高度重要性。麦肯锡公司（Mckinsey）在最近的调查报告中指出，当前 600 个城市中心（urban center）生产了全球 60% 的 GDP，但到 2025 年将有 136 个新的城市取代原有的进入这 600 强的行列，而其中有 100 个来自中国。在这种状况下，有必要重新审视，特别是从历史唯物主义的角度来重新理解什么是城市，城市是如何运作的、城市与资本积累之间的关系、如何介入城市的空间生产与再生产、城市的生活方式与个人经验之间的关系——其核心就是围绕着哈维提出的“社会过程”与“空间形态”的问题。在这种状况下，《社会正义与城市》将成为理解城市与城市问题最重要的一个文本，对于今天高速城市化的中国有重要价值与意义。

哈维曾经在多处引用过马克思的话：“如果事实就如其表面那样，那也就不需要科学了。”写完《社会正义与城市》之后，哈维意识到有必要进一步抽象研究空间与资本之间的关系。在《社会正义与城市》的后一部分中，哈维对于生产、分配、剩余价值等与城市生活方式（urbanism）与都市（city）之间关系的讨论，已显现这一端倪。九年后出版的《资本的限制》中，哈维主要研究了建成环境与资本流通之间的关系、信用以及一些相关机制（比如地租）在调控空间构形（spatial configuration）生产中的作用等。

我曾经对这两本书目录单词作过词频统计：《社会正义与城市》中前五位的分别是城市的（urban）、价值（value）、剩余（surplus）、社会的（social）以及经济的（economic），而《资本的限制》分别是资本（capital）、价值（value）、生产（production）、积累（accumulation）与劳动力（labour），借此可经验性感知两书在重点上的差别。

格雷戈里解释了《资本的限制》书名的作者意图："马克思把时间（在劳动价值论中）和历史转变（在各种资本主义持续的创造性破坏中）作为优先考虑因素——这些在哈维的书中就是《资本论》的限制——哈维揭示了不断的空间生产既是资本主义暂时解决危机的途径（或'空间修补'），也是无法解决的问题（因此这也就是资本的限制）。"（Noel and Derek，2006：8）由于这本书的高度抽象——就如《资本论》一般，按照哈维自己的说法，可能是他所有论著中读过人数最少的一本。然而，哈维还说道："后半部书中探讨的固定资本形构的时间性，固定资本与货币流动及金融资本的关联，以及这一切的空间向度，让这本书显得较不寻常……这本书奠定了我后来所有研究的基础。"（哈维，2001：11）

哈维的论著已经有不少翻译成中文。1989 年到 2005 年间的著作基本都有中译本，包括《后现代的状况》（1989）、《正义、自然和差异地理学》（1996）、《希望的空间》（2000）、《资本的空间》（2001）、《新帝国主义》（2003）、《巴黎，现代性之都》、《新自由主义简史》、《新自由主义化的空间：迈向不均衡地理发展理论》（2005）。但是《社会正义与城市》和《资本的限制》这两部最重要的书仍然没有中译本（注：该文写作较早，《资本的限制》目前已有中译本）。这两本书是哈维在壮年（分别在 38 岁和 47 岁）出版的论著，也应是哈维用力最深的两本论著（哈维自己说，《资本的限制》差点把他逼疯了)。接下来1985—1989年间的几本书，包括《意识与城市经验》《资本的城市化》《城市经验》等，基本是撰写《资本的限制》过程中的衍生物和副产品。

在马克思、恩格斯、涂尔干和韦伯等的论著中，主要的研究对象是“社会”而不是“城市”。但是，随着城市化率的快速增长，城市成为资本积累与空间生产矛盾冲突最集中和激烈的地方。在哈维的论著中，城市是重要的研究客体。

但是这样的表述不很准确。应该说，是“城市化”而不是“城市”，是“过程”而不是“形式”是哈维关注的重点。哈维批判在历史过程中，包括诸多知名建筑师规划师等提出来的“城市乌托邦”方案中，都将城市认为是一种物，能够被设计出来以便控制、维持、改变和加强社会过程。哈维阐述到，这种乌托邦是由于“把物和空间形式凌驾于社会过程之上的那种长久习惯。它假设能够通过设计物理形式来完成社会规划……事实上是一种固定的空间秩序，通过破坏历史的可能性并在一个固定的空间框架中遏制全部过程从而确保社会的稳定性”(哈维，2008：367)。哈维认为，城市作为一种物，是多种过程相互结果的结晶，过程由物中介，却比物更根本；物中弥漫着各种过程各种社会关系；要改变城市，必须改变形成城市的“过程”，改变各种生产要素和生产方式。

作为学者，哈维不仅生产理论，观察和解释现实，将理论与现实相应对；同时也通过身体实践，参与社会运动。在《希望的空间》中，他谈到在一次参与关于全球化的国际会议中，遇到一群宗教人士的大规模聚会。这似乎是哈维一次对比鲜明的经验：一边是全球化，一边是社团化；一边烦闷无聊、讲着学术的语汇，另一边热情高涨、相互帮助。哈维由此展开全球化与社群主义之间的讨论。这一命题反复出现在哈维的诸多论著中。比如，他曾经讨论在牛津大学工作时参与的一次抵抗汽车厂迁移（产业的空间转移）带来的大规模失业和地方衰败；讨论到和另外一位主要负责人之间的很不同甚至是矛盾的理解。矛盾根本仍然在于如何处理全球化与社群主义之间的关系；或者，换另外一种表述方式，全球空间与地方之间的关系，是服从于全球的资本积累的生产机制，还是抵抗这一种机制？或者自我封闭，将其他的可能排除在空间的边界之外？

他谈到了两种语言。一种是全球性的语言。这种语言彻底接受资本积累的法则，拒绝城市发展有任何的相对自主性；将全球空间按照资本积累的需求进行生产和配置。另一种是社群主义的语言。他认为，"社群主义的反应看起来要么是对过去时光有微弱怀旧感的乌托邦，要么就是提出一个幻觉的孤立主义的地方性政治学"（哈维，2008：378）。哈维谈道："持续的资本积累将生产出一个完全不同于在某种寻求解放、平等和生态上敏感的政治体制下实现的城市形式……难题在于勇于斗争，争取推进一个社会上更加正义和政治上更加自由的格局以及内化在不受控制的资本积累体系中的通常受阶级限制的不平等性。"（哈维，2008：368）

尽管哈维提出的第三种语言——"不平衡地理发展"——似乎还看不到明显的希望，哈维一直投身于理论生产、推广和身体的实践。为了获得更大的社会影响，在学生和同事的帮助下，哈维开设了开放教学网"和哈维一起阅读马克思的资本论"（davidharvey.org）并获得了很好的影响。哈维不仅把自己所在或者工作的各个城市（包括巴尔的摩、剑桥、巴黎、伦敦、纽约等）作为研究和理论验证的对象，同时身体力行参与各种批判资本主义的活动。在著名的"占领（Occupy）纽约、伦敦等"运动中，哈维是强有力的支持者和积极的参与者。

尽管划分并不完全准确，哈维的著作大概可以分成两类：一类是有较为完整架构的论著，如《地理学中的解释》《社会正义与城市》《资本的限制》《后现代的状况》《巴黎，现代性之都》等；另一类是文章合集，包括《资本的空间》（图3）《资本的城市化》《正义、自然和差异地理学》等。在一些书的取名上，哈维似乎有意向之前的知名学者（也是哈维书中多有引用或讨论的学者）致敬，比如《后现代的状况》（*The Condition of Postmodernity*）与利奥塔（Jean-Francois Lyotard）的《后现代状况》（*The Postmodern Condition*）、《希望的空间》（*Space of Hope*）与雷蒙·威廉斯（Raymond Williams）的《希望的资源》（*Resources of Hope*）、《巴黎、现代性之都》与瓦尔特·本雅明（Walter Benjamin）的《巴黎，十九世纪的首都》等。从哈维的这些论著中，还可以隐约看出一条变化线索：从资本积累危机与空间生产关系的研究（早期、中期；抽象的表达）走向用研究成果来解释全球空间现象（中后期；具体的现实）。从是什么、有什么、为什么，走向更进一步追问未来的发展趋势与可能的变革路径。

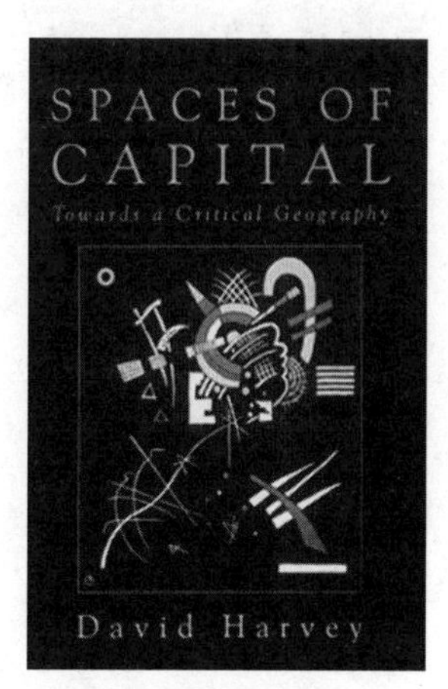

图3 《资本空间》的封面

阅读哈维著作另一个深刻的经验是，哈维高度重视事物间的关联，重视局部与整体之间的关系。哈维曾经说过，研究马克思的困难与魅力之处就是马克思把一切与一切关联在一起。事实上，哈维本人也十分重视"关联"。这种关联，作为历史唯物主义的思维方法，意味着把对事物发展的考察放置在一种动态的变化之中而不是将其孤立起来。在《社会正义与城市》中他谈到，我们有大量的理论来处理城市"当中"所发生的事情，却十分匮乏城市"本身"的理论。《巴黎，现代性之都》一书中他又再次重复论述，并指出，最理想的城市研究应"透过城市中的物质生活、各种文化活动、思维模式等多样的视野来传达城市的整体感……在理解主题时要心存整体视野，整体中各个部分的相互关系构成特定时空下社会转变的驱动力量"（哈维，2007：34）。

在哈维 72 岁的时候，Blackwell 出版了《大卫・哈维——批判性读本》，书中汇集了包括 Sharon Zukin、Nigel Thrift 等人在内的不同学者对于哈维诸多论著在不同方面的讨论（其中令人深感兴趣的是 Thrift 批判性探讨的为何哈维论著如此受欢迎的 7 个方面原因）。哈维写了书中的最后一章，以"空间"作为关键词回顾了自己的学术生涯与过程。文中引用了 3 段过去的文字，分别为 1973 年的《社会正义与城市》和 1989 年《后现代状况》两本书中关于空间定义的讨论。文中他谈到了没有绝对、相对或者关系的空间，而取决于人类的实践，不同的人类实践创造和使用不同的空间概念。过去的两百年间（对于中国特别是过去的 30 年），什么是驱动世界最为重要的实践? 没有疑问的回答是资本的生产与再生产，资本积累的危机。很显然，哈维只用"空间"作为关键词并不确切，空间存在于与资本积累（处理危机）的关系之中——而这一组关系就是哈维 40 多年来研究的中心议题，未有改变的核心问题。

哈维在《资本的空间》序言中谈道："学习马克思的方法……指出了界定一门批判地理学（以及批判的都市理论）的急切需要，以便'解构'某种看似'中立'或'自然'，甚至是'显而易见'的知识，实际上如何成为维持政治权力的工具性手段。"在序言的结尾，他说道："我热切希望，……我自己著作中的灼亮余烬，能获得年轻一代利用，在批判地理学中燃起一场火，持续燃烧，直到建立一个比起我们迄今所经验到的，还更为正义、平等、生态健全且开放的社会。"（哈维，2001：XP）我想，这正是阅读哈维的目的，在今天正统的、严格管理下的知识生产体系中寻找"完全缺失的维度"，在一个并不美好的世界中寻找和实践可能的美好。

（原文曾以《资本积累与空间生产》为题刊发在《城市与阅读》第二辑）

像里昂、里尔、图卢兹一样，巴黎曾经夸耀勤劳和快乐的普通百姓。唱歌很平常。没有主持人，音乐响彻全程。街上充满生机。在广场上，在林荫道上，人们把歌手以及手风琴手团团围了起来……诸如此类的事情都保留着传统，似乎很陈旧。不过，人们因此有了安全感……现在的日常生活已经丧失了日常生活曾经具有的和消失了的品质和活力……我们丢掉了日常生活的可爱之处。巴黎过去有过许多令人神往的地方……很快就不会再有人能够描绘巴黎的美景了，巴黎的美景一直保留到了20世纪中叶。

——亨利·列斐伏尔，

《日常生活批判》(第三卷)，P550

蓬皮杜中心与巴黎城
（图片来源：作者拍摄）

巴黎的神话

作为当代中国城市的镜像

欧斯曼在城市的网络中置入了全新的空间概念，那是一种合乎资本主义（特别是金融的）价值和国家监视为基础的新的社会秩序的概念。

——大卫·哈维，《正义、自然和差异地理学》，P262

1. 鸟瞰与游荡[①]

未见巴黎时，巴黎是一种想象，浪漫的情怀、梦幻的埃菲尔铁塔和雨果的巴黎圣母院占满想象的空间。怀着这种想象，有如德·塞图站在世贸大厦顶上俯瞰纽约，我登上蒙马特高地、蓬皮杜中心和阿

① 下文中哈维的相关论述皆来自于该书，不另引注。

拉伯文化中心，从各个高处鸟瞰密密细细的巴黎，试图认识和理解巴黎。从城市的高空下来，我也像瓦尔特·本雅明笔下的“游荡者”一样，在巴黎的大街小巷漫无目的的行走观望，在想象之外添加一层城市的体验。但是，马克思说过，如果每一件事就如它表面上看起来的一样，那就不需要科学了。如何才能够从观看城市到理解一个城市？怎样才能够透过复杂的社会现象理解城市的运行？如何又能够穿越历史时空洞察城市的生死与转变？可惜，那时我还没有阅读大卫·哈维的《巴黎：现代性之都》，只能徘徊在各个博物馆、公园和塞纳河岸，却不能有目的遥想和踏寻 1848—1870 年间路易·拿破仑和奥斯曼的巴黎，现代性发端的巴黎。

《巴黎：现代性之都》是理解现代资本主义城市的一把钥匙。关于个案城市的研究无数，但就如哈维指出的，“当中鲜有令人印象深刻的，更不用说能对人类状况的理解有所启发”。人类如果不能够认识自我，又如何能够改造自我？“对人类状况的理解”始终是学术研究的核心目的之一；因此，城市研究与城市理论“不能只满足不断解构他人的论述加工，还必须进一步将社会过程具体化”。在书中，哈维使用他擅长的“历史地理唯物论”方法，并“坚信它是一件有用的工具，能用来理解特定时空下城市变迁的动力”；他的雄心和目标在于“重建第二帝国巴黎的形成过程，以及资本与现代性如何在特定的地点与时间结合在一起，社会关系与政治想象又是如何透过这样的结合而被启动”。

但是，城市研究的困难之一存在于“上帝”与“凡人”眼睛的差异中，存在于德·塞图的“鸟瞰”与本雅明的“游荡”之间。如何能够见远又洞微？如何在整体中贯彻细节？又如何在无数细节的关联中不失去整体感？哈维指出，“我们有丰富的理论来处理城市‘当中’所发生的事，唯独缺乏的是城市‘本身’的理论”；他问道：“如果未对巴黎内部经济、政治、社会和文化的运作和互动有适当的理解，又怎能完整地描述这段转变的过程？”由此，他提醒读者，“在理解主题时要心存整体视野，整体中各个部分的相互关系构成特定时空下社会转变的驱动力量”。参照卡尔·休斯克的《世纪末的维也纳》，哈维认为理想的城市研究应“透过城市中的物质生活、各种文化活动、思维模式等多样的视野来传达城市的整体感”，而“最有趣的城市写作通常要兼具片段与整体”。

2. 偶然与必然

作为人类生存的一种空间载体，城市在什么样情况下会发生剧烈的变化？这种变化是历史的偶然还是一种必然？为何出现这种变化？这种变化对于生活其中人们的意识与日常生活又带来什么样的影响？不同阶层的人又如何表述这种变化？或者说，对于人类的状况产生了什么冲击与作用？①

第二帝国的巴黎是现代性发端的巴黎，充满着“创造性破坏”的巴黎、被开肠破肚的巴黎，当之无愧的开膛手当然是充满着浓厚马基维利气质的奥斯曼男爵。但是，在哈维看来，第二帝国的巴黎不是历史的偶然，而是资本主义发展在特定时空的必然。哈维谈到，第二帝国的巴黎受到最为广泛且深度的资本危机影响。资本主义到 1848 年已经趋于成熟；金融状况、鲁莽的投机以及过度的生产加深了资本主义世界内部的鸿沟。欧洲大部分地区都同时感受到相同的危机，

① 然而，这样的询问似乎过于抽象。新井一二三在《上海既白》(《万象》2009 年第 12 期）中比对了 20 世纪 80 年代和现在的上海，1987 年还在反对资产阶级自由化的上海和如今欲与世界上任何一个最发达的资本主义城市试比高的蒸腾上海，感慨这是一场革命，而文笔中有意无意把城市放在“红”与“白”之间进行比对。这一“革命性”的变化是历史偶然吗？

很难将其归咎于单一国家的政府失灵。哈维认为，这是资本主义过度积累所造成的危机，资本与劳动力出现了大量剩余，形成难以有效产生剩余价值的困境。1848 年，到底是对资本主义体制进行改革还是以革命推翻现行体制，选择已经迫在眉睫。

旧老的社会结构支配和制约着制造业、金融业、商业、政府、劳动关系，以及限制着这些活动与实践的中世纪遗留下来的城市物质空间——巴黎已经无法有效满足苛刻的资本积累新条件。如何才能够冲破这一旧有的社会与物质空间结构对于新兴的资本主义紧束的牢笼?

哈维回顾了 1830—1848 年间巴黎社会各界对于政体的想象与实践。这一时期出现包括圣西蒙、普鲁东、傅立叶等在内的各种路线论战，思想界动荡不安，各种视野与空想纷纷出笼；而社会主义与共产主义在思想与政治上都开始成型。许多乌托邦思想家和理论家，他们试图找出重建巴黎的方法。然而 1848 年之后，占有巴黎的却是奥斯曼、土地开发商、投机者、金融家以及市场力量，他们按照自己特定的利益与目的来重塑巴黎。1848 年的二月，对政府小规模的抗议终于演化成为社会内部高度压力的释放阀，在巴黎的大街上堆积着尸体和流淌着无数人暗红鲜血之后，最终导致了路易・拿破仑的上台和第二帝国的来临，一个新时期的降临。

哈维认为，第二帝国试图建立一种混合的专制独裁，对私有财产和市场尊重，同时加上拉拢民心种种举动的现代性；它粉碎了 1830—1948 年间关于政体的各种想象（包括流行的浪漫主义与社会乌托邦主义），它的历史就是一段围绕皇权来重构政体以面对资本积累力量的历史。然而，路易・拿破仑必须面对各种复杂的问题，如改革与现代化、控制劳工运动及其诉求、发展经济，以及让法国从经济、政治和文化的病症中恢复元气；更为棘手的现实是，在这一重建的过程中，国家应实行什么样的社会实践、制度架构等，一切均不十分清楚；国家又在私人利益与资本流通上扮演什么角色？国家对于劳动市场、工业和商业活动、居住与社会福利能够如何以及多大程度上进行干预？而最难处理的政治问题，在于如何既要保持经济的发展，同时又能够在各个阶级（资产阶级、中产阶级与工人）的利益之间处理和获得一种平衡，以取得政治的合法性和政权的稳定。[①] 资本的流动（作为经济强劲的表现）、原有社会结构的瓦解与重建（怎么样能够团结和和谐？）、权力的合法性始终是贯穿现代社会的根本矛盾。

哈维进一步论述到，第二帝国是一场严肃的国家社会主义实验，它是同时拥有警察力量和民意基础（路易·拿破仑的当政是民选的结果）的独裁国家。第二帝国必须适应急速发展和需索无度的资本主义。然而，其中深藏着国家权力与资本流通的尖锐矛盾；经济自由化逐渐侵蚀着皇权，权力的合法性再度受到挑战。对于巴黎的开膛手奥斯曼而言，他必须动员的力量就是资本的流通——用来转变巴黎内部空间结构的公共工程，吸收过剩的资本与劳力，进而促进资本的流通。哈维谈到，如果帝国要续存，就必须吸收过剩的资本和劳动力（即哈维发展了列斐伏尔的论点提出的资本的第二回路）。然而脱离了封建制度的束缚之后，资本便按照自己的原则重新组织巴黎的内部空间。奥斯曼梦想将巴黎塑成法国的现代之都，然后到最后他只成功地让巴黎成为资本流通掌控一切的城市。巴黎逐渐蒸腾和散发出资本主义现代性气息——一个现象是，奥斯曼、马克思、福楼拜以及波德莱尔全都是 1848 年之后才锋芒毕露。这是历史的偶然还是必然？

---

① 前韩国总理郑云灿在就职新闻发布会的宣言是“建设经济强劲的团结国家”。

当然，哈维也描述了特定时空中奥斯曼的个性特征。奥斯曼胸怀野心，醉心权力，热情投入，以长期的努力来实现自己的目标，同时亦极度爱慕虚荣。他拥有皇帝授以的重权，精力充沛，组织力强，一丝不苟，但向来轻视别人的意见，一意孤行，甚至反抗权威（即便是皇帝的命令）；更为关键的是，奥斯曼善于在财政策略上创新，能够持久地与各种地方性的私人利益集团奋战，巧妙地悠游于各派之间，并以杰出技巧稳定住摇摇欲坠的权力。哈维描述到，“奥斯曼巨塔般的身影在第二帝国时代支配了整个巴黎的政府机制”。然而，一个有趣的问题是，在第二帝国史无前例的“创造性破坏”历史过程中，是奥斯曼成就了巴黎，还是巴黎成就了奥斯曼？哈维认为，奥斯曼改造巴黎的功绩，理所当然成了现代主义城市规划的伟大传奇。但真正使得奥斯曼成为现代主义城市规划鼻祖之一的，正如多年以后大洋彼岸的丹尼尔·伯纳姆高声宣扬的“不做小规划”（是现代性的一种空间传播和转移吗？），乃在于宏大规模与规划和概念的复杂性；而其中当然贯穿着奥斯曼无情的执行力、不可思议的精力和行政能力。

3. 巴黎的理论：重构社会过程的城市历史地理学

哈维在开篇的《导论：现代性作为一种断裂》中谈到瓦尔特·本雅明与亨利·列斐伏尔，谈到他们深刻地洞察到，人们不只是生活在物质世界中，人们的想象、人们的梦、人们的概念与表述也以强有力的方式调制着物质性；因此，本雅明与列斐伏尔都对于景物、表述以及如梦境般变幻不定的景象有着浓厚的兴趣。

尽管对于资本流通与积累以及阶级关系存在着“无所不在”的关注，哈维对于人们的“想象”与“表述”一样有着浓厚兴趣。哈维一开始即用巴尔扎克文学世界中的巴黎——作为一种城市的经验、想象与表述——来重新想象与阐释 1848 年之前、处于资本主义早期发展阶段的巴黎，同时大量引用了杜米埃讽刺性和批判性的绘画作品以及波德莱尔、左拉等关于巴黎的犀利文字。哈维认为，巴尔扎克最大的成就，在于细致地解开并表述了藏匿在资产阶级社会子宫中的社会力量；他揭开了现代性的神话面纱，不可思议地预测到一种在 19 世纪三四十年代还处于难以觉察的、“胚胎期”的现代性；透过巴尔扎克的作品，巴黎的辨证过程与现代巴黎的构成被赤裸地展现出来。借用巴尔扎克的《人间喜剧》，一部写作于 1828 年到 1850 年间的、卷帙浩繁的作品集，哈维重构了巴尔扎克的社会理想、巴黎的城乡关系、作为投机的资本流通、社会的阶级构成、物质空间和社会空间与关系之间的关联以及人们对于这种时空变化的感受。哈维认为，巴尔扎克需要巴黎来滋养自己的想象空间，却想要号令、穿透和分解巴黎；奥斯曼则将幻想的驱动力转化成具体的阶级计划，在表述与行动的技术上交由国家与金融家来领导。

我很感兴趣的是末节“拜物教与游荡者”。商品拜物教是一种宏观结构与资本主义社会的基本生存逻辑；而游荡者带着狡黠的眼光，是企图挖掘社会关系秘密的观察者，是试图超越和逃离拜物教的行动者。哈维论述道，在马克思处，商品拜物教具有真实基础，并非出于想象。人们借由生产与流通各项物品来建立人与人之间的社会关系（透过物质来促成社会关系）。这些物品也暗示着某种社会意义，因为它们是社会劳动与有目的人类行动的具体成果（物质具体显示并表述了社会关系）。对马克思来说，不可能逃离资本主义的商品拜物教，因为这正是市场运作的方式。马克思因此认为，分析者的任务乃是超越拜物教、穿透表象，更深入理解规范社会关系演进与物质希望的神秘力量。人们无法抹灭商品拜物教（除非透过革命），但可以面对并理解它。然而，如果人们单以表象来诠释世界并且在思想中复制商品拜物教，那么永远无法摆脱危险。哈维进一步指出，人与人的物质关系无所不在，社会关系便以这种方式出现在各项物品之中。任何物的重新制造都将造成社会关系的重新排列：在建造与重建巴黎的过程中，人们也建造与重建了自我，不管是个人还是集体。

因此，哈维把巴黎城市空间关系的物质性及社会影响置放在整个分析的核心。他坚定地认为，任何外部和内部新型空间关系乃是从国家、金融资本和土地利益的结盟中创造出来的，在都市转型的过程中，每个部分都必须痛苦地进行调整以配合其他部分。哈维阐释到，社会过程中技术、组织和位置的各种变化与演变中的各种空间关系（如出现的新国际劳动分工与巴黎城市内部空间关系的重组），以及信贷、租金和国家政策联系在一起。由此，他进一步讨论了第二帝国时期与资本流通和积累紧密相关的金钱、信贷与金融以及租金与权属，来说明逐渐强大的金融资本是如何与地产资本结合在一起，改变巴黎的空间结构。当然，哈维不会忘记讨论国家在资本流通与社会控制中的作用，集权与分权，以及权力试图在日渐不满的各个阶层中取得平衡的努力。尽管权力试图满足最多数阶层的利益，然而资本积累带来的贫富差距造成阶级间的鸿沟日深。权力只要往一方挪动一步，势必造成与他方的疏离。1871 年，一场新的暴风骤雨终于来临。哈维说道："奥斯曼的独裁做法其实与他身处的环境有关……我们可以合理地推断，奥斯曼不可能坚持到自由主义的帝国……真正的风暴并非奥斯曼所创造，也非他所能驯服。它是法国经济、政治与文化发展下所产生的深层骚动，这个风暴最终将奥斯曼抛弃，其冷酷程度与奥斯曼当初将中古巴黎交给拆除工人如出一辙。"

在分析资本、权力与空间结构与形态的相互影响之后，哈维接着阐释第二帝国巴黎的生产、消费与社会过程。生产包括了抽象劳动与具体劳动、劳动力的买卖与再生产以及妇女的状况。消费方面，哈维试图阐明的是巴黎如何透过消费结构与景观结构来再生产阶级关系并对阶级关系进行社会控制。社会过程讨论了这一时期巴黎的社会结构、各种不同的团体与阶级、城市与自然的关系、科学与情感、现代与传统以及处在这一时空中人们的意识建构和对于自我与他人的表述（一种对于世界的体验、理解和意义的传达）。很有意思的事情是，哈维指出，在这个巨变的时代，工人与资产阶级都聚集起来要求保卫秩序，但他们心里所想的“秩序”一词却很不相同：工人要求透过结社来保存他们的技术（以保证个人和家庭的生存与再生产），地主与银行家则要求保护他们的财产权——相同的词汇明显有非常不同的意义，因此真正的挑战在于如何正确地诠释这些意义。然而，这些意义的讨论却因政治压制与检查制度变得十分困难。当私人的表述进入公众的说辞时，这些表述成了个人与集体行动的方向。由此表述的通道不仅成为权力控制和监管的重要内容，也成为各种力量激烈斗争的领地。当然，哈维最后不会忘记提到，“我们还要补充另一个范畴：沉默的大众——我们无法追溯沉默大众的观念，却能追溯他们策略性的沉默”。

从资本的积累与流通、权力的运行与面临的复杂问题、社会的组织与过程、空间关系以及各种人群意识形态等的复杂关联中，哈维建构了第二帝国物质的、社会的以及想象的立体巴黎。然而这种历史与地理运动是动态变化与激烈斗争的过程。哈维谈到，在一个全球化的复杂关联中，空间关系的剧烈变化改变着人们原本的时空视野；市场中来自各地商品的不断涌现与混杂，每日都造成空间关系的变化。对于巴黎人而言，无须离开巴黎，就能体验空间关系转变的震撼，然而内心的世界必须调适并学会认知构成当下全球政治经济活动空间的地理变动与“他者”的世界，这意味着要顺从市场中物的交换所隐匿的社会与空间关系。在这一作为个人体验与社会现实的“时空压缩”历史过程中，动态的运动和斗争逐渐积累社会压力，从

1860 年开始，便显露端倪——正如 1830—1848 年间出现的各种阶级对于政体想象与实践，最终爆发在 1871 年的巴黎公社暴乱中，从而进入法国第三共和国，又一个新历史时期来临。对于这一过程的阐释，如哈维自己指出的，是螺旋推进的、活生生的巴黎城市历史地理的建构——是有趣的、有助于理解现代人类社会的城市写作。

4. 巴黎：作为中国城市镜像

如何理解 1978 年以后，特别是 20 世纪 90 年代中期以来的当代中国城市?

哈维在多处谈到，全球资本主义的发展因为苏联的解体和中国的开放获得了一种危机的地理空间转移。在资本主义空间扩张的全球现实中，近 30 年中国历史的主线是当代资本主义流动性与中国城市社会互为运动的过程。作为历史与地理的机缘，东部沿海城市首先加入国际劳动分工，成为全球资本生产与再生产的重要组成。然而这只是故事的开始。曼纽尔·卡斯特尔曾经谈到，对于中国，资本主义需要的不仅仅是廉价劳动力，更是巨大潜力的消费市场；资本试图穿透地方性的社会（作为一种空间障碍）来建立自己流通的网络。30 年的历史，首先是在生产（中国制造）和消费领域加速进入全球资本主义的流通空间（其中伴随着越来越重要，也存在巨大风险的金融变革），加速了资本的积累与流动。

与外部巨变互动的强制过程中，作为物质空间形态，从区域格局到建筑形态都产生了结构性变化，来满足资本加速流动的需求。巨大的不平衡显现在各种空间层级中，然而却存在一些普遍现象：区域间与城市中基础设施的大规模建设、城市规模的急剧扩张、内部空间结构的重组以及形态的剧烈变化、房地产市场的高度投机、工业被逐步驱赶出城市核心区、郊区的城市化以及建筑形态的奇观化与平庸化（商品化的过程）等。所有层级的物质形态变化显现了资本主义对于空间与空间互联的要求：大、更大、再大与快、更快、再快。

国家在资本的流动中改变着角色与作用，然而一切并不十分清楚，只能摸着石头过河。权力逐渐面对各种日趋复杂和尖锐矛盾，这些矛盾的根源在于资本流动性对于地方社会的解构，进而威胁到权力的合法性——和一百多年前路易·拿破仑建设第二帝国过程中面临的困境没有根本不同。权力内部本身也产生了结构性的变化，国家与城市、中央与地方不再仅是原来代理与被代理的关系，在各个方面逐渐演化出作用力强大的博弈（比如，特别突出地体现在分税制、在土地作为商品的使用方式与权限上）。在向上负责制中同等级城市之间的竞争加上房地产市场的投机成为推进城市空间形态演变的地方性力量。在这一过程中，积累了工业资本、地产资本与金融资本，形成了国有资本与民间资本——及其相应的各种权贵阶层，正成为权力必须小心翼翼在其中保持平衡的对象。当然，不仅仅是权贵阶层，还有沉默的大众，最大多数的人。

最少数的人终于在私有化与新形态的国有化过程中先富起来，带动全民富有的热切欲望——在商品拜物教无所不在的强制逻辑中，亦是个人和家庭一种生存和再生产的必须。社会阶层开始产生分化与空间区隔，原有福利和社会组织形式的“单位制”居住单元（以分配、注重使用价值为主要形式）逐渐被以“小区”（以市场、注重交换价值为主要形式）所替代；和清末民初以来若干动荡的社会时期比较，在热切追求资本的状态中，社会理想基本黯淡无光、公共讨论几乎哑声；马克思说过，资本主义将雇佣一切人群，使其成为资本生产和再生产的一部分，更将各种人群异化成商品。在这一过程中，空间中弥漫着无所不在的斗争，清晰地显现在基层的中、小城市中：黑社会猖獗、群体性事件频发、公共利益被随意挪用和占用，等等。为防止潜藏汹涌暗流的井喷，一方面必须加大对社会的监察和监控（特别包括作为传播工具的、潜藏着巨大危险的媒体和互联网）；另一方面国家加大了对于早期放弃的公共福利和服务的投入，试图收回这一领地。

城市是资本积累与流动、政府作用与对社会的调控、社会阶级力量重建三者矛盾冲突最集中、最剧烈的空间。米歇尔·福柯曾经说过，18 世纪以来，欧洲社会中城市的许多问题，应对这些问题所采取的策略，已经成为权力统治的模型而施之于整个国家。在 1970 年列斐伏尔指出，长期的全球化正在进行，城市的问题、生活方式和世界范围内的城市化都是全球性的现实，城市革命是全球化的现象。此时此刻，中国的城市过程正是全球城市革命中的一种表征。如何理解这一表征？如何洞察对于这一影响甚至可能左右世界未来发展和人类自身状况的表征及其深层机制？哈维在《巴黎：现代性之都》的城市研究、理论建构与写作中体现出来的阐释能力十分值得借鉴与学习。同时，现代性发端的第二帝国巴黎正可以成为理解当代中国城市的镜像，既遥远又贴近般的真实。

（原文曾刊发在《国际城市规划》，2011 年第 2 期）

据说我们正进入这个新社会将会被组织化、系统化，因而被“总体化”。谁将执行这个任务呢？不用说，将会是国家和国家中的特殊群体——技术专家。他们会成功吗？他们之间不是又分化吗？他们不是代表不同的利益吗？他们不会因在国家资本主义的公共部门活动还是在“私人”资本主义部门活动而相互区别吗？他们难道不会不解决旧的矛盾又引入新的矛盾吗？在国家的合理性和技术的合理性（分析的、操作的知识的合理性）之间存在完美的一致吗？

——亨利·列斐伏尔，

《马克思的社会学》，P139

外三篇

日常生活中的空间实践

Spatial Practice in the Everyday Life

A 土豆与马克思[1]

1

戴上帽子，裹紧大衣，他略带疲惫地走出公寓房门，走向办公室。他已经在这个地方近 30 年了。门口的这条街，在他来的几年里，就从雨天里泥泞土路改筑成坚硬的水泥路。后来拓宽路面，为电缆、为污水管、为新增地铁口、为布设监控摄像头、为这为那不断地翻修。这条路越来越年轻和现代，看着他每日定时来回的步子，看他从一个愣子青年转成灰白发的中年样子。

他走过光亮的大玻璃商店，似乎看到玻璃里自己模糊的映像。他努力想记起之前商店的木板门的样子，却隐约只想得起晦暗店里的木

① 本文所有图片均为作者提供。

条框玻璃柜和躺在里面的日常杂物。不过那时候的青椒炒土豆丝很脆甜，他笑了一下。那是脑袋里的一笑，他的面容是没有变的。那时候麻辣小面 5 分钱一两，现在是 5 块钱二两；那时候小店的门口贴着“有空调”，现在贴着“有 Wifi，微信支付”。

2

他坐在办公室的电脑前。他该批改作业——说周五前不交成绩，就是严重教学事故。可他还是不想。他宁愿先读一会书。读书使他愉快，可以暂时忘记一些事情。

他随手拿了一本没有读完的《马克思的社会学》。现实生活中的列斐伏尔是怎样的人呢？他想。他一定是一个情感丰富和饱满、阅读广泛、思维活跃的人。只有这样的人，才能写出这样“形散神不散”的书。这真是一本难读的书。列斐伏尔说，马克思不是一个哲学家、不是经济学、社会学、历史学、人类学家。他说，大家忘记了《资本论》的副标题，是“对政治经济学的批判”。他说，马克思试图理解一个总体的世界，一个总体内的复杂矛盾运动。他说，在一个日益碎片化的世界里，马克思的学说有它深刻的价值。

很有启发，他觉得欣慰和愉快。他在笔记本上接着摘录列斐伏尔的思考：72.“我们发现所有实践都依赖于一个双重的基础：一方面是感性，另一方面是由需要刺激起来的创造性活动，这需要又被活动改变。这个总体现象（需要、工作、对感性对象的感性享受）在任何一个层次上都能找到。”73.“非工作是闲暇，但同时是天赋的自发性，是没有能力工作和对辛苦劳动的奖赏”。这一定是列斐伏尔后来写厚厚的三卷本《日常生活批判》想法的开始吧，他寻思着。

他把思路转回马克思，他记得读过一段文字，说马克思经历着极度的贫困（enduring extreme poor）。在这种情况下，在被四处驱逐中的马克思怎么能写出《1844年经济学哲学手稿》、怎么能写出《资本论》呢？那时候在寒冷伦敦城的马克思一家，晚餐有热腾腾的土豆烧牛肉吗？他有点开始胡思乱想了。

3

他看了一下手表，开始批改学生的课程作业和阅读报告。在一个快速变化的世界里，在信息网络社会，要怎么教和教给学生什么呢？这是他常想的事情。他对自己的孩子说，你们好像处在清末的中国一样，处在一个知识系统的转换时期。那时候的孩子日日诵读四书五经。科学、哲学、理解世界、改变世界不是那时候孩子们被教授的事情，他们的目标是好成绩，出状元，好出人头地、衣锦还乡。那是小农社会向工商社会转变的时期，现在是工商社会向信息网络社会转变的时期。学习上一个阶段的知识，可能不能应对未来的状况。可是孩子能理解吗？孩子有办法吗？这真是为难，这是马克思说的总体问题中的一种吧。

他有点批评自己思想又游离了，赶紧收回到阅读作业中。一位来自农村的学生说，镇上最多的就是土豆和苞谷，说买教辅必须要到县里。学生说，乡村里的很多同学，连知道的权利都没有。“外面的世界很精彩，可是他们知道外面的世界有多精彩吗？到了城市，他们能领略到城市的精彩吗？从千厮门大桥看重庆的夜景，看到的是落寞还是绚烂呢？……我只是觉得，应该有知晓差距的权利。”他在这句话上画了一条红杠，在“差距的权利”上画了两条杠。他一边想着镇上的土豆和县里的教辅，一边想着列斐伏尔呼吁的“进入城市的权利”（The right to the city），那是在距离今天50余年的、轰轰烈烈的1968年。

4

他觉得该休息一下了。用星巴克咖啡杯冲泡一杯热乎乎的铁观音。他翻阅有很多图片的专业刊物，看到许多规划师、建筑师参与“乡村振兴”。他们怎么说“参与”呢？他喝了一口热茶，饶有兴趣地观看。他的记忆中，在乡村的建筑与建造方面，华黎讲手工造纸博物馆最清楚。博客上的文字比在《学报》上的更感性和有意思，更细碎——细碎也许是一种必要。对于大多数人来说，上了《学报》就如穿正装，言谈举止都要规矩许多，要木讷一些，他想。华黎用四段文字解释这个房子：（1）项目简介；（2）在场；（3）建造；（4）结语。他对于“在场”的这个题目很感兴趣，没有现代知识与技术的地方工匠，看不懂图的工匠如何建造一座“现代”的房子？这是华黎提出来的命题。在多大程度上这个房子是“现代”的房子？是空间意识使它成为“现代”吗？还是处于当代而成为“现代”？是现代的建造组织方式和技术吗？很显然不是。马克思定义“现代”想必会从生产方式入手吧，他忍不住想。他钦佩华黎的用功和思考，但他并不喜欢这个在农村地区搞得过于密集、尺度过小的建筑（群）体。也许取掉其中的一小块，有点外部公共区域还好些，也许建筑师有他的外部限制吧，这是你所不能了解的事，他把罗大佑的歌词连了进来。他接着翻阅杂志，看到许多“项目简介”类的文字，然后也就停止在了“简介”。他记得卡尔维诺在《看不见的城市》里写，我可以告诉你这个楼梯的尺寸、那个灯杆的高度，等等，但到最后，“这其实等于什么都没有告诉你”。“这其实等于什么都没有告诉你”，他很喜欢这句没有用的话。

5

建筑师怎么说自己设计的房子？这是一个问题，他想。他常常在各种研讨会里，在各类期刊里，听到或者看到从“天人合一”“以人为本”到“环境协调”等的词语。这些词很对也很大，可是具体怎么落地？建筑师怎么说自己设计的房子呢？他又问。试着写写建成的土豆楼？他拿出一张雪白的 A4 纸，端端正正地放在棕黑色的木桌面上。可是他愣了老大半天不知从哪里写起，铁观音已经不冒白气了，纸还是白色的。这真是个总体问题，他嘲笑自己很笨。简介项目缘起、地点环境、项目规模几乎就等于“什么都没有告诉你”。诚实地写写自己是怎么“进入”这个设计的吧，也许还能说点什么，他想。他终于拿起笔，写这是一个马铃薯育种研究实验楼（这时候“土豆”已经变成“马铃薯”了），一开始的想法是从马铃薯的形态来，从自己感性地第一刀切马铃薯的感觉中来，从想要做点什么的需要来。椭圆的形态加光洁的断面是设计的开始。心里有点建筑师对砖的喜欢，对光影的敏感，又在农村地区，于是有了第一轮的样子（图 1）。可是建筑师是有业主的，业主不喜欢这多余的砖外表，外表被剥下来了。参与设计的学生戏说，土豆楼被剥皮了。业主还要取掉屋顶的观看平台，他记得当时他说，未来各种不同的人来参观可以在这里看风景和留影，于是平台留下来了。嗯，剩下的就是结果。但他并不满意，觉得皮去掉后光影没有了，“多余的部分”取掉后建筑浅白了，表现力不够（这是现代建筑师的偏执狂表现），在入口增设了一个清水混凝土门廊（图 2）。还说什么呢？讲建筑地域性吗？他对于“地域性”有着矛盾心理。他一面憎恶“地域性”的狭隘，一面深爱“地域性”建筑的温暖和细腻。要土得现代，他想，嗯，要土得现代，不过又怎么能讲得清而不掉书袋呢？（这时他想起马克思讲法国农民的“地域性”，法国小农社会就如袋里的一个个土豆组成）讲建筑里的细节？那是你个人的趣味。说乡村施工的各种

图1　有“皮”的土豆楼

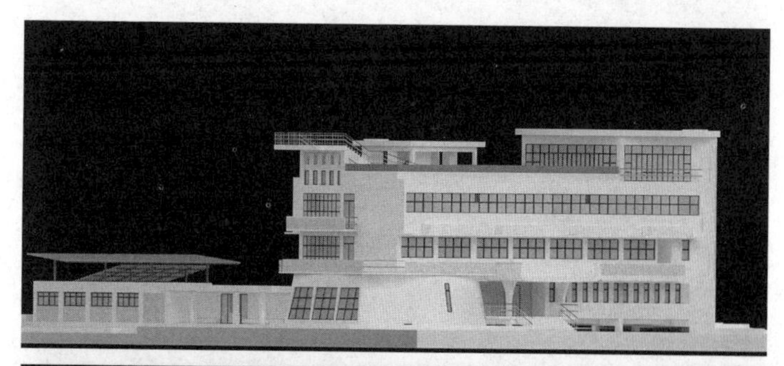

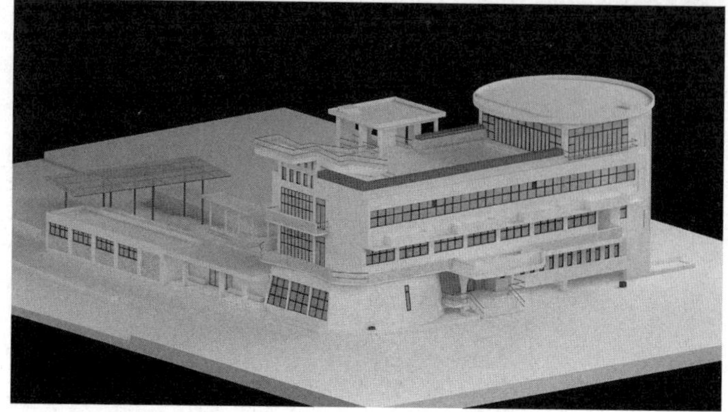

图2　去“皮”的土豆楼

问题吗？讲东西部经济文化差异、政策里讲的“不均衡”导致的设计与建造差异吗？（他想起刘家琨的“‘我在西部做建筑’吗？”，他喜欢这个“问号”）讲作为现代建筑生产方式的审图、施工招标投标、建造和施工、验收过程吗？这大概是大多数人不关心的吧（“这是我所不能了解的事”，罗大佑的歌声又响起来）。他找出几张照片摆在一起（图 3~ 图 6；这是矛盾，嗯，他想，建筑师拍照凝固了建筑形象，真实生活却是多角度看建筑和使用建筑，体验建筑，这些方面照片拍不出来吧）——可是写这些又有什么意思呢，它就是个楼，是个普通房子，它是他和团队的同事、学生，和一起建造这

图 3　修建起来的楼

图 4　入口

图5　入口雨棚

图6　河与楼

个房子的人，和其他相关的人一部分生命时间的固化罢了。他静看着白纸上好几段的黑字，觉得还是和“什么都没有告诉你”差不多。想了想，他把纸揉成一团，有点像土豆的样子，准确地投入了一米开外的垃圾桶。

6

他习惯性地逛逛网络。他打开门户网站，看到几个网站的头条政治新闻都是一样；看到政治新闻和恶心的灰指甲广告在同一个页面上；看到各种商业广告就如皮癣一样这里那里贴在主页面上；看到各种明星非明星的爆料新闻；看到他之前浏览过的商品信息被反复在门户网站上再现。这真是个精神分裂的时代，他喃喃自语。这其实不是门户网站，这是一个各种广告的网站，他突然意识到。他也意识到今天无意中想了、说了许多土豆和马克思的事情。于是他打开“千百度”，输入“土豆”，结果出来“土豆视频”、土豆批发、土豆销售、土豆价格，以及各种土豆的做法。他翻了好几页，都是这类的内容。原来“千百度”也是个广告网站！他突然记得有个许久以前访问过的“土豆公社”的网站，重新查找了一下，原来是“土逗公社”（tootopia——应该叫作“土托邦”吧，他开玩笑地想）。这个乌托邦，不，土托邦的网站上写着：“探索属于当代青年的精神乌托邦，服务大众、踏实践行、扎根土地。或许你厌恶上学，因为学到的东西除了计算排名之外与自己无关；或许你厌倦工作，因为重复的劳动只是不断确认自己拧螺丝的命运。只有八卦鸡汤能够维系渺茫的希望；唯独娱乐购物可以换来片刻的安心……反思我们的每一个‘无能为力’，用另类的视角探索世界，一步步靠近人人平等、物质丰裕。”嗯，文字不错，他想，既要土豆也要“马克思”，是个乌托邦。

7

第二天早上，戴上帽子，他略带疲惫地走出公寓房门，走向办公室。他还记得列斐伏尔说，非工作是闲暇，是对辛苦劳动的奖赏。可是假期了，他还是习惯坐在办公室里。对他来讲，什么是辛苦劳动的奖赏呢？晚上回去炖一锅土豆烧牛肉如何？他笑着想。他冲泡了一杯铁观音，打开虾米播放音乐，接着读《马克思的社会学》。安静的房间里充满罗大佑沙哑的歌声：

“无聊的日子总是会写点无聊的歌曲……

荒谬的世界总也会有点荒谬的乐趣……

墙上的镜子讥笑我如此幼稚的心理，

熟悉的面孔隐藏了最难了解的自己，

一阵一阵地飘来是秋天恼人的雨，

刷掉多少我青春时期抱紧的真理。”

（注：此场景纯属虚构。关于“知晓差距的权利”
引自许浩同学的报告。原文曾刊发在有方网站）

B　空想者游戏[1]

1

他觉得自己的十个手指头越来越长，头痛欲裂，脑袋也越来越大。幻觉还是真实？他有点分不清楚。他曾看到一幅漫画，人进化成了坐在计算机前只有敲键盘的十个手指头和一个巨大的光头模样，其他的部分，包括生殖器都退化成可怜的皮包骨头样。他对这个画面印象深刻也深有恐惧，但因为不能摆脱现有状况，于是老怀疑自己也变成这副样子。在梦里他几次模模糊糊地把蒙克油画《尖叫》里的那个光头看出了自己的面庞。有一天看《千与千寻》，他觉得自己就如里面的“蜘蛛锅炉爷爷”，有很多只长手没完没了做着各样工作。他又有点莫名其妙地喜欢“无脸男”，在无休止的欲望中找

① 本文所有图片均为作者提供。

不到自己。一次在飞机上，他看到隔着走道的一位年轻人，几乎每分钟里忍不住把手机摁亮，无目的翻屏又摁熄。他也看到他的右手拇指只要拿到手机就控制不住地抽搐颤抖，不拿手机时却很正常。他想着要修正那幅画面了。也许未来人类只剩下脑袋、拇指和食指。

2

他开始刷手机，过了一会就觉得无聊。能不能找一个更无聊的软件？他在小众软件网里翻找，无意中看到“空想者 · Spatial Thinker”。嗯，不错的名字，无聊才会空想。他看软件说明，说上传图片就会对应出现空想者的评论。有哪些空想者呢？对于同一事情不同的空想者有什么看法？它又是怎么判读不同内容的图像呢？他很是有点好奇。试试？手机里就有些接近完工的建筑照片，他直接把照片拖拉了进去（图 1）。

图 1　上载第一张

跳出第一页：

皮埃尔·布迪厄：每种存在的秩序为它自己的强横做着、装着看上去自然的样子。

Pierre Bourdieu：Every established order tends to produce the naturalization of its own arbitrariness.

嗯，蛮有意思，他想。城市的秩序是悄然隐藏着的强力秩序，隐藏在空间里，在空间之间，是不在场的无处不在的在场；每个市民要生活在看上去很自然合理的秩序里，在被秩序化的空间中每日来回运动和行事。他记得列斐伏尔在《论国家》里说过，每一种社会都存在着各种压迫，关键在于怎么使得“服从”成为可能。

其他人还会说什么？他接着又点了一下“空想者”按钮，跳出来的居然是马克思！

卡尔·马克思：财富的积累在一端，同时另外的一端是悲惨的积累，劳累的痛苦、奴隶化、无知、残暴和精神颓废的积累。

Karl Marx：Accumulation of wealth at one pole is at the same time accumulation of misery，agony of toil，slavery，ignorance，brutality，mental degradation，at the opposite pole.

软件可能检测到了这是一座城市，他想。对的，城市是财富积累的空间，也是不公平不正义积累的空间。他很是有点兴趣，接着上载第二张（图 2）。

图 2　上载第二张

跳出第二页：

米歇尔·德·塞图：空间实践是重复儿时的欢愉和宁静的经验。

Michel de Certeau：To practice space is thus to repeat the joyful and silent experience of childhood.

可能是对的。他常记得儿时——还是计划经济时期的建筑。它们简单而美好，它们遵循了一些原则和语汇。在他成为建筑师的时间段里，建筑失去了基本准则。计划经济时期的传统也就断裂了。也许德·塞图是对的，可能儿时的经验对于成年后的空间实践潜藏着影响。这个楼他多少想要向记忆中的计划经济时期的建筑致敬。他对于当下一些过度的流线型总是有些警惕，对于形体过度简洁的建筑也保持一定距离。生活需要美，但视觉的美不是全部。生活是复杂的，要求的空间也是复杂和多样的。他又点了一下按钮。

段义孚：某种意义上，每一种人类的建造，无论精神或者物质的，都是在恐惧景观里的一种组成，因为它存在于持续的混乱之中。孩子们的各种神话故事、成年人的传奇、宇宙神秘，以及哲学体系的确都是头脑建造出来的庇护所——人类于是至少可以从早期经验和怀疑的围困中获得暂时性的宁静。

Yi-Fu Tuan：In a sense, every human construction, whether mental or material, is a component in a landscape of fear because it exists in constant chaos. Thus children's fairy tales as well as adult's legends, cosmological myths, and indeed philosophical systems are shelters built by the mind in which human beings can rest, at least temporarily, from the siege of inchoate experience and of doubt.

段义孚说，包括房子在内的建造都是庇护所，都是为了在不断的、无边的恐惧和焦虑中获得暂时的安。说得很是。对于建筑师而言，房子既是精神的建造，也是物质的建造。对于他自己来讲，他想了想，也许只有通过建造，通过把感知、概念创造性转化为实在的物，才能获得一点精神上的安。这个楼从方案设计到施工完成经历了好几年。几年里虽然辛苦和劳累，却有一种期待和潜在的安定。这次他注意到可以同时传好几张照片，于是尝试一次传了两张（图 3、图 4）。

图 3　上载第三张

图 4　上载第四张

跳出第三页：

弗里德里希·尼采：建筑师代表的不是酒神或者阿波罗神的状况：在此它是意志的强力实行，能移山的意志，强力意志的陶醉，要求艺术性的表现。最有权势的人总启示着建筑师；建筑师总是受到权力的影响。

Friedrich Nietzsche：The architect represents neither a Dionysian nor an Apollinian condition：here it is the mighty act of will，the will which moves mountains，the intoxication of the strong will，which demands artistic expression. The most powerful men have always inspired the architects； the architect has always been influenced by power.

尼采疯了！尼采没有疯。他说了很对的话。建筑的生成是一系列不确定性在某种总体意图下的生产过程。作为最重要的支配性要素，权力同时作为在场和不在场（但并不缺席）出现。他还想看看其他人的说法，连续点了两次按钮。

雷姆·库尔哈斯：建筑是一种权力与重要性危险的混合物。

Rem Koolhaas：Architecture is a dangerous mix of power and importance.

法兰克·盖里：我真不知道为什么人们雇请了建筑师又要告诉他们怎么做。

Frank Gehry：I don't know why people hire architects and then tell them what to do.

但为什么计算机会把这两张图片和权力关联到一起呢？他稍微有点疑惑。难道这些空想者不会说点什么“天人合一”“以人为本”“和大自然和谐”之类的套话吗？这些空想者在自言自语吗？他接着传了三张图片（图5~图7），点击了几次按钮。

跳出第四页：

路易斯·康：太阳没有意识到它自身的美妙，直到有个房间修起来。

Louis Kahn：The Sun does not realise how wonderful it is until after a room is made.

勒·柯布西耶：建筑学是一个关于各种（正确的或美妙的）形式在光影中组合起来的学习游戏。

Le Corbusier：Architecture is a learned game，correct and magnificent，of forms assembled in the light.

图5　上载第五张

图6　上载第六张

图7　上载第七张

罗兰·巴特：没有影子的光造成了没有保留的情感。

Roland Barthes： A light without shadow generates an emotion without reserve.

嗯，看来不是自说自话。它大概捕捉到了其中最主要的阴影。可惜去施工现场时大多数是阴天，或者忙着处理工地的事情，不能拍出南面廊道的光影，他很是有点遗憾。他觉得有时候建筑最美妙之处不在于必需的功能体部分，而在于那些“无用”的地方。恰恰是那些看起来“无用”“多余”之处，产生微妙光影，触发人的情感。

读这些“空想者”的话有点烧脑，他有点累了，想着最后再传两张好玩的图试试。他上传的一张是房子的“双重轴测图”（图 8），一张是正在施工中的照片（图 9）。他把建筑的轴测图做成抽象图案，作为屋顶装饰。他有点期待“空想者”会说些什么。

跳出第五页：

米歇尔·福柯：让我感到震惊的是，在我们当下的社会，艺术已经变成了只和物体有关，而不是和个体有关，或者与生命有关。艺术专门化了，或者只是由那些艺术专家们完成。但是每个人的生活都不可以是一种艺术作品吗？为什么灯或房子可以是艺术品，但我们的生活不是？

Michel Foucault：What strikes me is the fact that in our society, art has become something which is related only to objects and not to individuals, or to life. That art is something which is specialized or which is done by experts who are artists. But couldn't everyone's life become a work of art? Why should the lamp or the house be an art object, but not our life?

他对于出现福柯的话有点诧异，想想却又释然。房子的目的本身不是为艺术品而艺术品，它仍然是为了让我们的生活成为艺术品。可是他又立刻想起前面马克思和布迪厄的话。在一个强制性的社会结构中，怎么样才能让生活成为艺术品呢？亨利·列斐伏尔说过：“改变生活！改变社会！但没有生产出一个恰当的空间，这些口号就完全失去了它们的意义。”列斐伏尔这里说的空间，不是物质空间，更多是社会空间。物质空间和社会空间之间是什么关系？建筑师又能够做些什么？柯布西耶喊叫出的“要么建筑！要么革命！”的时

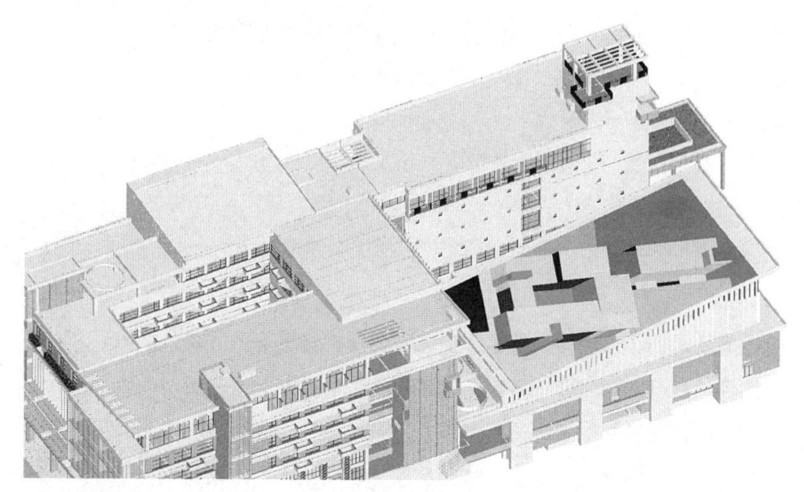

图 8　上载第八张

图 9　上载第九张

代已经远去，徒留一个浅白的影子。建筑师还可以有理想吗？他东想西想，理不出个头绪，觉得还不如去喝杯咖啡，让生活“艺术”一点。

3

他很满足地喝了口咖啡，他很享受咖啡弥漫在屋子里的香味。咖啡让他突然有个主意。传一张自己的人像上去如何？这些空想家们会怎么“评头论足”？他记得不久前儿子给他画了一张肖像，看起来像个刚刚从矿井出来的矿工一样的疲惫和无奈，自己却蛮喜欢。于是，他上传了最后一张图（图 10）。

图 10　上载第十张

跳出第六页：

保罗·萨特：人就是他想要成为的人，他存在仅仅是因为他意识到他自身，他就是他所有行为的总和，就是他自己的生活。

Jean-Paul Sartre：Man is nothing else but what he purposes，he exists only in so far as he realizes himself，he is therefore nothing else but the sum of his actions，nothing else but what his life is.

吉尔·德勒兹：不容易从中间看待事物，更别说从上向下或者从下向上看，或者从左向右或者从右向左看。但是试试？你会看到所有的事物都变了。

Gilles Deleuze：It's not easy to see things from the middle，rather than looking down on them from above or up at them from below，or from left to right or right to left：try it，you'll see that everything changes.

萨特和德勒兹是在说我吗？不是。他们是在说人的主体性问题，人的主体意识问题。他理解了。马克思说人是各种社会关系的总和；萨特说人就是他所有行为的总和。德勒兹却说，从不同的角度看看世界吧——也包括自己，世界就会有些不同。

他觉得有点收获，有点实在感，也突然意识到了这是一个“逗你开心”的游戏。不管你上传什么，这些空想者的话总会让人有所思考。不过这又有什么关系呢？列斐伏尔说，幸福存在于日常生活的瞬间中——这十分钟的“空想者游戏”就是他日常中的一瞬。

（原文曾刊发在有方网站）

C 忘记 IAUS，忘记 OPPOSITIONS[①]

1

天气一直很冷。夕阳的余光斜照在白色墙面。他用星巴克杯泡了一杯铁观音，坐下来看 *The Making of an Avant Garde*：*The Institute for Architecture and Urban Studies 1967—1984*。他一直有点羡慕和嫉妒这一时期的这一拨家伙。他们处在 20 世纪六七十年代的乱世，一个在冷战、核威慑、反越战、要求妇女权利、巴黎“五月风暴”、石油危机和假问“是什么使今天的生活如此不同，如此吸引人”的时代；他们在混乱的变化中开创了一个新空间。

① 文中场景纯属虚构；文中与 IAUS 相关的图片均来自影片 *The making of an Avant Garde*。

2

茶杯上冒着白色的热气。开篇有人说当下的学生们已经彻底忘记IAUS。这很自然。变化太快使人不能记得变化的节点和曾经的过去，只活在每一次的变化当中，只在其中，为完成这一短时的变化而存在，为挤入下一次的变化而博弈。这是当下的时空，可是那时库哈斯说，在那种氛围下，自然而然想做点什么（contribute）；一个人说，它就是一个变化的moment，一个召唤的时代；另外一个说，那时就是对变化有着巨大的激情！弗兰克·盖里说，我真想它还在。

IAUS创建人埃森曼说那时理论世界和真实世界分裂，学术世界和真实世界分裂了！它们之间没有连接的桥梁，他看到问题，他就是想要“犁些新地”。他说他从没有想过什么“先锋”，只是想在坚硬的现实中挖开一些空间（Opening up for planting）。他耸缩着肩膀说想想吧，就像在城市里要种点花草，你只能在很小的盆子里撒种。埃森曼说他把老师柯林·罗及其学生们隔在外面，对他来说是一个很大的革命。[①] 他想求得另外的一种思想。对，另外一种思想的存在。

3

回顾IAUS的成立。一个成员说，建筑不是只关于建造，它还关于思考、关于观点、关于讨论交流；另一个说，怎么才能把城市文化和城市的形式结合起来呢？需要重新思考！一个说，当时提出的

① 这大概只是埃森曼的一个炫耀。在*Oppsitions*杂志中，柯林·罗仍然撰写有大量的文章。

"Criticism" 字眼许多人很迷惑，不是简单说建筑的好或者坏，是要研究建筑到底在社会中是怎么运作和起作用的！然后跳出的报纸上写着"创办为城市设计的学校"，"旨在建筑专业象牙塔和城市需要紧急处理问题之间的深坑上建立桥梁"(Bridge the chasm between the "ivory tower" of the architectural profession and the urgent problems of the nation's cities.)(图 1)。

盖里说和 IAUS 的关联，使他从商业建筑的路回到一条对的路，从这个意义上来说，他回家了。马里奥·盖德桑纳斯 (Mario Gandelsonas) 讲年轻时的他远道来纽约不是找大学、找设计事务所。他和许多知道 IAUS 的人谈，听了关于 IAUS 的很多非常负面说法后，他决定这就是他想来的地方。库哈斯回忆在一次展览会

图 1 IAUS 成员聚餐

上和互不相识的弗兰姆普敦偶遇，因这个机缘来到 IAUS。也许在 IAUS 埃森曼和弗兰姆普敦是两个最重要的人，他们自己有建树，连接许多人，也连接了许多人的思想，使其相互鼓励和相互激发。

4

IAUS 干了点设计活，有资金来支持理论研究。埃森曼等从前所未有的角度看建筑，讲句法、语义、意义、隐喻，讲建筑的形式是建筑师内在的思考，却总和外部的问题联系在一起。因此建筑有其语义，但建筑是基于其功能解决问题系统，需要内在地建构句法。IAUS 很快成为一个社会问题观察、理论生产和批判、设计研究与教学的中心。他们迫切需要发声，随后一期接着一期出版了 *Oppositions*。从第四期开始有“主编者言”，这一期是弗兰姆普敦的“关于海德格尔”。

Oppositions 有它的语义。它试图消解一种固定的 position，直接指向主流的 position。但在 IAUS 内部——在 *Oppositions* 内部，有着不同的 positions，差异观点和观点的激撞。这有点像几十年前的维也纳分离派，他们要与官方主旨、主流的艺术与审美意识分离，但并没有一个统一的观点，相同之处只在分离和向未来的探讨。作为传播媒介的 *Oppositions* 是建筑思想传播的放大器，屈米说他阅读 *Oppositions* 后才知道 IAUS。许多人因为 *Oppositions* 中的历史、社会与建筑理论探讨、新建筑和各种活动报道来到 IAUS。*Oppositions* 是 IAUS 的理论阵地。片子里讲，弗兰姆普敦在 *Documents* 栏中提到 1933 年菲利普·约翰逊到德国和他写的《第三帝国的建筑》，引起约翰逊勃然大怒——怒归怒，但它仍然是一段曾经的历史。

5

IAUS 还是一个设计研究和教学的机构。狄安娜·阿格里斯特（Diana Agrest）邀请塔夫里来上课，连接 IAUS 和意大利理论界，沟通理论的交流。除了前面提到的成员，还有西萨·佩里、莫尼奥等来上课。有设计、理论、历史课；因城市的复杂性，城市规划入门课程涵盖各种交叉领域，理论课程间相互关联。毕竟局部是总体中的一部分，总体在局部中显现。斯坦·艾伦（Stan Allen）说设计教学中重要的一点是不和传统与常规妥协，要学生理解建筑作为一种阅读城市的工具，经由重新阅读城市、重新思考城市来设计和生产新的空间。研究、学术、教学之间的边界十分模糊，它们相互交织在一起正是有趣和起劲之处。德博拉·伯克（Deborah Berke）说那时在 IAUS 充满各种观点和理念交锋，而主流建筑教育只是把建筑看成解决问题的策略。查尔斯·格瓦思米（Charles Gwathmey）回忆教学中他不强调风格、不要学生按照自己的观点完成设计、采取开放式讨论的模式，这和前来任教的阿尔多·罗西的做法很不同；罗西强调原则、方法、美学观。老师们意见相左使得学生头大和无所适从。

每周的 Open Plan 向公众开放，各种人可以参加讨论和质疑。研讨会题目五花八门，如“消费和交换的城市”“政治和文化表达”“愉悦原则以外”“绘画与雕塑之间”“建造的语言”等。这是思想交流的时刻，空气中洋溢着对建筑和城市的激情。讲者与听众，问者与被问者，交谈者之间存在着交流的乐趣，期待着某些新东西的产生。

6

还是钱的问题（Money Issue），没钱不能做事。经费短缺是个原因，内部成员间的张力开始解体 IAUS。安东尼·维德勒（Anthony Vidler）讲，从外面看 IAUS 好像很强大，内部却根本谈不上团结。狄安娜·阿格里斯特说 IAUS 内部弥漫和冲撞着各种热情，从个体的嫉妒到学识上的分歧。埃森曼在 IAUS 中很强势，试图掌控从理论方向到人员的许多东西。埃森曼却说，当 IAUS 机构化、体系化存在，它就已经死去；IAUS 有积极的一面，也有消极的一面，他以自己设计实践受到影响为例，谈到大概在 1976 —1978 年间意识到自己与 IAUS 不能这样持续下去，这位在建筑理论界领着一群探索者大刀阔斧砍杀的先锋说，“I need to build”。

库哈斯写完 *Delirious New York* 离开，回荷兰做设计；盖里在修完自宅后的一天早上到办公室，“It was scary”他说，他一下子开掉了事务所的四十人，放弃商业建筑设计开始走上新道路，设计不仅是为 make living。埃森曼说，事情总要变化，但会更 exciting，有更多其他事会发生。他说经过这么多年 IAUS 和他想要的已经有别，和他精神上的需求有别。他精神上想分开了，不是 IAUS 要他离开，是埃森曼想离开。IAUS 最后按照埃森曼的说法，“非自然死亡”。罗伯特·斯特恩谈论说，IAUS 不是大学，不是可以换一任又一任院长的建筑学院，这里是一堆人来分享他们 vsion 而不仅是 ideas 的地方。它的存在就像一场奇妙的魔术，但精彩的魔术总有终结的 moment。埃森曼冷静地说，IAUS 存在 15 年太久了，可能 10 年最合适（图 2~ 图 9）。[①]

---

① 埃森曼说 IAUS 存在 15 年，很可能是因为他对 1983、1984 年的 IAUS 不认可。

图 2　岁月 · 两个时期的彼得 · 埃森曼（Peter Eisenman）

图 3　岁月 · 两个时期的理查德 · 迈耶（Richard Meier）

图 4　岁月・两个时期的肯尼思・弗兰姆普敦（Kenneth Frampton）

图 5　岁月・两个时期的马里奥・盖德桑纳斯（Mario Gandelsonas）

图 6　岁月・两个时期的狄安娜・阿格里斯特（Diana Agrest）

图 7　岁月・两个时期的雷姆・库哈斯（Rem Koolhaas）

图 8　岁月・两个时期的安东尼・维德勒（Anthony Vidler）

图 9　岁月・两个时期的弗兰克・盖里（Frank Gehry）

7

作为一种遗产。有人讲 IAUS 和 *Oppositions* 的历史、理论和设计探索成为学院建筑教学基础或来源。屈米说 IAUS 在一定程度上对于美国主要建筑院校如普林斯顿、哈佛、耶鲁、哥伦比亚大学有影响。埃森曼一字一句地问说，IAUS 改变了只把建筑作为单纯的专业工具，使它具有历史、理论和实践的意识构成而成为文化整体的一部分吗？他的回答是，“I would say YES”。库哈斯语调平和，“只有在特定的年代吧，才能产生出一些东西吧”。马克·威格利（Mark Wigley）最后讲，IAUS 带来新的建筑，带来建筑生产（Production of Architecture）的全新内容。

嗯，IAUS 是 20 世纪六七十年代“革命”风潮的一部分，他看了一眼横在桌上列斐伏尔在 1970 年出版的 *The Urban Revolution*。他想，只是这一局部的革命来自社会的剧变进程，落在建筑和城市的研究和实践领域。他们在纽约得风气之先，尝试在建筑、城市与社会之间建立关联，试图把语言学、符号学、政治经济学、哲学、新马克思主义等引入学科内，从方法论层面产生新空间。这个建筑领域的革命性进程在意料外也在情理中断裂，它如黑夜中的灿烂烟花，照明可能方向，却瞬间消落。近半个世纪过去，外部力量前所未有强大，理论世界和真实世界间的鸿沟前所未有加剧了，“埃森曼问题”仍然存在和滞困不前；但辛苦工作和消费狂欢是人们存在的理由；要忘记 IAUS 的各种质问和探索，想着问题必然心烦不安，不如忘记。

8

片尾的音乐还在响，星巴克杯里的茶已经不热了，他忘记了喝。他回想着片中几个人的音容笑貌。埃森曼雄心勃勃，有力而肯定；弗兰姆普敦温文尔雅，风趣中语速很快；狄安娜·阿格里斯特优雅平静，讲述中有知性之美；库哈斯平和中有种忧郁，和盖里的乐观、笑容可掬形成对比……他们在 IAUS 里结成友谊，交换思想，相互冲突又走上各自的道路。IAUS 已经死亡，却在另外的一种意义上存在。他想到刚才掠过脑袋的“灿烂烟花”，觉得从另外一层意义上对 IAUS 是挺合适的比喻。他初在乡间调研常常看到在亮白天空里闪烁朵朵烟花很是不解，后来才知道是为欢送逝者，为逝者而绽放。

片子在播放 IAUS 成员建筑作品的场景中结束了。他翻了一下迈克尔·海斯（Michael Hays）编的 *Oppositions* 读本。这是他编书的风格吗？总是巨厚无比。*Architecture Theory since 1968* 有八百多页，买回来后只有需要查阅时才翻看。他读到出版人在前言中说，本来想找五个原主编来选取他们喜欢的文章（觉得是个再容易不过的事情），但埃森曼却说这个主意太糟糕（immense insanity）——因为每个人个性和在 IAUS 的经历不同。埃森曼建议由迈克尔·海斯来做执行主编，于是有了七百多页的 *Oppositions* 读本。出版人说 *Oppositions* 是 1970 年代以后美国新建筑理论出现的最重要文献和来源；其中的理论有部分来自欧洲却又经由整合反向输出到了欧洲。

9

他有意无心地翻阅着 *Oppositions* 读本，脑袋里却一直想着埃森曼说“I need to build”。理论研究本身是改变世界的一种路径，但它还需要切实实践。它的出发点不在于具体的技术改进，而存在于建筑与（城市）社会之间。它要产生一种语义，一种作者试图阐明的语义，这是它首先需要考虑的问题，其次才是建造的问题。它牵涉方法论的彻底转变。当埃森曼说“I need to build”时，他并不是真正的想要建造，而是想借助设计和建造介入社会，这才是深层的乐趣。他想起卡尔维诺谈“经典”时的“噪音——背景音”。卡尔维诺说经典是“把现在的噪音调成一种背景轻音，而这种背景轻音对经典作品的存在是不可或缺的”；他又接着说（也许这一点更重要），经典与占统治地位的现在格格不入，但它坚持成为一种背景噪音。作为经典的 IAUS，是它时代的噪音，它激起思想的火花。

Oppositions 读本太厚，还是刷刷手机。想起上个假期末的“空想者游戏”[①]，再玩一次？他喝了一小口凉了的茶，拖了一张照片（图 1）进去。跳出来的文字：

忘亭，忘情于山水之间。

哦！“空想者游戏”已经有中文版本。虽然自己喜欢乡间山水、野草和宁静，这个讲法太普通。他又按了一下游戏按钮：

忘亭，忘记过去。

亭，停也；忘亭，忘记过去、忘记停下休息、停下来思考。

---

① 杨宇振 . 空想着游戏 [EB/OL]. 有方空间，2019-08-24[2021-05-31]. https：//mp.weixin.qq.com/s/Cc7Zqx5OBaPuxGn5bvUoeg.

忘亭（杨宇振 / 覃琳作品）

嗯，还有点意思，和刚刚的 *The Making of an Avant Garde* 有关系。应用程序坚持把亭子叫作“忘亭”，好像挺能读懂人的心思。好事还是坏事？他揣摩着这个逐渐被算法统治的世界。天色已经暗沉下来，天气更冷了。他叉掉这个游戏，往杯子里加了点热水，打开台灯，回过头来重读 *The Urban Revolution*。列斐伏尔说在走向都市社会的过程中，我们在理论上瞎了。他想，IAUS 在 20 世纪六七十年代的危急时刻，就是面对快速变化的社会要“另外的一种思想存在”，要直面混乱的现实。我们沉陷在危机中吗？想太多不快乐，在象牙塔里当个瞎子好，他喃喃自语，接着掏出手机刷屏，开始为这个庞大无比（immense insanity）的网络社会献出（contribute）个人数据。

（原文曾刊发在有方网站）

One must emphasize that the fragmentation of specialized fields cannot continue indefinitely under the pretext of rigor and precision. Today, the work of many researchers demonstrates a need for generalities, a need which epistemological reflection desires to satisfy but which it is insufficient to ally. An expectation of and need for unity, for synthesis and consequently for global comprehensiveness, is coming to light in those sciences called "human" as it is in those called "natural".

——Henri Lefebvre, The Sociology of Marx, 1982, xi

应该强调的是，各种专门化领域构成的碎片状态再也不能继续下去,不能在"精确"和"严密"的借口下继续下去。现在有许多研究者的工作显示出对普遍性的需求，一种想要得到对普遍性需求的经验性反思，却没有能够将其工作与普遍性结合起来。一种对于对整体性、对综合以及随之的对全球复杂性认识的期待和需求,随即在那些称之为"人文"科学和"自然"科学中显现出来了。

——亨利·列斐伏尔,《马克思的社会学》，1982 年，Pxi

参考文献

【中文文献】

[1] A.B. 布宁，T. O. 萨瓦连斯卡娅 . 城市建设艺术史：20 世纪资本主义国家的城市建设 [M]. 北京：中国建筑工业出版社，1992：44.

[2] 阿里・迈达尼普尔 .2011. 城市公共空间的设计与开发为什么重要？ [M]// 亚历山大・R・卡斯伯特 . 设计城市——城市设计的批判性导读 [M]. 韩冬青译 . 北京：中国建筑工业出版社，160.

[3] 艾瑞克・霍布斯鲍姆 . 革命的年代 1789—1848[M]. 王章辉译 . 北京：中信出版社，2014.

[4] 艾瑞克・霍布斯鲍姆 . 资本的年代 1848—1875[M]. 张晓华译 . 北京：中信出版社，2014.

[5] 艾瑞克・霍布斯鲍姆 . 帝国的年代 1875—1914[M]. 贾士蘅译 . 北京：中信出版社，2014.

[6] 艾瑞克・霍布斯鲍姆 . 极端的年代 1914—1991[M]. 郑明萱译 . 北京：中信出版社，2014d.

[7] 安东尼・吉登斯 . 现代性的后果 [M]. 上海：译林出版社，2014.

[8] 保罗・克拉瓦尔 . 地理学思想史 [M]. 郑胜华，刘德美，阮绮霞译 . 北京：北京大学出版社，2007.

[9] 奥尔罕・帕慕克 . 别样的色彩 [M]. 上海：上海人民出版社，2011.

[10] 保罗・利科 . 历史与真理 [M]. 姜志辉译 . 上海：上海译文出版社，2004.

[11] 保罗・诺克斯，史蒂文・平奇 . 城市社会地理学导论 [M]. 柴彦威等译 . 北京：商务印书馆，2005.

[12] 陈序经 . 乡村建设理论的检讨 [J]. 独立评论，1936 (199)：12-17.

[13] 丹尼尔・贝尔 . 资本主义文化矛盾 [M]. 严蓓雯译 . 南京：江苏人民出版社，2007.

[14] 迪特马尔・赖因博恩 .19 世纪与 20 世纪的城市规划 [M]. 虞龙发译 . 北京：中国建筑工业出版社，2009.

[15] 大卫・哈维 . 后现代的状况——对文化变迁之缘起的探究 [M]. 阎嘉译 . 北京：商务印书馆，2003.

[16] 大卫・哈维 . 希望的空间 [J]. 南京： 南京大学出版社，2006.

[17] 大卫·哈维．巴黎：现代性之都 [M]. 黄煜文译．台北：台湾编译馆与群学出版有限公司，2007.
[18] 大卫·哈维．资本的空间 [M]. 王志弘，王玥民译．台北：台湾编译馆与群学出版有限公司，2010.
[19] 大卫·哈维．正义、自然和差异地理学 [M]. 胡大平译．上海：上海人民出版社，2010.
[20] 大卫·哈维．叛逆的城市 [M]. 叶齐茂，倪晓晖译．北京：商务印书馆，2014.
[21] 段义孚．地方与空间：经验的视角 [M]. 北京：中国人民大学出版社，2017.
[22] 瞿秋白．读“美利坚之宗教新村运动”[J]. 新社会，1920（9）.
[23] 德勒兹．资本主义的再现 [M]. 桂林：广西师范大学出版社，2008.
[24] 恩格斯．英国工人阶级状况 [M]// 中共中央马克思恩格斯列宁斯大林著作编译局．马克思恩格斯全集（第二卷）. 北京：人民出版社，1957.
[25] 恩格斯．论住宅问题 [M]// 中共中央马克思恩格斯列宁斯大林著作编译局编译．马克思恩格斯选集（第三卷）. 北京：人民出版社，2008.
[26] 弗尔迪南·德·索绪尔．普通语言学教程 [M]. 高名凯译．北京：商务印书馆，1999.
[27] 弗雷德里克·杰姆逊．现代性的幽灵 [N]. 文汇报，2002，08-10（008）.
[28] 费正清．中国：传统与变迁 [M]. 北京：世界知识出版社，2002.
[29] 费尔南·布罗代尔．文明史：人类五千年文明的传承与交流 [M]. 北京：中信出版社，2014.
[30] 方规．广州市政总评述 [J]. 新广州月刊，1932，1（6）.
[31] 汉宝德．中国建筑传统的延续 [M]// 中华书局．中华文化的过去现在与未来——中华书局成立八十周年纪念论文集．北京：中华书局，1992.
[32] 黄鹭新，谢鹏飞，荆锋，况秀琴．中国城市规划三十年（1978—2008）纵览 [J]. 国际城市规划，2009.（1）：1-8.
[33] 黄绍谷，周作人．新村的讨论 [J]. 民国日报·批评，1920（5）.
[34] 霍布斯鲍姆·艾瑞克．极端的年代 [M]. 郑明萱译．北京：中信出版社，2014.
[35] 胡适．非个人主义的新生活 [J]. 新潮，1920，2（3）.
[36] 侯仁之．河北新村访问记 [J]. 禹贡，1937，6（5）.
[37] 吉尔伯特·罗兹曼．中国的现代化 [M]. 国家社会科学基金“比较现代化”课题组译．南京：江苏人民出版社，2003.
[38] 吉姆·凯梅尼．从公共住房到社会市场——租赁住房政策的比较研究 [M]. 王韬译．北京：中国建筑工业出版社，2010.

[39] 贾如君，李寅 . 不只是居住：苏黎世非营利性住房建设的百年经验 [M]. 重庆：重庆大学出版社，2016.
[40] 居伊・德波 . 景观社会 [M]. 王昭凤译 . 南京：南京大学出版社，2006.
[41] 坚瓠 . 房租问题与住宅协社 [J]. 东方杂志，1921，18（21）：4–6.
[42] 理查德・桑内特 . 新资本主义的文化 [M]. 李继宏译 . 上海：上海译文出版社，2010.
[43] 列费弗尔 . 列费弗尔：研究日常生活的哲学家——列费弗尔答法国《世界报》记者问 [J]. 国外社会科学动态，1983（9）：53–54.
[44] 亨利・列斐伏尔 . 论国家——从黑格尔到斯大林和毛泽东 [M]. 李青宜等译 . 重庆：重庆出版社，1988.
[45] 亨利・列斐伏尔 . 什么是现代性 [M]// 包亚明主编 . 现代性与空间的生产 . 上海：上海教育出版社，2003.
[46] 亨利・列斐伏尔 . 空间：社会产物与使用价值 [M]// 包亚明主编 . 现代性与空间的生产 . 上海：上海教育出版社，2003.
[47] 亨利・列斐伏尔 . 空间政治学的反思 [M]// 包亚明主编 . 现代性与空间的生产 . 上海：上海教育出版社，2003.
[48] 亨利・列斐伏尔 . 空间与政治 [M]. 李春译 . 上海：上海人民出版社，2008.
[49] 亨利・列斐伏尔 . 马克思的社会学 [M]. 谢永康，毛林林译 . 北京：北京师范大学出版集团，2013.
[50] 亨利・列斐伏尔 . 都市革命 [M]. 刘怀玉，张笑夷，郑劲超译 . 北京：首都师范大学出版社，2018.
[51] 亨利・列斐伏尔 . 日常生活批判第三卷 [M]. 叶齐茂，倪晓晖译 . 北京：社会科学文献出版社，2018.
[52] 亨利・列斐伏尔 . 日常生活批判第一卷 [M]. 叶齐茂，倪晓晖译 . 北京：社会科学文献出版社，2018.
[53] 李鸿球 . 巴蜀鸿爪录 [M]// 近代史资料（总 85 号）. 中国社会科学院近代史研究所编辑 . 北京：中国社会科学出版社，1994.
[54] 李大钊 . 美利坚之宗教新村运动 [J]. 星期评论，1919：31.
[55] 罗兰・巴特 . 符号学历险 [M]. 李幼蒸译 . 北京：中国人民大学出版社，2008.
[56] 刘易斯・芒福德 . 城市发展史 [M]. 宋俊岭，倪文彦译 . 北京：中国建筑工业出版社，2005.
[57] 路易・阿尔都塞 . 保卫马克思 [M]. 顾良译 . 北京：商务印书馆，2006.

[58] 卢作孚 . 卢作孚文集 [M]. 北京：北京大学出版社，1999.
[59] 马克思 . 资本论（第三卷）[M]. 中共中央马克思恩格斯列宁斯大林著作编译局编译 . 北京：人民出版社，1975.
[60] 马克思，恩格斯 . 马克思恩格斯选集（第一卷）[M]. 中共中央马克思恩格斯列宁斯大林著作编译局 . 北京：人民出版社，2008.
[61] 马克思，恩格斯 . 马克思恩格斯选集（第二卷）[M]. 中共中央马克思恩格斯列宁斯大林著作编译局 . 北京：人民出版社 .2008.
[62] 马克思，恩格斯 . 马克思恩格斯选集（第三卷）[M]. 中共中央马克思恩格斯列宁斯大林著作编译局 . 北京：人民出版社，2008.
[63] 马克思，恩格斯 . 马克思恩格斯选集（第四卷）[M]. 中共中央马克思恩格斯列宁斯大林著作编译局 . 北京：人民出版社，2008.
[64] 马克思 . 路易・波拿巴的雾月十八日 [M]. 中共中央马克思恩格斯列宁斯大林著作编译局编译 . 北京：人民出版社，2001.
[65] 曼纽尔・卡斯特尔 . 信息化城市 [M]. 崔保国等译 . 南京：江苏人民出版社，2001.
[66] 曼纽尔・卡斯特尔 . 网络社会的崛起 [M]. 夏铸九等译 . 北京：中国社会科学文献出版社，2003.
[67] 曼纽尔・卡斯特尔 . 千年终结 [M]. 夏铸九等译 . 北京：中国社会科学文献出版社，2006.
[68] 曼威・柯司特，马丁・殷斯 . 与柯司特对话 [M]. 王志弘，徐苔玲译 . 台北：巨流图书公司，2006.
[69] 曼弗雷多・塔夫里 . 建筑学的理论和历史 [M]. 北京：中国建筑工业出版社，1991.
[70] 米歇尔・福柯 . 规训与惩罚 [M]. 杨远婴，刘北成译 . 北京：生活・读书・新知三联书店，1999.
[71] 米歇尔・福柯 . 性经验史 [M]. 上海：上海世纪出版集团，2015.
[72] 尼格尔・泰勒 . 1945 年后西方城市规划理论的流变 [M]. 李白玉，陈贞译 . 北京：中国建筑工业出版社，2006.
[73] 潘公展 . 英国的新村市 [J]. 东方杂志，1920，17（11）.
[74] 齐格蒙・鲍曼 . 现代性与大屠杀 [M]. 杨渝东，史建华译 . 南京：译林出版社，2002.
[75] 千家驹 . 中国的歧路：评邹平乡村建设运动 [N]. 中国农村，1935，1（7）：1–14.
[76] 钱冬生 . 闲话新村式的住宅建筑 [J]. 营造旬刊，1948（45）.
[77] 强 . 新村运动与平民居住 [J]. 人言周刊，1934，1（8）.

[78] R.J. 约翰斯顿 . 哲学与人文地理学 [M]. 蔡运龙，江涛译 . 北京：商务印书馆，2001.
[79] 桑内特・理查德 . 新资本主义文化 [M]. 李继宏译 . 上海 : 上海译文出版社，2010.
[80] 孙文 . 地方自治开始实行法 [N]. 建设（上海 1919），1920，2（2）：203-208.
[81] 孙宗文 . 平民住宅政策 [J]. 建设研究，1940，3（2）.
[82] 时新 . 新村建设与建设新村 [J]. 道路月刊，1935，47（2）.
[83] 上海特别市工务局 . 上海特别市工务局业务报告 [R]. 上海，1929（2-3）：181 .
[84] 瓦尔特・本雅明 . 巴黎，19 世纪的首都 [M]. 刘北城译 . 上海：上海人民出版社，2007.
[85] 吴景超 . 发展都市以救济农村 [N]. 独立评论，1934，（118）：4-6.
[86] 吴山 . 创办模范新村序及图说 [J]. 道路月刊，1922，3（1）.
[87] 吴铁城 . 民国二十四年上海市政设施之方针 [J]. 中央周刊，1935：348.
[88] 王统照 . 美化的新村谈 [N]. 民国日报・批评，1920.
[89] 温铁军 . 八次危机：中国的真实经验（1949—2009）[M]. 北京：东方出版社，2013.
[90] 希尔德・海嫩 . 建筑与现代性：批评 [M]. 卢永毅，周鸣浩译 . 北京：商务印书馆，2015.
[91] 汪晖 . 我们如何成为“现代的”？ [M]//《中国现代文学研究丛刊》编辑部主编 .《中国现代文学研究丛刊》30 年精编：文学史研究・史料研究卷（史料研究卷）. 上海：复旦大学出版社，2011.
[92] 无锡市政筹备处 . 新市村规划图 [J]. 无锡市政，1930（6）：58.
[93] 新井一二三 . 上海既白 [N]. 万象 2009，11（12）：1-12.
[94] 夏志清 . 中国现代小说史 [M]. 上海：复旦大学出版社，2005.
[95] 修爵 . [J]. 浙江建设月刊，1931，5（2）：20-25.
[96] 伊德翁・舍贝里（G.Sjoberg）. 前工业城市：过去与现在 [M]. 高乾译 . 北京：中国社会科学文献出版社，2013.
[97] 约翰・弗里德曼，童明 . 关于规划与复杂性的反思 [J]. 城市规划学刊，2017（3）：56-61.
[98] 亚历山大・R・卡斯伯特 . 新城市设计：建筑学的社会理论 [J] . 文隽逸译 . 新建筑，2013（6）：4-11.
[99] 伊曼纽尔・沃勒斯坦 . 现代世界体系（第四卷）——中庸的自由主义的胜利：1789—1914[M]. 吴英译 . 北京：社会科学文献出版社，2013.

[100] 佚名 . 新闻：京外新闻：遣学建筑（录北洋官报）[N]. 四川官报，1906（14）：52.
[101] 佚名 . 浦东建设新村之计划 [J]. 农学，1923，1（2）.
[102] 佚名 . 筹筑平民住宅 [N]. 南京特别市市政公报，1928（20）.
[103] 佚名 . 模范新村建设图 [J]. 三民半月刊，1928，1（6）.
[104] 佚名 . 工商部筹建首都劳工新村 [J]. 工商半月刊，1929，1（6）：1-2.
[105] 佚名 . 平民住宅与阔人洋房 [J]. 生活，1930，6（5）：105.
[106] 佚名 . 筹备平民住宅五百间 [N]. 首都市政公报，1930（61）.
[107] 佚名 . 强收民业 [J]. 晨报言论丛刊，1933（2）：122.
[108] 佚名 . 劳工新村六年的回顾 [J]. 民生，1934，2（18）.
[109] 佚名 . 新村建设 [J]. 建筑月刊，1935，3（9/10）.
[110] 佚名 . 长沙善救新村建筑计划概要（附表）[J]. 善救月刊，1947（20）：47.
[111] 佚名 . 筹划建筑平民住宅 [N]. 南京市政府公报，1948，4（5）.
[112] 佚名 . 地皮交易日来更旺盛，大多均为建筑平民住宅 [N]. 商品新闻，1948，9-21.
[113] 扬 . 模范邨之建设 [J]. 市政评论，1934，2（2）.
[114] 杨宇振 . 权力、资本与形象——由重庆城市“刷城运动”论全球化格局中的当代中国城市美化 [J]. 城市与设计学报，2008（3）：125-162.
[115] 杨宇振 . 权力，资本与空间：中国城市化 1908—2008 年——写在《城镇乡地方自治章程》颁布百年 [J]. 城市规划学刊，2009（1）：62-73.
[116] 杨宇振 . 空间的艺术：社会再生产与城市设计——兼谈城市设计教育 [J]. 新建筑，2012（4）：114-118.
[117] 杨宇振 . 从“乡”到“城”——中国近代公共空间的转型与重构 [J]. 新建筑 2012（5）：45-49.
[118] 杨宇振 . 在空间：城乡观察随笔 [M]. 杨宇振 . 北京：清华大学出版社，2013.
[119] 杨宇振 . 分裂的世界：经验与抽象——写在中国院系调整 60 周年 [J]. 新建筑，2013（1）：4-7.
[120] 杨宇振 . 资本空间化过程中的城市设计：一个分析性的框架 [J]. 新建筑，2013（6）：24-29.
[121] 杨宇振 . 新型城镇化中的空间生产：空间间性、个体实践与资本积累 [J]. 建筑师，2014（4）：39-47.
[122] 杨宇振 . 空间、自由与现代性结合 20 世纪上半叶社会住宅生产的讨论 [J]. 时代

建筑，2015（5）：56-63.
[123] 杨宇振 . 兼容二元：中国县镇乡发展的基本判断与路径选择 [J]. 国际城市规划，2015（1）：1-7.
[124] 杨宇振 . 历史叙事空间化与日常生活——空间的当代社会实践 [J]. 城市建筑，2015，（34）.
[125] 杨宇振，覃琳，张沂川 . 双村记农村的困境与介入新农村建设的方式 [J]. 时代建筑，2015，（3）：55-61.
[126] 杨宇振 . 资本空间化：资本积累、城镇化与空间生产 [M]. 南京：东南大学出版社，2016.
[127] 杨仲麟 . 浦东劳工新村参观记 [J]. 勇进，1935，4（7）.
[128] 詹明信 . 晚期资本主义的文化逻辑 [M]. 北京：生活・读书・新知三联书店，2003.
[129] 赵燕菁 . 国际战略格局中的中国城市化 [J]. 城市规划汇刊，2000（1）：6.
[130] 赵燕菁 . 从城市管理走向城市经营 [J]. 城市规划 ，2002（11）：7-15.
[131] 周作人 . 日本的新村 [J]. 新青年，1919，6（3）.
[132] 周作人 . 新村的精神 [J]. 新青年，1920，7（2）.
[133] 张鸣钦 . 上海青年会浦东劳工新村十周纪念感言 [J]. 上海青年，1935，35（35）.
[134] 浙江省立第一师范学校附属小学校 . 新村区域图 [J]. 浙江省立第一师范学校附属小学校一览，1922（1）：33.

【英文文献】

[1] Alonso W. Location and Land Use[M]. Cambridge，MA：Harvard University Press，1964.
[2] Andy Merrifield. Henri Lefebvre：A Critical Introduction[M]. Routledge，2006.
[3] Arthur C J.Preface.In：Marx K，Engels F.The German Ideology[M]. New York：International Publishers，1970.
[4] Castells M. End of millennium[M].Oxford； Malden，MA：Blackwell Publishers，2000.
[5] Castells M.Citizen Movements，Information and Analysis：An Interview with Manuel Castells[J].City，2007（7）：140-155.
[6] Cuthbert A R. The Form of Cities：Political Economy and Urban design，Malden[M]. MA：Blackwell Publishing，2006.

[7] Castree N and Gregory D. David Harvey：A Critical Reader[M]. Ma：Blackwell，2006.

[8] De Certeau M. The practice of Everyday Life[M]. Berkeley，CA：University of California Press，1988.

[9] Ekden S. Understanding Henri Lefebvre：Theory and the Possible[M]. London：Continuum，2004.

[10] EKDEN S，LEBAS E，KOFMAN E (Ed) . LEFEBVRE H：Key Writings[M]. London：Continuum，2003.

[11] Frederic J. The Cultural Turn：Selected Writings on the Postmodern，1983—1998[M]. Brooklyn：Verso，1998.

[12] Friedmann J. China's urban transition[M]. Minneapolis：University of Minnesota Press，2005.

[13] Gregory D. Areal differentiation and post-modern human geography [J]// Horizons in Human Geography. Derek Gregory，Rex Walford. Totowa，NJ.：Barnes & Nobel Book，1989.

[14] Harvey D. Social Justice and City[M].Baltimore，Md.：John Hopkins，1973.

[15] Harvey D. The Limits to Capital[M]. Oxford：Blackwell and Chicago，IL：University of Chicago Press，1982.

[16] Harvey D. The urbanization of capital：studies in the history and theory of capitalist urbanization[M]. Baltimore，Md.：John Hopkins University Press，1985.

[17] Harvey D. From Managerialism to Entrepreneurialism：The transformation in Urban Governance in Late Capitalism[M]// Malcolm Miles，Iain Borden，Tim Hall. The City Cultures Reader. London and NY：Routledge，2000.

[18] Harvey D. Spaces of Capital：Towards a Critical Geography[M]. Edinburgh：Edinburgh University Press，2001.

[19] Harvey D. Paris：Capital of Modernity[M]. London；New York：Routledge，2006.

[20] Hays K. Michael. Architecture Theory since 1968[M]. Cambridge，MA：MIT Press，1998.

[21] Ida Susser. The Castells Reader on Cities and Social Theory[M].Ma：Blackwell，2002.

[22] Kofman E，Lebas E. Lost in Transposition-Time，Space and the City. In

Writings on Cities, Henri Lefebvre[M]. Oxford: Blackwell, 1996.
[23] Kelly M. Henri Lefebvre, 1901-1991[J]. Radical Philosophy, spring, 1992: 62-63.
[24] Koolhaas R. Fundamentals: 14th International Architecture Exhibition— La Biennale di Venezia[M].Venezia: Marsilio, 2014.
[25] Lefebvre H. La Somme et Le Reste[M].Paris: La Nef de Paris, 1959.
[26] Lefebvre H. The sociology of Marx[M]. Columbia University Press, 1982.
[27] Lefebvre H. Qu'est-que penser?[M]. Paris: Publised, 1985.
[28] Lefebvre H.The Production of Space[M]. Oxford: Blackwell, 1991.
[29] Lefebvre H. Writings on Cities[M]. Oxford: Blackwell, 1996.
[30] Lefebvre H.Critique of Everyday Life (Vol. 2): Foundations for Sociology of the Everyday[M]. John Moore, Trans. London & New York: Verso, 2002.
[31] Lefebvre H. The Urban Revolution[M]. Minneapolis: University of Minnesota Press, 2003.
[32] Lefebvre H. Rhythmanalysis: Space, time and everyday life[M]. A&C Black, 2004.
[33] Mann S. Urbanization and Historical Change in China[J]. Modern China, 1984, 10 (1): 79-113.
[34] MERRIFIELD A. Henri Lefebvre: A Critical Introduction[M]. Routledge, 2006.
[35] NOEL CASTREE & DEREK GREGORY (eds.) A CRITICAL READER : David Harvey [M]. Ma : Blackwell, 2006.
[36] Philip Huang. "Public Sphere" / "Civil Society" in China? [J]. Modem China, 1993, 19 (2): 216-240.
[37] Walker P and Simo M. Invisible Gardens: The search for Modernism in the American Landscape[M]. Cambridge, Mass.: MIT Press, 1994.

代跋 复杂性的感觉

1925 年汪震在《晨报副刊》上发表文章《通才与崎才》，谈到通才的造就方法是“博以约”，从博里就精，崎才是“约以约”，也就是不求博而专求精。他说：“我们叫这种能通两三个学科以上，能够时常有新的眼光识见的人，叫作通才，虽然他们也不必有什么破天荒的大发明出现。我们叫这种‘守一而终’的只会一种学科，而不能有新的眼光识见的人叫作崎才。”[1] 他接着谈到社会与人之间的关系，认为社会追求“相安”，但思想上的革命使得大家不能相安——通才往往求新求变，带来不安。他接着批评美国社会，“说教育的目的就是为社会效用 Social Efficiency”[1]，而美国的作用正在影响着中国，正在成为现实状况。

汪震的“通崎之议”是彼时的另类。清末屡次遭受战争惨败以来迫切需要的就是专才，某一学科（特别是治物的自然科学领域）里的专门学问与人才，以解在全球化经济竞争与民族国家竞争中的知识与技术需求之急。通、专在不同社会时期有不同需求状态。百年间“专”总体占有压倒性、支配性优势但从未能够抹除对“通”的需要。理解教育的社会功用及其问题，需要将其放置在民族国家建设与社会过程的变化之中。1922 年胡先骕在《论衡》上发表《说今日教育危机》，回顾半个多世纪以来的中国教育变化，谈到中国教育之改革出自西方文化之压迫；认为清末派幼童留美以求物质科学，戊戌庚子以来才意识到政治改革之必要，彼时却仍然重视旧学。但民国 6 年从胡适、陈独秀等提出“新文化”运动以来，“服膺国学之观念始完全打破。于是由研究西方物质科学、政治科学，进而研究西方一切之学问矣。”[2] 他认为近半个世纪来教育在某些虽有所进步，但“孰知西方文化之危机已挟西方文化而俱来”。他谈到美国退还庚子赔款后，功利主义日渐泛滥，“以银行、交通、制造各事业之日增而益著”。他说：“夫教育之陶冶人才当有二义。一为养成其治事情、治学之能力；一为养成其修身之志趣与习惯。如昔日所谓之六艺与文章政事。今日之学术技艺，属于前者。至所以造成健全人格，使能正心诚意，修身齐家者，则属于后者。二者缺一，则为畸形之发达。”[2]

胡先骕和汪震的讨论虽指向有所不同，但都涉及教育与人之间关系。教育目的是追求“物用”还是“人本”？这不是非此即彼的选择和答案，按照胡先骕的观点，缺一即为“畸形”发展。但从总体的历史过程看，19 世纪中后期以来，有辉煌历史的王朝和积久的文化在面对西方现代文明挑战时溃败了。这不是独一的现象。一路向西的印度、奥斯曼也同样如此。进而作为后发的民族国家，有一种内在的、纠缠的焦虑，一种追赶的急迫。持续焦虑和急迫在清末存在，在民国存在，在共和国的不同时期存在。为了促进国家的工业化，需要教育体系的现代化、科层化，需要按照工业化的需求生产现代劳动力——教育是生产需求的一部分。工业生产组织需要国民知识与技术专科化，按照现实需要（随社会分工深化的变化过程）设置专科构成，完善生产链条上的知识与技术环节，按照生产需求排列组合各个专科知识与技术，一种“福特主义”式的生产模型，一种强制的分科和连续性。教育于是成为生产实利工具，人成为劳动力。劳动力追求交换价值，功利主义于是流行和泛滥，成为社会普遍的价值观念。这是钱币的一面。市场不仅生产商品，也生产出劳动力分层和社会的纷争和抗争。为了维持政权稳固、社会秩序、维持“相安”，教育另外一种功用，是观念的灌输和社会治理的工具。知识与技术生产在成为工具同时也成为一种权力。活生生的人于是被禁锢在一个个被按照某种社会需求顺序安排的狭小盒子里，被要求顺从地在不可见周围和远景的盒子中操作，不能“慢慢走，欣赏啊”，而是日复一日急促劳作。跨出盒子就是一种扰动，一种潜在的不安。生产专门化的劳动力是工业化时期民族国家现代化需要的结果和现象。完全专科化的教育不是人理解世界、理解社会、理解人复杂性的途径，它移除对人本身和社会复杂性的感知、感受和思考，生产了劳动力对于事物发展非黑即白的过于简单的线性判断。涂尔干却说，“真实的人性是十分复杂……我们必须去做的，是要在孩子身上培养起对于这种复杂性的感觉……让孩子学会去理解在他所熟悉的那些东西之外的观念、习俗、政制、家庭组织形式、伦理体系、逻辑体系，他就会意识到人性是极其丰富的”，“培养出来的人……能够坚定地直面这种复杂性。必须继续训练我们的孩子学会清晰地思考，因为这是我们民族的根本属性。它是我们的国民特性，我们的语言和问题的种种特性都只不过是它的结果。”[3]

1927 年 8 月间梁启超给他的孩子们写了一封信，其中包括给刚从美国宾大建筑学毕业的梁思成的一段话。他说：“关于思成学业，我有点意见。思成所学太专门了，我愿意你乘毕业后一两年，分出点光阴多学些常识，尤其是文学或人文科学中之某部门，稍微多用点工夫。我怕你因所学太专门之故，把生活也弄成近于单调，太单调的生活，容易厌倦，厌倦即为苦恼，乃至堕落之根源……我这两年对于我的思成，不知何故常常有异兆的感觉，怕他渐渐会走入孤峭冷僻一路去。我希望你回来见我时，还我一个三四年前活泼有春气的孩子”。[4] 梁启超焦虑梁思成在学校的专门教育中学傻了，着急专科学习的物用目的不能让生命内容完整、充实和扩大，而使得他陷于单调孤僻。梁启超说他自己“我是学问趣味方面极多的人，我之所以不能专积有成者在此，然而我的生活内容，异常丰富，能够永久保持不厌不倦的精神，亦未始不在此。我每历若干时候，趣味转过新方面，便觉得像换个新生命，如朝旭升天，如新荷出水，我自觉这种生活是极可爱的，极有价值的。”[4] 梁启超的这种保持生命旺盛的可能在民族国家工业化与现代化进程中遇到了系统性的阻碍，他的这种“异兆”感没有随时间消失。复旦大学毕业的罗家伦有多年执掌大学的经历，1941 年在重庆辞任中央大学校长的演讲中谈到：“现在大学教育的缺陷，就是太注重学生的专门知识，而太忽视其整个人生的修养。所以大学往往只能造就专才而不能造就通才。……文学哲学和艺术的修养，是很重要的。这种修养，可以为你开拓意境，变化气质，调剂性灵，使你人生更加丰富，更感觉得有意义。‘质胜’‘文胜’之说，中国古来的教育家已经注意到了。我们今日仍不可忽视。人生是要经过千磨万折的，若是平素没有修养，一经磨折，便要流入偏激，烦闷，横溃，或是悲观的路上去。”[5]

由于教育的实用化、功利化和纳入国家管理体系中，分科教育形成排他的学科领域与坚硬边界，为了巩固本学科的势力和位置（一席之地），形成对其他学科的强力排距和张力。最开始只在知识大类间区分，而终于演化到极细端的知识域间。学科间、亚学科间（还可以继续下分）于是大小边界林立，研究者教育者在自筑的知识城墙里活动，高度警惕和防卫其他领域的可能入侵者。于是总体性的认识坍塌分裂，真实世界依然在每日发生，却无法被认知，人们陷入“盲区”而不能产生批判性实践。缺乏对总体性的认知，也就难以产生创造性、革命性的实践。钱穆曾经谈到：“故近代科学，分科分类，枝叶繁滋，各成专门，循至互不相涉。而哲学上的派别分歧，莫衷一是，更属显著。即是宗教而言，同信一上帝，同信一耶稣，仍可有种种宗派，种种区分。不仅宗教、科学、哲学三分野，各自仅得此无限宇宙真理中之一偏，即每一分野中，亦何尝不歧中有歧，各据一偏”。[6] 亨利·列斐伏尔曾经称这种状态为“科学帝国主义”“知识恐怖主义”，他说：“专家只能从自己的研究领域的观点出发，用数据、术语、概念与假设来理解这一综合体。他们固执己见，对此毫无意识，而且越是有能力，就越是固执己见。如此一来，就在经济学、历史学、社会学、人口学等领域中阶段性地产生了一种科学的帝国主义。每位学者都觉得其他‘学科’是他的辅助者、附庸或者仆从。”[7] 他也谈道：“对专门化科学的批判包含着对专门化政治、经济基础及其意识形态的批判，每个政治群体，特别是每种经济基础，都通过它所发展与培育起来的意识形态进行自我辩护：国家主义或者爱国主义、经济主义或者国家理性主义、哲学主义、（传统的）自由的人道主义。它倾向于掩盖本质问题。”[8]

乔治·斯蒂格勒却有不同的看法，他认为劳动分工带来的专业化仍然是最有效率的教育方式。他引用亚当·斯密的观点，市场的扩大带来产业规模扩张和产业专业化、产业内部工厂的专业化和工厂内部劳动力的专业化水平的提高。斯蒂格勒说，在1751年亚当·斯密可以负责法学、政治学、修辞学以及美学的教授工作，演讲中还包括自然神学、伦理学、市民社会史、审美和哲学史等（如此之广泛）；而今天，一位经济学教授如果敢在国际贸易、零售贸易或经济史、经济学史自称是专家，就会被打上假内行标志。他想表达的意思是，社会发展过程中专业化水平不可避免地提高了，而每一个学科内又发展精深（有其内部的分工）。他说：“如同在经济生活中一样，在学术领域里，专业化也是通向效率的最佳途径。受到广泛培训的人，在任何一个领域肯定都比不上具有同等能力和精力、但专门致力于该研究领域的人。”他在最早提倡通识教育的芝加哥大学的一次讲座中，谈到市场、院校竞争与教育产业间关系，提出只能在有限的经费下建设少数最优秀学科的发展策略，“根据竞争的事实，有选择地使一些系变成杰出的系……我们能够在 15 条主要的生产线上，变成教育行业里最成功的企业”[9]。另外，他以经济学的两个黄金时期为例，“对于这两个重要的、持久的创造性时期，没有其他任何一门社会科学做出了重大贡献”[9]，因此对于学科之间的互补性、依赖性也表示怀疑。他这次讲座的题目是“卑劣的手段与高尚的目的”——他主张用市场的手段来达到提升教育水平的目的。斯蒂格勒是面对现实的学者，要改变现实，需要在具体的生产关系中，不是词语、口号，不是汪震讲的纯粹的“思想上的革命”——思想的革命是现实社会运动和矛盾冲突的结果。斯蒂格勒提倡基于专业化深度基础上的探索精神。他在另外的一处说到，“依我之见，好教师不是以他的知识面宽、讲课条理清晰或者学生们的课堂反映好而著称的。他的基本任务不是传播和散布知识，因为在这方面，他根本无法与书面文字相比，相反，他的任务是激发学生们对知识的真诚的好奇心，逐渐灌输一个学者的良知——传授在追求知识过程中的大量冒险行为与高尚品行。”[9]“冒险行为”就是一种对于未知（总体）的探索。关于劳动分工与专业化之间的关系，斯蒂格勒的一位同行道格拉斯·诺斯却认为“社会中专业化和劳动分工越多，社会中的知识就越分散，整合这些分散的知识所需投入的资源越多”[10]过去的一个世纪是市场扩大、产业专业化和劳动分工深化的一个世纪，按照诺斯的观点，分工越多，整合这些分工就越来越成为一种必要。“在一切日趋紧密关联的世界中，社会分工的细化和分工间的联系是一组辩证的矛盾。如何更加专业化固然是问题，但如何整合和关联更是问题。在当下，关联已经成为存在和必须，这既是危险也是机遇；而创造性隐藏在关联与本体之间的某处。为什么说‘既是危险也是机遇’？因为关联有可能穿刺本体导致本体消亡，或者，使之‘歧路亡羊’而无所适从。然而无关联即是萎缩和不可避免的日趋死亡。”[11]

专科化教育在快速变化的世界中遇到新挑战。理查德·桑内特在《新资本主义文化》中清晰地揭示僵化的科层制解体后，劳动力面临的新问题。在一个充满不确定性的、不稳定的社会环境中，在“流动的现代性”世界中，在“弹性积累”的体制中，劳动力需要在不同任务、不同工作、不同地点之间应对各种短期关系；需要随现实要求不断变化，开发自身的潜能。他认为，现代经济中许多技能不用多久就会过时，“如果你是工程师，你在大学掌握的技能的有效期是多长呢？它变得越来越短。技能加速灭绝的情况不仅出现在技术性的工作中，也出现在医疗、法律和其他行业”[12]。他也说，“大多数人并不是这样子的：他们需要持续的生活叙事，他们以某项专长为荣，他们珍惜有过的经历，因而，那些新机构所要求得这种文化理念给许多生活在它们之中的人造成了伤害。”[12]金字塔状的科层制设计和固化了劳动力的生存轨迹，是“铁笼”的同时具有一种相对的确定性，以及经由时间所形成的归属感。新的时期旧“铁笼”正在被拆除，物的生产受控于金融资本的生产，长期的生产受控于短期的利益回报，通讯业与制造业的技术革新加快了生产速度，也降低了对一般劳动力的需求。桑内特用“焦虑”和“厌倦”来表达两个时期的不同情绪，他说：“焦虑是因为并不确定将会发生什么事情，厌倦是因为已经知道将要发生什么事情。焦虑来自恶劣的环境，厌倦则来自不可避免的痛苦或倒霉。旧金字塔的失败扎根于厌倦；新机构中的失败源于焦虑。”[12]在对社会变化与劳动力需求之间关系考察后，桑内特断言：“在今天越来越恶化的经济环境中经验越多越不值钱的公式有其更深层的根源。技能灭绝是技术进展的持久特征。……‘技能’被定义为能够做新事情的能力，而不是去完成人们已经学会的事情的能力。”[12]资本的灵活积累、技术的快速更新、工作岗位随产业的空间转移都对劳动力技能、对旧有的专业化教育提出问题，要求将按照劳动分工设置的、稳固的教育体系转换成更加灵活的、能够应对社会变化的教育体系。

2012 年我收到德国空间规划教授、欧洲城市规划院校联合会（AESOP）前主席克劳斯・昆斯曼（Klaus R Kunzmann）的来信，信中附有他的一份演讲稿，谈 1999 年欧洲通过官方关于高等教育的博洛尼亚方案后规划教育的状况。稿中讨论了欧洲高等教育受到新自由主义的巨大影响。比如，受美国成功故事的吸引、知识成为市场化的商品、大学成为知识加工厂、促进“精英”大学的发展、优先发展科学而不是人文研究、优先发展研究而不是教育、大学越来越大以及成为城市的“灯塔”、大学民主的衰退、大学内基金和职位的竞争、排名热和引文索引热（有利于英语作者和出版者）、新认证过程（助长了公共部门的官僚风气）等。昆斯曼教授认为博洛尼亚方案：1. 将导致国家间差异日渐消失，而这主要是为了欧洲一体化进程；2. 趋势上精英大学是这一游戏中的赢家；3. 英语课程和大学占主导地位，英语成为霸权语言；4. 各种新增学位的出现；5. 在经济方面，教育已经成为一种商业行为、一种商品（认证过程就是新浮现的商业行为）；6. 知名院校在竞争中的胜出，学校间极化的出现；7. 大学变成公司；8. 市场化日趋重要。因为有所对比、感知和体会，我在几处引用了昆斯曼教授的这个论述与判断。它们是对当下教育状况的总体认识，一定程度说明了普遍性状况。教育的市场化、功利化在新时期幻化出新状态，和 20 世纪相比，并无原则上的差异，却有形态上的新发。教育成为商品的结果是学术竞争激化、大学间的极化和各种教育奇观的出现。工业理性的思维没有消失，学科还在继续细分，知识的生产方式难以革新，而经济全球化带来的“时空压缩”、信息网络社会的浮现、人工智能的快速发展、环境问题的全球影响、世界范围的地理不均衡发展，以及人在一个快速变化世界中普遍的意义焦虑等，对教育带来严峻挑战，使得工业社会时期的教育深处危机之中。或者说，基于工业理性的学科分类与专科教育处于社会转型过程的对知识生产另一种范式要求的危机之中。

面对新社会状态，斯坦福大学在2012年发布《本科生教育研究报告》，启动教育改革。报告中谈到，过去斯坦福的目标促进学生实现“个人的成功与致用”（personal success & usefulness），但新的目标不仅仅是成功，还应使生命丰富不倦（flourish）；不仅致用还应有创造性、责任心和反思性。报告中谈到，在大学里的人，首先会遇到一个问题，就是要“学什么？”（“needs to know?”）一旦提出这个问题，就会有各种争论，因为没有谁能够提出一个完整的、各方面满意的知识目录。报告中说：“斯坦福和其他地方一样，从两个维度来考虑知识：深度，学生通过他们的专业获取；以及广度，也就是‘通识教育’……委员会主要考虑后者，保证每一位斯坦福的学生不仅接受在一个专业中的专门学习，还应包括更广范围的各种学科和领域的多特点思维模式的实质性介绍（substantial introductions to the characteristic modes of thought of a broad range of disciplines and fields），包括自然科学与物理、历史与社会科学、数学、工程学、解释性和分析性的人文领域、语言学以及艺术。”[13] 报告中接着谈到专业学习与通识教育之间的区分关系，在斯坦福大学长久的文化中，包括在一些教员和学生的认识当中，长期一直存在着误解。“比较合适的看法应是，专业教育与通识教育不是各自的事，而是一个事情的两个方面，是一个交互的过程，每一种教育为另外的一种提供了维度。正是通过交互的过程，学生们开始理解不仅仅是学习如物理或哲学，更是作为物理学家或哲学家理解和涉入世界间的要害关系……所学的知识将内化为他们自身的一部分而不只是外在的知识而已。这正是斯坦福教育的基本目标之一。”[13] 斯坦福教育改革的主要策略是通过通识教育拓展广度（Fostering Breadth）。

费孝通曾经提出“各美其美，美人之美。”过去相当长一段时间里，各个学科、专业是在“各美其美”但无暇或者不能“美人之美”。在关联性加强与创造性加速的时代中，“各美其美”仍然需要，而

“美人之美”成为一种至关重要的必要，是技术创新的必要，也是文化包容的必要——通识教育是可能的实践路径。所有的教育都需由局部开始，但局部始终需要指向对于整体的认识，不能只归向各自的内部而至于狭隘，丧失对复杂性的认识。所有的专业知识都是经由具体归纳后的抽象，专业知识教育是抽象的教育。通识教育需要将抽象与具体结合起来，理解抽象与具体，专业与世界变化、社会发展之间的关系，“能动性教育的功用，即是在经验与抽象之间搭建关联，经由经验抵达抽象，经过抽象反观具体，进而产生存在的解释性意义，进而理解人与世界的复杂性”。[14] 1927 年梁启超在给梁思成的信中还谈道，“凡做学问总要‘猛火熬’和‘慢火燉’，两种工作循环交互着用去。”[4]2005 年杨振宁在第 22 届国际科技史大会的报告“爱因斯坦的机遇与眼光”中谈道：“爱因斯坦没有错失重点是因为他对于时空有更自由的眼光。要有自由的眼光（free perception），必须能够同时近观和远看同一课题。远距离眼光……保持了一定距离在任何研究工作中的必要性。可是只有远距离眼光还不够，必须与近距离的探索相结合。正是这种能自由调节、评价与比较远近观察的结果的能力形成了自由的眼光”[15]。尽管这样的理解和类比可能不合适，“猛火熬”“近距离”也许可以看成专业教育，而“慢火燉”“远距离”可以看成通识教育，两者需要交互着去用，才能够可能有自由的眼光，“在慢火燉的时候才能令所熬的起消化作用融洽而实有诸己”，把学问内化为人生的一部分，把学问转化为生命的充实，而不仅是谋生的工具或者生产实利的工具，才有可能走向梁启超的“自觉这种生活是极可爱的，极有价值的”[4]，走向涂尔干指出的培养“复杂性的感觉”、清晰地思考、坚定地直面复杂性的个性。

参考文献：

[1] 汪震．通才与崎才 [N]. 晨报副刊 .1925-2-12：2-3.

[2] 胡先骕．通论：说今日教育之危机 [J]. 学衡，1922（4）：20-29.

[3] 爱弥尔·涂尔干．教育思想的演进 [M]. 李康译．上海：上海人民出版社，2006：353，365.

[4] 梁启超．梁启超家书 [M]. 郑州：中州古籍出版社，2016.

[5] 罗家伦．文化教育与青年 [M]. 上海：商务印书馆，1943.

[6] 钱穆．人生十论 [M]. 桂林：广西师范大学出版社，2004：34.

[7] 列斐伏尔．空间与政治 [M]. 李春译．上海：上海人民出版社，2008：53.

[8] 列斐伏尔．日常生活批判第三卷 [M]. 叶齐茂，倪晓晖译．北京：社会科学文献出版社，2018：156.

[9] 乔治·斯蒂格勒．知识分子与市场 [M]. 何宝玉译．北京：首都经济贸易大学出版社，2001：57-60.

[10] 道格拉斯·诺斯．理解经济变迁过程 [M]. 钟正生，邢华等译．北京：中国人民大学出版社，2008：143.

[11] 杨宇振．后记 [M]// 杨宇振主编．城市与阅读（第二辑）．上海：同济大学出版社，2013：205.

[12] 理查德德·桑内特．新资本主义文化 [M]. 李继宏译．上海：上海译文出版社，2010：34-72.

[13] The Study of Undergraduate Education at Stanford University[EB/OL]. 2012. http：//web.stanford.edu/dept/undergrad/sues/SUES_Report.pdf.

[14] 杨宇振．分裂的世界：经验与抽象——写在中国院系调整 60 周年 [J]. 新建筑，2013（1）：4-7.

[15] 杨振宁．爱因斯坦：机遇与眼光——第 22 届国际科学史大会大会报告 [J]. 科学文化评论，2005（4）：10-16.

致谢

文字是思维的一种表征。书中的文字是过去一段时间里自己对不远的历史和发生着的现实的观察和思考。思考具有进程性和特定社会阶段的特点，也就意味着它作为“局部”可能具有的缺陷性。而作为一种“表征”的文字，很显然它不能完全准确锚定思维，再现思维，这也就成为它的致命缺陷。但无论如何，在不完美的世界中前行，是一种可能趋向完美的路径，只要持续思考、写作和践行。

因此要感谢为文字的写作和思维的促发提供可能的人。我常常心怀感激但又讷于表达，迟钝于讲出，疚于无语和疏于联系。而这本书的出版特别感谢李鸽、陈海娇编辑，谢谢她们在过程中的耐心和仔细，是她们使这些文字能够共同呈现出来。

想象我们自己是建筑师，全都拥有广博的能力和力量，深嵌于充满了明显约束和限制的自然和社会世界之中，再想象我们正努力地改变着这个世界……我们必须从战略、战术上来考虑：改变什么、从何改变起、如何改变、又使用什么工具来改变。无论如何我们还得继续生活在这个世界上。这就是每个对进步变迁感兴趣的人所需要面对的基本困境……广阔世界及其惊人的复杂性为行使批判性判断和个人及集体意志的有限自由提供了大量机会。

——大卫·哈维，《希望的空间》，P228